肉与肉制品包装技术

师希雄　陈　骋　编著

中国轻工业出版社

图书在版编目(CIP)数据

肉与肉制品包装技术 / 师希雄，陈骋编著 . —北京：
中国轻工业出版社，2023.9

ISBN 978-7-5184-4065-8

Ⅰ. ①肉… Ⅱ. ①师… ②陈… Ⅲ. ①肉制品—食品
包装 Ⅳ. ①TS251.5

中国版本图书馆 CIP 数据核字（2022）第 123072 号

责任编辑：伊双双　　责任终审：李建华　　封面设计：锋尚设计
版式设计：华　艺　　责任校对：吴大朋　　责任监印：张　可

出版发行：中国轻工业出版社（北京东长安街 6 号，邮编：100740）

印　　刷：三河市国英印务有限公司

经　　销：各地新华书店

版　　次：2023 年 9 月第 1 版第 1 次印刷

开　　本：720×1000　1/16　印张：13.25

字　　数：282 千字

书　　号：ISBN 978-7-5184-4065-8　定价：68.00 元

邮购电话：010-65241695

发行电话：010-85119835　传真：85113293

网　　址：http://www.chlip.com.cn

Email：club@chlip.com.cn

如发现图书残缺请与我社邮购联系调换

190667K1X101ZBW

前　　言

肉与肉制品是餐桌上必不可少的食物，由于富含优质蛋白质、维生素、矿物质元素等营养物质，深受消费者喜爱。但是，该类产品容易受到微生物污染而发生腐败变质，使得肉类发黏、变色、发臭而不能食用，最终导致品质变差、货架期缩短。包装对肉与肉制品腐败菌的生长繁殖有很好的抑制作用，有利于保持产品品质、延长货架期。近年来，人们对营养丰富、味道鲜美的肉类食品的需求量不断增加，而且对品质的要求越来越高，因此，亟须研究开发新的肉品包装技术以保障肉与肉制品卫生安全，延长货架期，这已成为现阶段肉类加工产业重要研究方向之一。目前国内全面系统介绍肉与肉制品包装技术的书籍较少，鉴于此，我们对国内外肉与肉制品包装的新技术、新方法进行系统归纳总结，编写了《肉与肉制品包装技术》一书，希望为广大从事肉类加工和科研工作的人员提供系统、全面的技术参考，让相关领域的学者能更好地了解肉品包装技术研究现状与发展方向，也让更多人了解肉类包装行业的标准和法规。

本书共分五章。内容包括：第一章为绪论，主要从肉与肉制品的产业概况、产业关键技术需求、肉与肉制品包装技术发展前景等进行论述；第二章为包装技术对肉与肉制品品质的影响，通过介绍包装对肉与肉制品色泽、氧化程度等方面的影响展开说明；第三章为肉与肉制品包装材料，详细介绍了一些传统的包装材料及包装制品，并介绍了最新的环保包装材料及复合包装材料；第四章为肉与肉制品包装技术，主要介绍了肉与肉制品包装技术的要求以及肉与肉制品的包装技术和设备；第五章为肉与肉制品包装标准与法规，重点从国际标准与法规、我国的标准与法规、肉与肉制品包装技术规范与质量保证三个方面总结了肉与肉制品包装相关的法律法规，以增强读者的法律意识，促进安全生产。

本书第一章、第二章、第三章第一节由陈骋撰写，第三章第二节至第五节、第四章、第五章由师希雄撰写。我们编写本书的指导思想是力求内容科学、新颖、全面，能反映包装技术在肉与肉制品领域新的研究进展，让读者能够系统而深入地掌握肉与肉制品包装新技术，从而进一步推动肉与肉制品产业的发展。希望本书的出版对国内肉与肉制品包装及相关领域的发展具有促进作用。

本书内容涉及面较广，限于作者的学识水平，疏漏和错误之处在所难免，衷心希望同行专家和读者批评指正。

编　者

2023 年 9 月

目　　录

第一章 绪 论

畜牧业和种植业是农业生产的两大支柱产业，在我国国民经济发展中发挥着重要作用。大力发展畜牧业是促进城乡经济发展的重要途径，也是农民发家致富的主要手段之一。畜产品是指通过畜牧生产获得的产品，如肉、乳、蛋和皮毛等。目前，尽管有些畜产品可以被消费者直接利用，但是绝大多数畜产品必须经过加工处理后方可使用，以此来提高其利用价值。现阶段，中国已经成为世界上最大的肉类生产国，据国家统计局数据统计，2020年肉类总产量7748.38万t，比2019年下降0.13%。其中，猪肉产量4113.33万t，相较于2019年下降0.33%；牛肉产量672.45万t，同比增长0.8%；羊肉产量492.31万t，同比增长1.0%，位居世界首位；禽肉产量2361万t，同比增长5.45%。

当前我国畜产品质量安全和公共卫生安全问题日益突出，疫病、污染、兽药残留和落后的养殖方式，既是现阶段制约畜牧业健康发展的最大障碍，也是影响我国畜产品质量安全的主要因素，并且进一步影响我国畜产品生产与贸易。近年来，国际市场越来越关注畜产品生产环境、养殖方式和内在安全质量，各国都纷纷使用法律和技术手段提高食品安全管理水平，建立完善的国家食品质量安全监管体系，并对进口食品设置标准较高的"绿色壁垒"。由于疫病、药物超标及各种"绿色壁垒"的限制，我国出口肉类产品被拒收、退货和销毁的情况时有发生。因此，加强畜产品质量安全刻不容缓，已成为当今我国畜牧业发展的当务之急。

近年来，我国肉与肉制品产业取得了长足发展，生产能力稳步增强，市场供给能力不断提高，居民消费也持续增加，在人民日常生活、农业农村发展及国民经济中的地位和作用越来越重要。2021年中央一号文件提出，深入实施重要农产品保障战略，完善粮食安全省长责任制和"菜篮子"市长负责制，确保粮、棉、油、糖、肉等供给安全。具体表现在快速构建现代养殖体系，保护生猪基础产能，健全生猪产业平稳有序发展长效机制，积极发展牛羊产业。2017年农业部在《关于推进农业供给侧结构性改革的实施意见》中提到"大力发展草食畜牧业，深入实施南方草地畜牧业推进行动，扩大优质肉牛肉羊生产"，这就要求进一步加快推进肉类供给侧结构性改革，在注重数量增长的同时，更加注重产品品质提升，不断满足人民群众日益增长的多样化、高端化和高品质化消费需求，持续增强产业发展的竞争力。

包装起源于人类生存可持续发展的食物贮藏需要，人类社会发展到有商品交换和贸易活动时，包装已逐渐成为商品的组成部分，现代食品包装已经成为人们日常生活中必不可少的食品贮藏手段。肉与肉制品极易发生腐败变质而丧失其营养和商品价值，必须通过适当包装才能贮藏并有利于流通。

肉与肉制品包装的主要作用是保护肉与肉制品免受物理因素、化学物质和微生物的影响，延缓其腐败变质，保持其质量和安全性，延长货架期。近年来，肉与肉制品包装技术不断创新发展，促使肉与肉制品的贮藏保鲜效果日益提升。

第一节　肉与肉制品产业概况

一、肉与肉制品概述

（一）国内主要畜禽种类

目前，我国畜禽的种类主要有猪、牛、羊、家禽等。其中，猪的种类按照地理区域可划分成六个类型，即华北类型、华南类型、华中类型、江海类型、西南类型和高原类型。华北类型主要有：东北民猪、黄淮海黑猪、里岔黑猪、八眉猪等；华南类型主要有：滇南小耳猪、蓝塘猪、陆川猪等；华中类型主要有：宁乡猪、金华猪、监利猪、大花白猪等；江海类型主要有：太湖猪（梅山猪、二花脸等的统称）；西南类型主要有：内江猪、荣昌猪、成华猪、桂中花猪等；高原类型主要有：藏猪（阿坝藏猪、迪庆藏猪、甘南藏猪）；牛的种类主要有黄牛、水牛、牦牛。黄牛有秦川牛、南阳牛、鲁西牛、晋南牛、延边牛和蒙古牛六个地方品种，水牛主要有上海水牛、湖北水牛、四川涪陵水牛等品种，牦牛有九龙牦牛、青藏高原牦牛、天祝白牦牛、麦洼牦牛、西藏高山牦牛等品种；羊的种类主要有山羊和绵羊两大类，山羊品种200多个，分为奶山羊、肉羊、绒山羊、皮山羊、毛山羊、普通山羊六大类；绵羊品种600多个，分为肥羊、细毛羊、半细毛羊、粗毛羊、羔羊、毛皮羊六大类。

禽类主要有鸡、鸭、鹅等。我国肉鸡品种主要有北京油鸡、武定鸡、清远麻鸡和丝羽乌骨鸡；鸭主要有北京鸭和高邮鸭；鹅的品种主要有狮头鹅和中国鹅。

（二）肉与肉制品的定义

肉是指畜禽经屠宰后除去毛（皮）、头、蹄、尾、血液、内脏后的胴体，俗称白条肉。它包括肌肉组织、脂肪组织、结缔组织和骨组织。肉的化学组成主要包括有水分、蛋白质、脂类、碳水化合物、含氮浸出物及少量的矿物质和维生素等。

将肉经过进一步的加工处理生产出来的产品称为"肉制品"。也指用畜禽肉为主要原料，经调味制作的熟肉制成品或半成品，如香肠、火腿、培根、酱卤肉、烧烤肉等。

（三）肉与肉制品的分类

1. 肉的分类

（1）按肉的贮藏温度分类

① 热鲜肉：屠宰后未经人工冷却的肉。

② 冷鲜肉将屠宰后的畜胴体进行冷却处理后，其胴体温度在24h之内降至0 ~ 4℃，并在后续加工、运输和销售过程中一直保持此温度的生鲜肉。

③ 冷冻肉：在低于 −23℃环境下，将肉中心温度降低至 ≤ −15℃的肉。

（2）按肉的色泽分类

① 红肉：含有较多肌红蛋白、呈现红色的肉类，如猪、牛、羊等畜类的肉。

② 白肉：肌红蛋白含量较少的肉类，如鸡、鸭、鹅等禽类的肉。

（3）按肉的分割方式分类

① 胴体：畜禽经屠宰、放血后，除去毛、内脏、头、尾及四肢（腕及关节以下）后的躯体部分。

② 剔骨肉：用人工或机械方法剔除骨头的肉。

③ 分割肉：根据有关标准及要求，对胴体按不同部位分割而成的肉块。

2. 肉制品的分类

（1）中式肉制品的分类

① 腌腊肉制品：以鲜肉为原料，配以各种调味料，经过腌制、烘烤（或晾晒、风干、脱水）、烟熏（或不烟熏）等工艺加工而成的生肉制品。

② 干肉制品：将肉先经熟加工再成型干燥或先成型再经热加工干燥制成的肉制品。这类肉制品可直接食用，成品呈小的片状、条状、粒状、团粒状、絮状。干肉制品主要包括肉干、肉脯和肉松三大类。

③ 酱卤肉制品：指在水中加入食盐或酱油等调味料以及香辛料，经煮制而成的一类熟肉类制品。酱卤肉制品都是熟肉制品，根据地区不同与风土人情特点，形成了独特的地方特色，如苏州酱汁肉、北京月盛斋酱牛肉、南京盐水鸭等。

④ 熏烤肉制品：经过腌制或熟制后，以熏烟、高温气体或固体、明火等介质热加工的一类熟肉制品。熏烤肉制品属于我国的传统肉制品，已有几千年的食用历史，包括烧烤肉和熏烤肉，其区别主要在于是否使用明火。

（2）西式肉制品

① 熏煮火腿：以畜禽肉为主要原料，经过修整、切块、盐水注射腌制后，

加入辅料，再经滚揉、充填、蒸煮、烟熏、冷却、包装等工艺制作的火腿类熟肉制品。

② 发酵香肠：将搅碎的猪肉或牛肉、动物脂肪、盐、糖、发酵剂和香辛料等混合后灌进肠衣，经过微生物发酵后制成的香肠制品。

③ 培根：通常以猪的背肉、腹肉、颈肉或肩肉为原料，经过注射、腌制、滚揉、成型、干燥、烟熏、烘烤等工艺制成的肉制品。

④ 火腿：以带骨或不带骨的、整块或搅碎的畜禽肉为原料，经过注射、滚揉、腌制（或不腌制）、灌入肠衣成型、蒸煮而成的一类肉制品。

二、我国肉与肉制品产业现状及未来趋势

（一）我国肉与肉制品产业现状

肉类的蛋白质、B 族维生素含量高，并且富含许多人体必需的氨基酸及其他重要的矿物质和微量元素，一直深受消费者青睐。我国蒙古族、藏族及其他少数民族将牛羊肉作为主要的动物性食品来源，以牛羊肉生产为代表的畜牧业不仅是少数民族地区的主要生计来源，也是我国农业产业的重要组成部分。

20 世纪 80 年代，国家通过一系列体制改革，取消了计划养殖、统一定价及流通限制，肉与肉制品产业化从那时正式起步。肉类产业的发展主要分为三个阶段：1980—1990 年，为肉类生产由副业向专业化养殖转变的初期，养殖数量迅速增加；1991—2006 年，为肉类生产快速发展时期，增速远远超过世界平均水平；2007 年至今，为肉类生产的调整发展阶段，增长率放缓，逐步由数量增长转向质量增长。从生产模式看，我国肉类还是以小规模农户生产为主，但新的模式不断出现，处于生产的转型升级阶段。

据国家统计局公布数据，2019 年全国规模以上屠宰及肉类加工企业 3503 家，比 2015 年的 3940 家减少了 437 家，减幅 11%。其中，牲畜屠宰企业 1175 家，比 2015 年的 1365 家减少了 190 家，减幅 14%；禽类屠宰企业 603 家，比 2015 年的 855 家减少了 252 家，减幅 29.5%；规模化肉制品及副产品加工企业 1725 家，比 2015 年的 1720 家增加了 5 家，增幅 0.3%。"十三五"期间，畜禽屠宰企业数量明显减少，肉制品加工企业数量略有增加。

自"十三五"以来，我国主要畜禽存栏量出现下滑，但产量持续稳步增长；近年环保政策趋严，对规模养殖户造成了不小的影响，近两年存栏量有所上升。据国家统计局数据显示，截至 2019 年，全国牛、羊、猪和家禽存栏量分别达到 9138.27 万头、30072.14 万只、31040.69 万头和 65200 万只，牛和羊存栏量较"十三五"初（2016 年）的 8834.49 万头和 29930.54 万只分别增加 3.44% 和 0.47%，猪和家禽存栏量较"十三五"初（2016 年）的 44209.17 万头和 61700 万

只分别降低 29.79% 和 5.67%（图 1-1）。2018 年，全国牛、羊、猪和家禽出栏量分别达到 4397.48 万头、31010.49 万只、69400 万头和 1308940 万只，牛、羊和猪出栏量较"十三五"初（2016 年）的 4264.95 万头、30005.31 万只和 68502 万头分别增加 3.11%、3.35% 和 1.31%，家禽出栏量较"十三五"初的 1319534 万只降低 0.8%（图 1-2）。基于规模化养殖场（户）比例和养殖效率的提高，牛羊出栏率和胴体重明显增加，综合生产能力显著提升，有效弥补了养殖规模的缩减，

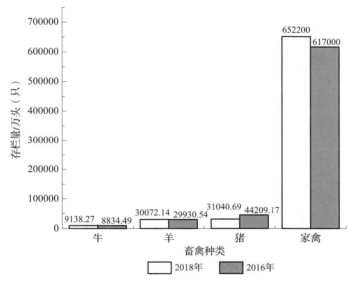

图 1-1 我国主要畜禽存栏量情况

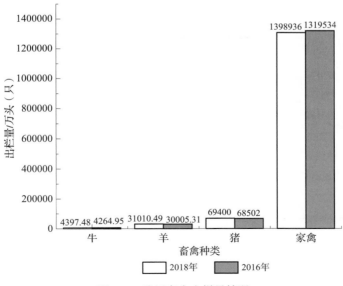

图 1-2 我国畜禽出栏量情况

"十三五"以来牛羊肉产量稳步增加。2020 年，我国肉类总产量为 7639.06 万 t，牛肉、羊肉、猪肉和禽肉产量分别为 672.45 万 t、492.31 万 t、4113.3 万 t 和 2361 万 t，牛肉、羊肉和禽肉产量较"十三五"初的 616.91 万 t、460.25 万 t 和 2001.7 万 t 分别增长 8.93%、6.90% 和 17.95%，猪肉产量较"十三五"初（2016 年）的 5425.49 万 t 降低 24.19%（图 1-3）。

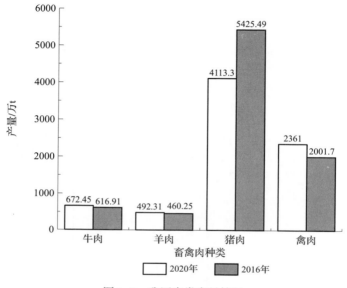

图 1-3　我国肉类产量情况

2020 年，我国牛肉和羊肉产量占肉类总产量的比重由"十三五"初的 7.14% 和 5.33% 分别上升到 8.80% 和 6.44%，猪肉和禽肉产量占肉类总产量的比重由"十三五"初的 71.02% 和 30.9% 分别降低到 53.84% 和 23.2%，意味着我国肉类产品结构趋于丰富、人民生活水平不断提高。在生产方面，肉类已经成为我国重要的优质蛋白质摄入来源，我国大力发展畜牧养殖，促进肉类生产的总趋势不会发生改变。"十三五"以来，我国主要牲畜饲养以及主要畜产品呈现迅猛增长，近年来随着养殖规模的不断提升，人们的品牌意识逐渐增强，我国肉与肉制品产业得到快速发展，产量逐年增加。我国 2016—2019 年主要畜禽饲养情况以及 2016—2020 年主要肉类产量情况分别见表 1-1 和表 1-2。

表 1-1　　　　　2016—2020 年我国主要畜禽饲养情况

年份	牛 / 万头	羊 / 万只	猪 / 万头	家禽 / 万只
2016 年	8834.5	29930.5	44209.2	604000
2017 年	9038.7	30231.7	44158.9	605000

续表

年份	牛/万头	羊/万只	猪/万头	家禽/万只
2018 年	8915.3	29713.5	42817.1	604000
2019 年	9138.3	30072.14	31040.7	652000
2020 年	9562.1	30654.8	40650.4	678000

表 1-2　　　　　　　　2016—2020 年我国主要肉类产品产量情况　　　　　单位：万 t

年份	肉类	牛肉	羊肉	猪肉	禽肉
2016 年	8628.3	616.9	460.3	5425.5	2001.7
2017 年	8654.4	634.6	471.1	5451.8	1981.7
2018 年	8624.6	644.1	475.1	5403.7	1993.7
2019 年	7758.8	667.28	487.52	4255.3	2239
2020 年	7639	672	492	4113	2361

我国有悠久的畜禽养殖历史，畜禽品种资源丰富。其中，牛、羊、猪和家禽存栏量位居世界首位。然而我国的养殖业起步较晚，和发达国家相比仍有一些差距。所以，当前我国养殖业的首要任务就是正确认识生产现状，解决现有存在的问题，将发展潜力更好地挖掘出来，以促进养殖业健康、快速地发展。目前我国养殖业的生产现状主要如下。

1. 传统养殖生产方式占据主流

现阶段国内外肉类生产主要有两种方式：一种是纯种生产，主要利用地方品种或以地方品种为第一母体经过短期育肥后的新品种；二是杂交生产，通过引进繁殖力强、产肉性能好的品种与本地品种进行杂交来培育优良品种。目前我国畜禽肉类生产主要以前者为主。

2. 原有肉类生产格局未打破

长期以来，受到农牧业生产、区域经济、人们生活习惯和环境、气候、地理等自然条件因素的影响，形成了牧区、农区、半农半牧区等肉类生产区域，不同区域的生产方向、饲养数量、养殖模式各不相同。养殖业多以家庭为生产单元，这种生产格局极大地束缚了我国养殖业的发展。

3. 肉类生产水平较低

出栏率、屠宰率、胴体重、个体产肉量和经济效益等是衡量肉类生产水平的主要指标。与世界发达国家相比，我国肉类生产总量虽然居第一位，但整体生产水平却相对落后。不仅如此，在畜禽屠宰后的保鲜、加工、贮藏、运输等环节还存在很多亟待解决的问题。此外，肉类的外观、保水能力、微生物水平、脂质稳定性、营养价值和适口性（质地、风味、香气）是重要的质量特性，需要利用适宜的包装设计来抑制这些属性的劣变，从而为消费者提供优质、安全的肉类产品。

（二）我国肉与肉制品产业未来发展趋势

我国的肉类行业现阶段正处于转型期，资源配置地域性突出，同时大规模的现代生产方式与传统的小生产方式并存，先进的流通方式与落后的流通方式并存，发达的城市市场与分散的农村市场并存，这种产业结构必然使肉类生产和肉类食品安全管理的难度增大，成本提高，矛盾突出。

总体上，我国肉类食品产业已进入结构调整和资源整合的转折期。由于区域经济发展的不平衡，各地在畜禽良种率、加工技术水平、消费习惯等方面差异很大，一些畜禽养殖、加工水平相对落后的地区仍有一定的发展机会。猪肉行业竞争格局已经形成；禽肉竞争格局开始显现，但尚无企业形成全国性的产销网络；牛羊肉类行业正处于快速成长阶段，但竞争格局尚未形成。今后我国肉与肉制品产业发展主要有以下趋势。

1. *产业规模进一步稳步增长*

自 2019 年起，我国肉类市场行情整体向好，全年肉类市场价格再创历史新高，规模化养殖企业经济效益有所改善，但盈利水平差异化显著，生产管理水平的精细化程度仍是当前决定养殖投资回报率的核心要素。扶贫政策促使地方养殖扶持力度加大，合作经济发挥积极作用。外来产品走私入境受到有效抑制，正规报关进口进一步扩大，进口产品成为国内市场供给的重要补充。尤其近年来，受非洲猪瘟、新冠肺炎疫情影响，养殖业遭受一定的冲击，导致肉与肉制品消费需求进一步增大，今后势必将倒推养殖行业进一步发展。

2. *规模化养殖是未来发展趋势*

长期以来，我国养殖行业以散养为主，规模化程度较低。但近年来随着劳务人员输出的增加以及环保监管等因素的影响，散养户数量明显降低，国内养殖规模化程度正在明显提升。鉴于目前我国养殖出栏量和产量小，产能低，且主要以小规模养殖为主，单位规模较小、生产方式落后、生产加工和销售脱节，规模化养殖是未来发展趋势。

3. *综合生产能力不断提升*

未来将大力实施规模化养殖，以此来提高综合生产能力，同时，政府扶持力度将进一步加大，并逐渐完善建立以肉类加工业为核心，涵盖养殖、屠宰及精深加工、冷藏储运、批发配送、制品零售、设备制造及技术研发相结合的完整产业链。肉类加工业的集约化、规模化及现代化水平将逐步提高，同时肉类加工业的高速发展，将使我国同国外发达国家养殖业的差距进一步缩短。

4. 组织建立全国生猪及生猪产品统一调运系统

鉴于非洲猪瘟疫情是影响生猪生产的最大风险，国家在集中开展违法违规调运生猪行为专项整治的基础上，组织建立全国生猪及生猪产品统一调运系统，包括相关的病毒检测中心、营销中心、全程追溯系统等，并建立了一系列相关管理规范和技术标准，以实现生猪及生猪产品的规范调运和风险防控。对于生猪调出大县，建设屠宰加工企业、营销中心和调运系统，在用地、信贷等方面给予政策倾斜。地方政府积极落实病害猪无害化处理补贴，提高生猪屠宰企业依法依规经营的积极性和疫情风险防控能力。

5. 支持屠宰企业优化产业结构，满足消费升级需求

以畜禽屠宰标准化创建为抓手，实施分级管理，在屠宰企业布局调整中淘汰落后产能，逐步形成以品牌企业为龙头、大中型企业为骨干、中小企业为补充的行业新格局。为满足消费升级需求，国家近些年设立了肉与肉制品产业发展基金，吸引多方资金投入，通过开展标准化创建活动，加快屠宰加工设施改造，提升技术装备水平，加快现代化屠宰加工企业建设步伐；支持屠宰企业开展肉类精深加工和畜禽资源综合利用，发展小包装分割肉和肉制品创新生产，加快产品升级和结构调整；支持屠宰企业加强肉类冷链物流配送系统建设，增强肉类冷链配送能力，提升产品质量和服务水平。

三、我国肉类消费现状及发展趋势

（一）我国肉类消费现状

我国是一个拥有 56 个民族、幅员辽阔的大国，城镇与农村经济发展、区域经济发展不平衡，同时受传统文化的影响，使我国肉类消费呈现城镇与农村消费差异、地区消费差异以及季节性消费差异等特点。随着经济快速发展和肉类品质的不断提高，肉类的加工方式也发生了变化，户外就餐的兴起更是拉动了肉类特别是高品质牛羊肉的消费。

1. 城镇居民消费高于农村居民消费，区域间消费存在差异

由于长期以来城乡二元经济体制下经济发展的不同，城乡居民的肉类消费量、肉类消费结构及品质需求也展现出多种不同，而不同区域内城乡的差异情况也不相同。总体来说，城镇居民肉类消费量高于农村居民。

区域间环境、资源的不同使各区域形成了不同的畜牧经济，且各区域内畜产品的产量随着当地政策、自然资源等因素的变化而变化。我国牛羊肉生产优势地区为西北和东北地区，但东北地区牛肉生产优势正在降低，西北和西南地区牛肉生产优势正在增加。羊肉生产优势区域为西北和东北地区。尽管羊肉生产的主要区域已经变成农区，但西北牧区还占有很重要的地位。我国西部地区

的居民牛肉消费量最多，其次是东北部和中部地区。由于我国南方地区经济比较发达，南方居民比北方居民消费的肉类产品数量多，但北方居民因为饮食习惯原因，牛肉消费量是南方居民的两倍。

禽肉的消费也呈现显著的地域差异。北方爱吃鸡肉，南方喜食鸭、鹅等水禽肉；就鸡肉而言，南方偏爱黄羽肉鸡，北方地区则基本上以消费白羽肉鸡为主。沿海经济发达地区及城镇禽肉消费增长快于农村和经济欠发达地区，并且随着生活节奏的加快和快餐业的兴起，作为快餐食品主要原料的鸡肉的消费量逐渐增加。

2. 肉类消费结构趋于多样化，猪肉消费占比下降明显

随着经济的发展和消费观念的改变，我国城乡居民在基本动物源蛋白质和热量消费需求得到满足的基础上，肉类消费必然向多样化结构转变，对蛋白质含量相对较低、脂肪和胆固醇含量较高的猪肉的需求减少，而对蛋白质含量较高、脂肪和胆固醇含量较低的牛羊肉和禽肉的需求增加。改革开放以来，我国居民猪肉消费比重明显下降，禽肉消费比重快速上升，牛羊肉消费比重稳步上升。

2013 年以来，全国人均猪肉消费占肉类消费比重趋于稳定，城镇居民猪肉消费占比在 72% 左右，农村居民猪肉消费占比在 84% 左右。2018 年年底爆发的非洲猪瘟疫情导致 2019 年猪肉产能大幅下降、猪肉价格大幅上涨，这更加促进了猪肉消费的占比下降、替代性肉类产品消费的占比上升。从 2019 年消费情况来看，全国猪肉表观消费量（总产量与净进口量之和）为 4452 万 t，比 2018 年减少 1067 万 t，减少了 19.34%，而牛肉、羊肉和禽肉的表观消费量同比分别增加了 11.37%、4.04% 和 13.79%。有研究指出，2019 年猪肉消费的变化是非洲猪瘟疫情引起的消费者主动消费量下降与猪肉价格上涨引起的消费者被动消费减少共同影响的结果。2019 年上半年由于非洲猪瘟疫情等因素影响猪肉消费量下降了 200 万 t 左右，下半年猪肉价格上涨等因素综合导致猪肉消费量下降了 600 万 t 左右。

3. 居民对肉类的需求逐渐加大

肉类历来是我国居民"菜篮子"中的重要品类。一方面，随着我国居民收入不断提高、城镇化战略加快推进，城乡居民食物消费结构加快转型升级，人们对优质动物性食品的需求不断增加，拉动牛羊肉消费稳定增加；另一方面，近年来我国对外开放程度不断扩大，西方肉类饮食文化加快传入国内并影响国民食物消费理念、消费行为等，也在一定程度上促进了国内肉与肉制品消费量的增长。

由于居民生活水平日益提升、人口规模不断扩大、城镇化进程加快推进，"十三五"以来我国牛羊肉消费量继续稳步增加。进入"十四五"以来，除了肉类消费量增加以外，消费者对肉类的品质也提出了更高的要求。据调查，有 23.6% 的消费者对市场上的肉品质不满意，有 32.5% 的消费者对市场上的熟肉

制品品质不满意。过去肉与肉制品消费一直以农贸市场的热鲜肉和冷冻肉为主，随着冷链运输能力的增强，近两年冷鲜肉及加工肉制品的消费比重不断提高。

4. **肉类季节性消费特征逐渐消失**

传统的牛羊肉消费具有明显的季节性特征，但随着涮肉、烧烤的兴起，牛羊肉淡旺季消费界限变得越来越模糊。近两年这样的趋势更加明显，最典型的标志就是屠宰季提前。据农业农村部监测，2021 年第 13 周"农产品批发价格 200 指数"为 125.43（以 2015 年为 100），比前一周下降 1.43%；牛肉价格为 77.66 元 / kg，环比下跌 0.4%，同比上涨 8.5%；羊肉价格为 77.63 元 / kg，环比下跌 0.4%，同比上涨 13.3%。2021 年 5 月，全国规模以上生猪定点屠宰企业生猪平均收购价格为 17.99 元 / kg，环比下降 5.1%，同比下降 41.9%；白条肉平均出厂价格为 23.72 元 / kg，环比下降 4.6%，同比下降 40.5%。2021 年 4 月份，活鸡市场均价 19.70 元 / kg，环比下跌 1.6%，同比下跌 0.6%；白条鸡市场均价 21.70 元 / kg，环比下跌 1.4%，同比下跌 3.1%。5 月份禽肉价格跌势趋缓，基本趋稳，活鸡市场均价 19.65 元 / kg，环比持平，白条鸡市场均价 21.65 元 / kg，环比下跌 0.1%。

猪肉在中国人的肉类消费中占据重要地位，相对其他肉类而言，猪肉的需求弹性相对较小。在中国传统医学中，牛羊肉被认为是一种温性或热性食品，适宜于冬季消费。因此，大多数中国消费者喜欢冬天或秋天吃牛羊肉。调查表明，九成以上的家庭喜欢在冬天购买牛肉，很少有人喜欢在夏天买牛肉。有 31.4% 的消费者消费羊肉时没有季节性。在有季节性消费习惯的人群中，选择冬季消费羊肉的消费者占比高达 94.9%，而春、夏、秋三个季节的羊肉消费者占比分别为 9.7%、8.6%、21.7%。但是，近年来随着火锅的兴起，牛羊肉消费的季节性正在减弱，牛羊肉消费从冬季消费逐步转变成四季消费。而在各地美食中，全国各地出现了煎、炸、炒、炖、焖、蒸、煨等多种鸡肉烹饪形式，从中式的白条鸡、鸡排、黄焖鸡米饭到西式的各种鸡肉快餐食品，鸡肉产品在口味上展现出了丰富的类型，且年轻人成为绝对的消费主力。

5. **肉类价格总体上涨但存在波动**

近十年来，我国牛羊肉价格整体上涨但存在波动。2020 年入冬以来，气温下降明显，牛羊肉消费趋旺，加之新型冠状病毒肺炎疫情的影响，牛羊肉价格持续上涨。2020 年 12 月，牛肉市场均价为 86.56 元 / kg，羊肉市场均价为 83.29 元 / kg；活牛价格为 36.63 元 / kg，活羊价格为 38.70 元 / kg；猪肉价格为 52.47 元 /kg。2020 年第四季度，牛肉价格仅在 11 月出现回落，其余均呈上涨态势，截至 12 月，牛肉价格已连续 6 周上涨；羊肉价格则自 10 月以来一直保持上涨态势，截至 12 月已经连续 10 周上涨。从主产省看，12 月牛肉主产省（河北、辽宁、吉林、山东、河南）市场均价为 78.21 元 / kg，环比上涨 1.2%；羊肉主产省、自治区（河北、内蒙古、山东、河南、新疆）市场均价为 78.79 元 / kg，环比上涨 2.5%。

由于 2020 年 10 月生猪生产水平恢复好于预期，禽肉的替代消费有所减少，禽肉价格低位运行。2020 年 11 月，活鸡价格保持在 19.40 元 / kg，较 2020 年 1 月累计下跌 16.4%；环比下跌 0.8%，同比下跌 19.2%。白条鸡市场均价从 10 月开始连续下跌 8 周，累计下跌 0.59 元 / kg；11 月白条鸡市场均价环比下跌 1.4%，同比下跌 19.2%。商品代肉雏鸡 11 月均价 3.18 元 / 只，环比上涨 11.6%。

（二）我国肉与肉制品消费发展趋势

1. 我国生鲜肉消费发展趋势

我国肉类工业经过改革开放 40 多年的发展，取得了令人瞩目的成就。目前我国已成为名副其实的肉类生产与消费大国，肉类总产量和总消费量位居世界第一。生鲜肉是指畜禽屠宰后未经深加工的肉类，是我国肉类消费市场中最重要的品类之一，占我国肉品消费总量的 80% 以上。

我国生鲜肉产品结构中主要以热鲜肉为主，占比超过 60%。这一特点完全不同于西方国家。20 世纪 50 年代西方国家开始大量研究和推广冷鲜肉，目前西方国家生鲜肉产品结构中冷鲜肉占比达 90% 以上。我国从 20 世纪 90 年代末开始研发和推广冷鲜肉，目前已建立了科学的加工、流通和质量控制体系。但是，热鲜肉始终占据我国生鲜肉市场的主导地位，"半夜宰猪早市卖肉""现宰现卖"现象仍然普遍存在。热鲜肉的加工、运输和销售过程存在较多问题，一是缺乏系统的品质特性理论基础，其食用、营养、加工和安全品质以及加工适宜性缺乏科学评价；二是缺乏有效的品质保持技术，由于宰后肌肉进入僵直期的时间短，使得其品质保持尤为困难；三是缺乏有效的质量安全控制技术体系，尚未形成包括微生物、寄生虫、农兽药残留等有害因素的监测技术体系，产品品质不均一、缺乏安全性保障措施，导致相关的食品安全事件经常出现。

随着居民生活水平的提高，人们对肉类产品的需求越来越大，冷鲜肉逐渐受到消费者的青睐。冷鲜肉是指将屠宰后的畜胴体进行冷却处理后，使其温度在 24h 之内降至 0 ~ 4℃，并在后续加工、运输和销售过程中一直保持此温度的生鲜肉。低温能够抑制大多数酶的活力和微生物的生长繁殖，同时非冷冻处理又能显著提升肉的品质，因此此类肉在国外深受欢迎，也将成为我国生鲜肉今后主要的消费趋势。2010 年，我国生鲜畜禽肉中冷冻肉、热鲜肉和冷鲜肉占比分别为 20%、60% 和 20%，2015 年分别为 16%、60% 和 24%；截至 2020 年年底，我国生鲜畜禽肉中冷冻肉、热鲜肉和冷鲜肉占比分别达到 12%、58% 和 30%，由此可见，冷鲜肉越来越受到消费者的青睐，未来将会成为我国生鲜肉市场的主导产品。

2. 我国肉制品消费发展趋势

我国不仅是生鲜肉类生产和消费大国，还是肉制品消费大国。根据国家统计局数据，2019 年上半年，我国猪牛羊禽肉产量 3911 万 t，同比 2018 年下降 2.1%；与此同时，2019 年全国肉制品产量达 1775 万 t，同比增长 3.6%。随着居民生活水平的提高，消费者开始逐渐热衷于肉制品消费，安全、绿色的肉制品成为消费时尚，传统肉制品加工将逐渐实现现代化技术改造。我国肉制品类型众多，其中腌腊肉制品和酱卤肉制品等一直是肉类消费的主流。但这些肉制品传统加工工艺落后、产品品质不一，难以适应现代工业化加工及消费发展。随着外来技术的消化吸收，应用现代技术对传统肉制品加工工艺进行改进将成为我国肉与肉制品产业发展的必然趋势。应用现代技术加工的传统肉制品既保留了传统特色风味，又实现了规模化加工和严格的卫生安全控制，同时通过包装技术的改进，产品的货架期得到了延长。此外，西式肉制品的品种不断增加，在我国呈现快速增长势头，除已广泛普及的各类香肠、蒸煮火腿外，培根、肉糕等也越来越被消费者接受；同时，低温肉制品在今后也必将进一步成为消费趋势。

（三）我国肉与肉制品产业面临的机遇和挑战

1. *消费量增加，消费方式呈现多样化*

在过去，我国居民的肉类消费主要以猪肉为主，随着肉类品质的提高和户外就餐的增加，牛肉、羊肉等的消费量大大增加。炖羊肉、羊肉火锅和烤羊肉是最受我国消费者喜爱的 3 种羊肉烹制方式。在家庭烹制时，分别有 59.08% 和 50.77% 的城镇居民喜欢炖羊肉和羊肉火锅，在农村则分别有 60.54% 和 37.3% 的居民喜欢炖羊肉和羊肉火锅；户外就餐时，分别有 39.87% 和 25.98% 的城镇和农村居民喜欢炖羊肉和羊肉火锅，在我国东部地区喜欢炖羊肉和羊肉火锅的城镇居民更是高达 47.66%。烤羊肉也是非常受欢迎的外出就餐烹制方式，喜欢烤羊肉的城镇和农村居民分别高达 47.69% 和 35.14%。

2. *进口牛羊肉对国内肉类产业产生冲击*

自 2016 年起，我国陆续从澳大利亚等国进口活牛，河南、重庆、山东等地企业纷纷进口活牛到国内屠宰加工。与冷冻和冰鲜牛肉进口不同的是，活牛进口模式的开启对目前国内生鲜肉市场形成直接冲击，且活牛的进口趋势有着明显扩大的迹象。与牛肉产业相似，我国羊肉产业同样面临着巨大的挑战。进口羊肉更低的养殖成本决定了其对我国羊肉产业的发展形成了严重的冲击。针对上述问题，内蒙古、新疆和甘肃等羊肉主产地政府着手打造本地羊肉品牌，通过资金补贴、建设交易市场等措施推进国产羊肉的品牌化发展，以高品质产品获取市场份额。在一系列政策的推动下，新的销售模式开始涌现，互联网养羊、高端定制等新型销售模式使得传统模式养殖场户的市场份额逐渐减小。

3. *市场竞争促使国内肉与肉制品产业升级*

随着国内经济的发展，肉类市场发展面临巨大机遇和挑战。在市场竞争方面，肉类加工企业数量越来越多，市场正面临着供给与需求的不对称，肉与肉制品产业面临着产业升级的要求，大数据模式、物联网技术、信息化技术将成为未来该行业的核心竞争力。肉与肉制品产业发展将迎来一二三产业联动融合、消费升级、品牌消费、品质消费等新机遇。肉与肉制品产业发展对于改善城乡居民膳食结构、促进农牧民增收、助力乡村振兴具有重要的作用。

四、我国肉与肉制品产业发展前景

截至目前，我国肉类总产量已经连续 20 多年稳居世界第一，肉类产量呈逐年上升的趋势，肉与肉制品产业将继续蓬勃发展。由于日益增长的消费需求使得畜禽屠宰规模进一步规模化、产业化，肉与肉制品产业投资规模显著扩大，集中度进一步提高。国家对于肉与肉制品的加工、生产以及流通更加重视，将以更加严格的管控力度来保证肉与肉制品安全。在肉与肉制品的生产加工过程中，包装为其提供了有效的屏障来延长产品的货架期。

1. 成本上涨，养殖压力加大

首先，随着农业供给侧结构性改革的不断深入，国内玉米播种面积和库存持续调减，玉米价格将有一定的上涨，进而拉动饲料价格走高。其次，近年来环保形势高压不减，养殖场环保设施、设备的投入增加，且《中华人民共和国环境保护税法》规定"2018 年存栏 50 头及以上的养牛场应缴纳水污染保护税"，规模养殖场的环保成本有所提高。再次，规模养殖场密度相对较大，感染疾病的概率也相对较高，随着规模化养殖程度的提高，必将投入更多的防疫成本。最后，人工成本不断增加，这些都将进一步使得养殖成本加大。

2. 产量平稳增长

"十三五"以来，国家高度重视畜牧业的发展，2016 年中央一号文件提出"优化畜禽养殖结构，发展草食畜牧业"，同年国务院发布《全国农业现代化规划（2016—2020 年）》，明确提出"加快发展草食畜牧业，扩大优质肉牛肉羊生产"。2021 年中央一号文件要求"加快构建现代养殖体系，保护生猪基础产能，健全生猪产业平稳有序发展长效机制，积极发展牛羊产业"。在各种利好政策下，"十四五"初期畜禽产业规模化、集约化程度和综合生产能力将进一步提升，肉与肉制品产量将保持平稳增长。

3. 进口比重继续增加

国内生产不足以满足需求，肉类市场长期存在供需缺口，并有逐步扩大的趋势，而且随着进口来源国不断扩展以及进口关税逐渐降低，进口肉类价格优势会更加凸显，未来进口仍有一定增长空间。此外，跨境电商的快速发展打破了肉类进口在时间与空间上的制约，也将进一步激发我国消费者的消费潜力，推动进口量增长。

4. 消费量日益增长

尽管我国肉类消费总量位居世界前列，但人均消费水平不高。据经济合作与发展组织（OECD）数据显示，2019年全球牛肉消费量5957.1万t，较2018年减少107.1万t。牛肉消费量超百万吨的国家和地区是：美国（1224.0万t）、中国（923.3万t）、巴西（800.3万t）、欧盟（27国，790.5万t）、印度（268.7万t）、阿根廷（236.0万t）、墨西哥（188.0万t）、俄罗斯（179.2万t）、巴基斯坦（175.1万t）、日本（134.5万t）、南非（100.0万t）；世界羊肉消费总量达1504.8万t，消费量排名前5位分别是中国（512.7万t）、印度（71.9万t）、欧盟国家（70.2万t）、巴基斯坦（47.7万t）和土耳其（41.2万t）。根据OECD的数据，2019年世界羊肉人均年消费量为1.98kg，排名前5位的分别是哈萨克斯坦共和国（9.53kg）、澳大利亚（8.3kg）、土耳其（5.02kg）、伊朗（4.64kg）和沙特阿拉伯（4.41kg），中国排名第6位，约3.66kg。目前，国内禽肉类产品消费需求持续增长，国内禽肉消费量在过去10年里增长了60%，达到人均消费11.5kg。由于长期的消费习惯，我国居民对鸡鸭的消费偏好较稳定，随着我国城乡居民收入的增加，对以鸡鸭为主的禽肉产品需求将持续增加，预计到2025年，我国禽肉消费量将达到2952万t。

5. 加工技术及设备设施升级提速

加工技术的改进及装备设施的改善是肉与肉制品产业得以不断发展的基础性条件，对品种结构的调整、产品质量的提高、品牌竞争力的增强及扭转我国肉与肉制品产业的落后状态有着强有力的促进作用。应当结合我国实际，在吸收借鉴国外前沿技术、引进国外先进技术装备的基础上，通过合资合作、学习借鉴、自行研发，摸索出适于我国肉与肉制品生产的加工技术，制备精准、耐用、科技含量高的国产化机械设备。

6. 传统肉制品加工方式与现代化生产相结合

我国的传统肉制品经过长期以来的加工改良，以其品种繁多、色泽独特、口味优良等特点深受国内外人士的喜爱。但传统肉制品的加工方式也存在着不少缺陷，如质量安全不易控制、贮藏时间短、只适于家庭或作坊式小批量生产等。要弥补这些不足，就必须加大对传统肉制品加工方式的研发力度，用现代科学技术改造肉制品传统工艺，大力发展高压技术、腌制技术、辐照技术、真空技术、微生物发酵技术等，并将其与肉制品传统加工工艺相结合，与现代化生产相匹配，进而实现肉制品的工业化生产，促进产业发展。

7. 冷鲜肉和低温肉制品快速发展

冷鲜肉和低温肉制品具有口感细腻、滋味鲜美、柔嫩多汁、卫生安全、质量稳定、营养均衡及保存时间长等特点，在国外肉制品市场上占主导地位，占据市场90%以上的份额。而我国冷鲜肉、低温肉制品的研究远落后于国外发达国家，在肉品加工业中的应用也处于起步阶段。因此，应深入研究冷鲜肉、低温肉制品的加工及保鲜技术，通过技术改造和配套技术的完善，加强卫生管理，进一步完善冷链系统，并通过对肉制品表面褐变机制的研究和气调包装的运用，控制表面褐变和汁液流失现象，来推动我国冷鲜肉及低温肉制品的生产和消费。

8. 集约化、规模化、现代化水平逐步提高

目前，国外的食品工业多已形成完整的产业体系，具有高度的集约化、规模化及现代化水平，而我国养殖产业还处于生产过于分散、单位规模较小、生产方式落后、生产加工销售脱节等现状中。因此，加大政府扶持力度，建立以肉类加工业为核心，涵盖养殖、屠宰及精深加工、冷藏储运、批发配送、制品零售、设备制造及相关科学研究的完整产业链，提高肉与肉制品产业的集约化、规模化及现代化水平，有利于进一步促进肉与肉制品产业的高速发展，缩短我国与国外发达国家的差距。

第二节　我国肉与肉制品产业存在的问题及关键技术需求

一、我国肉与肉制品产业存在的问题

随着经济社会快速发展，尤其是在"十三五"期间，我国居民收入水平持续提高，食物消费加快转型升级，以肉类为代表的优质动物性食物消费需求不断增加，为草食性畜牧业发展注入了新动力。

从生产上看，畜禽养殖方式加快转变，规模化、标准化和集约化加快发展，肉类生产能力进一步增强。从消费上看，肉类的季节性和区域性消费加快向日常性和全国性消费转变，加上对肉品质量安全的要求提高，对高端产品的需求将越来越多。从价格上看，受饲养及人工成本、流通运输等费用上涨影响，加上国内市场供给偏紧，短期内不会发生大的变化，预计肉类市场价格将继续保持高位震荡态势。现阶段肉与肉制品产业主要存在以下问题。

1. 我国肉类生产水平较低

我国肉类生产技术水平较低，主要表现在肉牛、肉羊胴体重偏低。据 PAO 数据显示，我国的牛的胴体重为 143kg，比世界平均水平约低 73kg，比美国低 228kg，比澳大利亚低 118kg；我国羊的胴体重为 14.8kg，虽然比世界平均水平高 0.2kg，但比澳大利亚低 7.7kg，比新西兰低 4.5kg；我国生猪的胴体重为 77kg，比世界平均水平约低 1kg，但比亚洲平均水平高 2kg。在屠宰加工环节，北美、欧盟及澳大利亚等发达国家和地区已经形成了基于动物福利的、系统完整的屠宰管理程序。

2. 肉的品质不稳定

肉的品质方面，主要存在感官品质不稳定、货架期短、屠宰加工不规范

和卫生条件差等问题。影响冷鲜肉外观质量的最重要因素是肉色，预包装肉在货架期间的颜色稳定性是决定消费者购买欲的重要因素。肉色劣变会导致消费者购买时对冷鲜肉的不可接受性，即肉色货架期短于通常以其他指标判定的货架期，这充分表明了肉色稳定性在冷鲜肉中的重要性。肉的颜色由许多因素决定，如肌红蛋白（Mb）的浓度、Mb 的化学状态及肉的相关物理特性。刚屠宰的鲜肉或真空状态下肉中的 Mb 主要存在形式为脱氧肌红蛋白（DeoxyMb），此时肉呈现的颜色是紫色，当 Mb 与氧结合形成氧合肌红蛋白（OxyMb），肉色呈鲜红色。但是，DeoxyMb 和 OxyMb 均容易被氧化，形成褐色的高铁肌红蛋白（MetMb）。在国外，由于高氧（70% ~ 80% O_2）气调包装能够提高肉色的稳定性，所以其广泛应用于冷鲜肉零售市场中，但牛排包装中的 O_2 含量提高会导致脂质和蛋白质氧化，使肉色稳定性降低。

3. 屠宰加工操作规范化和卫生条件较差

我国屠宰加工操作规范化和卫生条件差，管理控制不严格，难以控制肉与肉制品品质。在分级标准方面，发达国家具有成熟的分级分割标准，能够实现对嫩度、蛋白质、脂肪的快速预测。我国虽然有现行的分级、分割标准，但并没有进行市场化的应用。等级的准确评定及胴体合理有效的分割，是保证优质优价的有效手段。此外，产品质量安全追溯技术已在发达国家普遍应用，但在我国追溯机制还仅停留在部分试点和概念展示阶段。我国肉与肉制品在卫生标准和品质上，还达不到国际市场的要求。

4. 食用安全性缺乏保障

生鲜肉富含蛋白质、糖类、维生素、脂肪、有机酸等，营养成分全面而丰富，pH 为 5.7 ~ 6.5，水分活度（A_w）可高达 0.99，自由水含量较高，这些都极有利于微生物的生长繁殖，导致肉类非常容易腐败变质。微生物在肉中的生长可直接导致肉的色泽、黏度、气味以及其他理化指标发生变化。在有氧或低氧条件下，好氧或厌氧微生物通过单独或协同作用利用肉中的各种营养物质代谢生成各种腐败物质，这些腐败物质最终使得肉类发黏、变色、发臭，改变肉的 pH。

生鲜肉中最常见的食源性致病菌包括大肠杆菌（*Escherichia coli*）、沙门菌（*Salmonella*）、金黄色葡萄球菌（*Staphylococcus aureus*）、单核细胞增生李斯特菌（*Listeria monocytogenes*）和志贺菌（*Shigella*）等。大肠杆菌是一种条件致病菌，在相当长的时间内一直被认为是人和动物机体肠道内正常菌群的一部分，被当作是非致病性的细菌。大肠杆菌在每个人的肠道内都会存在，一般情况下不致病，但误食被该菌污染的食品时就会致病。大肠杆菌进入胃肠道后会继续繁殖，产生较严重的恶心、呕吐、腹泻、腹痛等症状，引起水肿、胃肠黏膜充血等病变等。沙门菌是公共卫生学上有重要意义的人畜共患病原菌之一，具有 2500 种以上的血清型，据报道中国已有约 292 种血清型。目前在中国流行的众多血清型中，鼠伤寒沙门菌最为常见，也是引起沙门菌食物中毒的主要血清型之一。

金黄色葡萄球菌是革兰阳性菌，隶属于葡萄球菌属。它广泛分布于自然界，球形，最适宜生长温度为37℃，营养要求低，能存活在各种恶劣环境中。金黄色葡萄球菌属于条件致病菌，是一种人畜共患的病原体。由于金黄色葡萄球菌分布于自然界空气、水和土壤中，因此人和动物都有较高的带菌率。金黄色葡萄球菌引发食物中毒的机制是它可产生对热稳定的肠毒素，从而引起食物中毒。肠毒素一种单链小分子蛋白，能够对人体肠道产生破坏，导致呕吐腹泻等症状。单核细胞增生李斯特菌是李斯特菌属中唯一一种人畜共患病病原菌，为革兰阳性杆菌。在主要的食源性致病菌中，单核细胞增生李斯特菌在各种食品中均可造成污染，尤其肉类食品极易被污染，污染率高达 10% ~ 30%。该菌在 4℃ 的环境中仍可生长繁殖，是冷藏食品威胁人类健康的主要病原菌之一。志贺菌属细菌通称痢疾杆菌，是一类具有高度传染性和危害严重的革兰阴性肠道致病菌。据报道，志贺菌在中国感染性腹泻病原菌中居首位，每年因志贺菌引起食物中毒的事件频繁发生，尤其以畜禽肉和水产品的污染较为严重。

包装有利于保持食品品质的稳定性，降低因腐败变质引起的浪费。在食品中，包装的主要作用是盛装、保护或贮藏食品以及告知消费者食品的主要信息。肉与肉制品的包装对抑制微生物的生长和延长保质期起着至关重要的作用。通过对不同包装方式的生鲜肉中的微生物种类进行分析，可以看出在整个冷藏过程中真空包装和气调包装生鲜肉中微生物的数量和生长繁殖速率均受到了不同程度的抑制。因此，采用适宜的包装技术对肉与肉制品的贮藏和保鲜有着重要的意义。

二、我国肉与肉制品包装概述

基于我国肉品加工产业现状和未来产业需求，智能化屠宰分级分割、生鲜肉智慧物流保鲜、梯次化绿色加工、副产物高值化利用、质量与安全和营养健康是肉与肉制品产业发展中涌现出的主要需求。肉与肉制品中营养成分的种类丰富多样，可满足各种微生物的生长所需，这也导致肉与肉制品极易腐败变质。因此，肉与肉制品从生产到消费整个过程中，对微生物控制有着较高的要求，包装在肉与肉制品贮藏、运输和消费过程中的微生物控制方面发挥了重要的作用，不仅可以保持肉与肉制品的外形，更为食品安全增加保障。近年来，人们对于肉与肉制品安全问题的关注度与日俱增，相应的包装新材料和新技术的研发与应用是今后的研究热点。传统包装材料将逐渐向现代包装材料及技术过渡。

（一）传统包装材料的分类及存在的问题

肉与肉制品包装可以避免由于阳光直射、与空气接触、机械作用、微生物作用等而造成的产品变色、氧化、破损、变质等，从而可以延长货架期。由于肉与肉制品种类繁多，故需采用多种包装方法和适当的包装材料。目前市场上常见的包装材料及其存在的问题主要如下。

1. 纸质包装材料及其存在的安全隐患

在现代包装工业体系中,纸类包装材料及容器占有非常重要的地位。一些发达国家纸类包装材料已经占包装材料总量的 40% ~ 50%,而我国还不足 40%。从发展趋势来看,纸类包装材料的用量会越来越大。纸类包装材料之所以在包装领域独占鳌头,是因为其具有如下独特的优点:① 原料丰富、成本低廉、品种多样,容易形成大批量生产;② 加工性能好,便于复合加工,且印刷性能优良;③ 具有一定的力学性能,质量较轻,缓冲性好;④ 卫生安全性好;⑤ 用后废弃物可回收利用,无污染。

纸质包装材料是一种传统的包装材料,用于包装时具有价格低廉、方便运输且易于做造型等优点,使用十分广泛。但是,纸类包装材料存在一定的安全隐患。有些纸质包装材料是通过对废弃的纸张进行再生产,在原料收集过程中会存在一些霉变的纸张,经再次生产后,会产生大量的致病菌和霉菌,容易造成食品的腐败变质。此外,回收的旧纸张含有大量的铅、镉等有害物质,用于食品的包装后会对人体造成不可估量的严重后果。

2. 塑料包装材料及其存在的安全隐患

塑料是一种以高分子聚合物——树脂为基本成分,再加入一些用来改善其性能的添加剂制成的高分子有机材料。塑料用作包装材料是现代包装技术发展的重要标志,因其原材料来源丰富、成本低廉、性能优良,成为近 50 年来世界上发展最快、用量巨大的包装材料。塑料用于食品包装的优越性体现在以下五个方面:① 质量轻,力学性能好;② 具有良好的阻透性;③ 包装制品的成型加工性能良好;④ 装饰性能好;⑤ 化学稳定性较好,卫生、安全。

当前在食品行业中,塑料包装材料应用十分广泛,具有加工容易、运输方便及对食品具有较好的保护性等优点,但是也存在一些安全隐患。塑料包装材料的主要材质是树脂,树脂虽然无毒,但其单体降解后衍生的产物会对食品的安全产生很重要的影响。此外,塑料回收容易,常被反复使用,如果将回收后的塑料材料直接用来包装食品,很容易滋生细菌,对食品造成污染。

3. 金属包装材料及其存在的安全问题

金属包装材料以金属薄板或箔材为主要原料,经加工制成各种形式的容器来包装食品,它的应用有近 200 年历史,是现代食品四大包装材料之一。食品包装常用的金属有锡、不锈钢、铝和铬,金属包装因为优良的屏障性能、可印刷性、消费者易接受和可回收性为食品贮藏和流通提供了极大的便利。

与纸质和塑料包装材料相比,金属材料具有高阻隔性、力学性能好、抗高温、不易变形、易回收等优点,但却存在化学稳定性较差和酸碱性耐受不足的问题。常见的金属类包装容器分为涂层非金属类和涂层金属类两种,对应的将会造成有毒害的重金属超标渗出及溶出游离甲醛等有毒单体。应用不符合规定的金属包装材料，人体食用其包装的食品后，会造成食物中毒以及有害物质慢性蓄积中毒。

（二）现代食品包装技术和包装材料

1. 现代食品包装技术

包装技术是指为实现食品包装的目的和要求，以及适应食品仓储、流通、销售等条件而采用的包装方法、机械设备等各种操作手段。此外，包装操作工艺、监测控制手段、质量保证技术等也是现代包装技术的重要环节。现阶段主要有以下几种包装技术：

（1）气调包装技术 气调包装（Modified Atmosphere Packaging，MAP）就是通过对包装中的气体进行置换，使食品得以在改性的气体环境中达到保质保鲜的包装。气调包装也可称为充气包装或者气体置换包装。食品气调包装中常用的气体有 N_2、CO、CO_2、O_2 等。

（2）真空包装技术 真空包装（Vacuum Packed，VP）即将食品装入气密性包装容器或袋内，然后将容器或袋内的空气排除，造成一定的真空度，再进行密封的一种包装方法。目前常见的真空包装方法有机械挤压法、吸管插入法、腔室法等。

（3）活性包装技术 活性包装（Active Packaging，AP）技术是在现代材料和生物科学技术成果的影响下，于近年来发展起来的一种新型包装技术，它是通过调节包装材料与包装体内部的气体以及食品间的相互作用，有效地延长食品的货架期，最大限度地保持食品的质量和营养价值的包装技术。

（4）智能包装技术 智能包装（Smart Packaging，SP）涉及一套包装系统，它包括监视内部或外部包装条件的设备或化合物，并提供有关包装或产品历史的信息或指示。智能包装具有感知、检测、记实、追踪、通信、逻辑等智能功能，可追踪产品、感知包装环境、通信交流，从而促进决策，更好地达到实现包装功能的目的。例如，已经开发出可以贴在包装表面的指示器，在贮藏或销售过程中达到一定的累积温度限制时，指示器会改变颜色。如果发生温度过高的情况，这些信息就会传递给人们。在智能包装中包含了用于包装食品质量控制的指示卡。这些指示卡有：①外用指示卡，即安装于包装外部的指示卡（时间－温度指示卡）；②内用指示卡，即放置于包装内部的指示卡，具体包括放置于包装的顶隙内或贴在瓶盖内指示氧气变化或者包装是否泄漏的氧气指示卡、二氧化碳指示卡、微生物生长指示卡和病原体指示卡。所有这些都是为了提供产品质量状态的实时信息。虽然已经开发了一些这样的指示卡，但由于这些指示卡增加了成本，现阶段还没有在肉类工业中得到广泛应用。

2. 现代食品包装材料

食品包装材料指包装、盛放食品或者食品添加剂用的纸、竹、木、金属、搪瓷、陶瓷、塑料、橡胶、天然纤维、化学纤维、玻璃等制品和直接接触食品或者食品添加剂的涂料。目前用于肉与肉制品的现代食品包装材料主要有以下几种。

（1）可食性包装膜材料　淀粉是一种具有很好生物相容性的可再生资源，来源广泛、价廉且可生物降解，淀粉膜具有良好的透明度、可食性、安全性和耐折性，因此淀粉被认为是最具有发展前景的绿色包装材料之一。纯淀粉膜很脆且容易折断，为了解决这一问题，可以在淀粉膜的制备过程中加入增塑剂，增塑剂可以减小淀粉分子间的相互作用力、降低膜的抗张强度、减小膜的刚度和增加成膜液的流动性，从而减小淀粉膜的结晶度，赋予薄膜良好的弹性、柔软性和可加工性，薄膜的各项性能随之得到改善。淀粉基食品包装膜用到的增塑剂种类很多，其中最常见的是甘油和山梨醇。在淀粉膜的制备中，选用高直链淀粉含量的淀粉，并加入增塑剂和交联剂可以改善淀粉膜的力学性能，降低薄膜的水蒸气渗透性。淀粉与多糖或蛋白质复合后，不同成膜材料优势互补，薄膜性能会得到改善，加入脂质或类脂物质可改善薄膜的阻水性。

（2）纳米复合材料　纳米技术被誉为21世纪三大尖端技术之一，将其融入包装材料无疑是包装行业的热门技术。纳米包装材料是指运用纳米技术，将分散相尺寸小于等于100nm的纳米颗粒与其他包装材料通过纳米合成、添加、改性等手段加工成具备纳米结构、纳米尺度和特殊功能的新型包装材料。由于其力学性能、可塑性和功能性较普通包装均表现出明显优越性，因此，纳米复合材料已促使传统包装行业产生巨大变革，在整个纳米技术的应用中也处于领先地位。

（3）天然抑菌物质材料　近年来，人们对于食品安全问题的关注度与日俱增，因此对食品包装新材料和新技术的研发与应用投入了更多精力。目前使用的抑菌剂大体可分为无机、有机和天然抑菌剂三大类。天然抑菌剂是指能够杀死微生物或抑制其繁殖，即对细菌、霉菌等微生物及病毒等病原体高度敏感的化学物质。其来源广泛，主要来自天然物质的提取物，根据其主要来源大致可分为三大类：动物类、植物类、微生物类。

（4）环糊精聚合物复合材料　将芳香剂、抑菌剂、染料、杀虫剂、紫外线过滤器组成的环糊精复合物加入包装膜或托盘容器中，以确保复合物的缓慢释放或均匀分布。这种方法可以减缓食品表面微生物的繁殖，或者通过缓慢释放香味使产品更具吸引力，防止紫外线引起的变质、氧化等，从而延长食品的货架期。

（5）生物可降解包装材料　生物可降解包装材料是指可以由自然界的微生物如细菌、真菌等与藻类进行相互作用从而使材料得到降解的材料。该材料基本能被环境的微生物完全分解，分解后变为二氧化碳和水或者甲烷和水。生物可降解包装材料经降解后的产物可以参与自然界中的碳氮循环，碳氮元素不仅可以构成生物的基本骨架，而且可以通过自身生物化学反应实现生物的新陈代谢。因此，生物可降解包装材料是一种环境友好型材料。

参 考 文 献

［1］熊学振，杨春．2020年牛羊产业发展状况、未来趋势及对策建议［J］．中国畜牧杂志，2021，57（04）：232-236，240．

［2］任继周，李发弟，曹建民，等．我国牛羊肉产业的发展现状、挑战与出路［J］．中国工程科学，2019，21（5）：67-73．

［3］曲春红．牛羊肉生产稳步增长产业结构和区域布局更加优化［J］．农产品市场周刊，2017（16）：33-33．

［4］赵学风，潘兵，朱清杰．2018年上半年牛羊肉产销形势分析和下半年走势预测［J］．北方牧业，2018，557（13）：5-6．

［5］孟阳．"十三五"以来中国牛羊肉市场形势分析与展望［J］．农业展望，2018，14（11）：14-19．

［6］乔金亮．国产牛羊肉产业如何突围［J］．农家参谋，2017（11）：58-58．

［7］陈加齐，魏晓娟，朱增勇，等．近年来全球畜产品消费趋势分析及未来展望［J］．农业展望，2017，13（1）：70-76．

［8］白志宇．浅析肉牛肉羊养殖中存在的问题及发展对策［J］．畜牧兽医科学，2017（2）：25．

［9］张建新．食品标准与法规［M］．北京：中国轻工业出版社，2005．

［10］Anal A K. Bioprocessing of Beef and Pork Meat Processing Industries, 'Waste to Value-Add'［M］// Food Processing By-Products and their Utilization, First. 2017.

［11］Van Rooyen L A, Allen P, O'Connor D I. The application of carbon monoxide in meat packaging needs to be re-evaluated within the EU: An overview［J］. Meat Science, 2017, 132: 179-217.

［12］Robertson G L. Food Packaging［J］. Encyclopedia of Agriculture & Food Systems, 2014, 8(1): 232-249.

［13］Arora A, Padua G W. Nanocomposites in food packaging［J］. Journal of Food Science An Official Publication of the Institute of Food Technologists, 2010, 75（1）: 43-49.

［14］Marsh K, Bugusu B. Food Packaging—Roles, Materials, and Environmental Issues［J］. Journal of Food Science, 2010, 72（3）: 39-55.

［15］Sanchez-Garcia M D, Hilliou L, Lagaron J M. Nanobiocomposites of Carrageenan, Zein, and Mica of Interest in Food Packaging and Coating Applications［J］. Journal of Agricultural & Food Chemistry, 2010, 58（11）: 6884-6894.

［16］Wei H, YanJun Y, NingTao Li, et al. Application and safety assessment for nano-composite materials in food packaging［J］. Science Bulletin, 2011, 56（12）: 1216-1225.

［17］Rhim J W, Park H Man, Ha C S. Bio-nanocomposites for food packaging applications ［J］. Progress in Polymer Science, 2013, 38（10-11）: 1629-1652.

［18］Mahalik N P, Nambiar. A N. Trends in food packaging and manufacturing systems and technology ［J］. Trends in Food Science & Technology, 2010, 21（3）: 117-128.

［19］Brody A L, Bugusu B, Han J H, et al. Scientific status summary. Innovative food packaging solutions ［J］. Journal of Food Science, 2010, 73（8）: 107-116.

［20］Bradley E L, Castle L, Chaudhry Q. Applications of nanomaterials in food packaging with a consideration of opportunities for developing countries ［J］. Trends in Food Science & Technology, 2011, 22（11）: 604-610.

第二章　包装技术对肉与肉制品品质的影响

　　肉制品（Meat Products）是指以畜禽肉为主要原料，添加各种调味品制作所得的熟肉制品或半成品，包括香肠、火腿、烧烤肉、培根、肉干、肉脯等。肉类富含蛋白质、维生素、矿物质元素等，肉品中脂肪酸的组成及含量是反映肉品质的重要指标。脂肪酸具有重要的营养价值，肉中的脂肪酸是决定肉品风味的重要前体物质，且与人体健康息息相关，其中单不饱和脂肪酸（MUFA）具有降低胆固醇的功能，多不饱和脂肪酸（PUFA）有助于防治心脑血管疾病等。

　　肉与肉制品越来越受大众的青睐，但是肉与肉制品在贮藏、运输过程中易发生腐败变质，从而对其食用品质和商业价值等产生严重的影响。致使肉与肉制品发生品质变化的主要因素有微生物生长繁殖、脂质氧化酸败、肌红蛋白（Mb）氧化等，为了延长肉与肉制品的货架期以及保持其营养品质，让人们吃到健康、安全、优质的肉与肉制品，采用保鲜及包装技术就显得尤为重要。

　　包装可以避免由于阳光直射、与空气接触、机械作用、微生物作用等因素造成的产品变色、氧化、破损、变质等，从而达到延长肉与肉制品货架期的目的。目前，肉与肉制品的包装形式应用比较广泛的有气调包装、真空包装、活性包装、智能包装等。包装材料按照类型主要分为塑料聚合物、以生物聚合物为基础的生物可降解包装膜以及纳米复合材料。

第一节　包装技术对肉与肉制品色泽的影响

　　消费者主要通过肉色、质地、气味、形状等特性辨别或评价肉的品质。其中，肉的颜色是评判肉品质的最直观的指标之一。肉的颜色主要取决于血红蛋白（Hb）和 Mb 的含量及其氧化状态，Hb 主要存在于血液中，屠宰放血过程中95% 的 Hb 随血液流失，因此鲜肉的颜色主要取决于 Mb。

　　包装内的 O_2 浓度是直接影响肉色的主要因素，此外，微生物、温度、pH、肉本身的还原能力等因素也会引起肉色的变化。在腌腊肉制品中，Mb 血红素中的亚铁离子（Fe^{2+}）与一氧化氮（NO）结合形成鲜红色的亚硝基肌红蛋白（MbNO），MbNO 性质较为稳定，并呈现鲜红色，因此在腌腊肉制品中常添加亚硝基化合物以起到发色和稳定肉色的作用。此外，适当的包装能对肉色起到很好的保护作用，在高氧包装中，Mb 迅速氧化形成棕褐色的 MetMb；而在真空包装中，Mb 被完全还原为紫红色的 DeoxyMb；如果包装中 O_2 浓度适宜，既能够有效促进 Mb 与氧结合而形成鲜红的肉色，又能抑制 MetMb 的形成，从而达到稳定肉色的作用，使肉的感官品质提高。

一、肉色形成及变化机制

（一）肉色形成机制

屠宰后，肉色主要取决于 Mb 的含量和氧化状态。Mb 主要存在于肌浆内，是一种血红素蛋白，在放血良好的胴体中对于肉色的贡献率高达 80% ~ 90%。一些氧化酶类如过氧化氢酶和细胞色素等也是肉色的组成部分之一，然而由于其含量较低，对肉色的影响十分有限。另外，肌肉 pH 也被视为引起肉色改变的另一个重要因素，因为 pH 会显著影响微生物菌群的生长。与肉类正常的 pH（$5.4 < pH < 5.6$）相比，在高 pH（$pH > 6.0$）条件下肉变质和变色的速率显著加快。在低于正常 pH（$pH < 5.4$）的条件下，Mb 的氧化速率也高于正常 pH 条件下的氧化速率，从而导致包装肉与肉制品变色更快。

Mb 是一种由 153 个氨基酸组成的复合水溶性蛋白，由一条含 8 个 α- 螺旋（α-helice）的肽链和肽链围成的一个疏水区域组成，疏水区域存在一个血红素辅基（图 2-1）。血红素辅基由位于中心的一个铁离子和一个卟啉环组成。铁离子的化合价（Fe^{2+} 和 Fe^{3+}）决定了 Mb 的氧化或还原形态。铁离子有 6 个配位键，其中 4 个配位键与卟啉环的吡啶氮结合，第 5 个配位键与 Mb 肽链近端的组氨酸结合，第 6 个配位键可以与不同配体分子结合，形成不同性质的 Mb 分子，进而影响肉色。由此可见，铁离子的化合价和血红素辅基的第 6 位配体是肉色的决定因素。

Mb 主要以脱氧肌红蛋白、氧合肌红蛋白、高铁肌红蛋白和碳氧肌红蛋白（COMb）四种形式存在，四种 Mb 在包装鲜肉中的相互转换形式如图 2-2 所示。

当氧分压低于 190Pa 时，Mb 血红素辅基中的铁离子为 Fe^{2+}，且其第六个配位键处于空缺或结合 H_2O 的状态，形成紫红色的 DeoxyMb。当 DeoxyMb 暴露在充足的 O_2 中时会发生氧合反应，铁离子的价态仍为还原态（Fe^{2+}），第六个配位键却被氧分子占据生成使肌肉呈现鲜红色的 OxyMb。随着 O_2 浓度的增加，O_2 渗透到肌肉内部更深处形成更厚的 OxyMb 层，肉色也随之更加鲜红。较低的氧分压（130 ~ 1300Pa）会诱导 OxyMb 氧化生成棕褐色的 MetMb，此时 Mb 血红素辅基中的铁离子第六个配位键上的氧分子被释放出来，Fe^{2+} 被氧化成 Fe^{3+}。

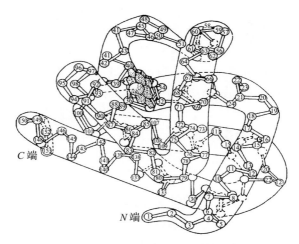

图 2-1　肌红蛋白（Mb）结构图

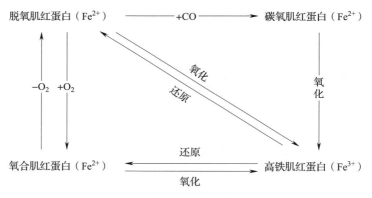

图 2-2　包装鲜肉中肌红蛋白的转换形式

此外，OxyMb 也会发生自动氧化生成 MetMb 和超氧阴离子，超氧阴离子会被歧化成过氧化氢，过氧化氢会诱导 DeoxyMb 氧化生成 MetMb。随着 O_2 向肌肉内部不断渗透，使得肌肉内部的氧分压逐渐降低，在肌肉内部的 DeoxyMb 层和 OxyMb 层之间会形成一层较薄的 MetMb 层，当肌肉表面的氧分压下降时，内部的 MetMb 层会慢慢上移，肉色褐变随即发生。CO 可与血红素辅基中 Fe^{2+} 的第六个配位键结合形成稳定的 COMb，使肉呈现鲜红色。CO 与 DeoxyMb 的结合能力远高于 O_2，且 DeoxyMb 比 MetMb 和 OxyMb 更容易转化成 COMb，此外，COMb 的结构稳定性也高于 OxyMb。但在一些情况下，例如肉中脂质发生过氧化时，COMb 可被逐步氧化成 MetMb，导致肉色的褐变。

DeoxyMb 的血红素辅基具有还原态，Fe^{2+} 使肉呈现暗红色，在缺氧条件（<0.2%）下 DeoxyMb 占主导地位。OxyMb 由 DeoxyMb 的血红素与 O_2 共价结合

而成，使肉呈现诱人的鲜红色，尽管形成 OxyMb 的 O_2 浓度的最低限值为 5%，但只有当 O_2 浓度高于 13% 时才能维持其稳定的优势地位。MetMb 血红素中的 Fe^{3+} 由 Fe^{2+} 氧化而来，使肉呈褐色，O_2 浓度在 0.5% ~ 1% 时 MetMb 占主导地位。低氧包装的肉因 DeoxyMb 存在而呈暗红色，此外，由于 DeoxyMb 的氧化速率比 OxyMb 更快，所以 DeoxyMb 在低氧条件下更容易被氧化为 MetMb，上述机制使低氧气调包装（LOx-MAP）中的肉颜色稳定性较差。当 MetMb 含量超过 20% 时肉的颜色褐变就可被消费者辨别，当含量超过 40% 时消费者就会拒绝购买。为了能让产品更好地发色，应确保包装内 O_2 浓度 ≤ 0.05%，才能将 Mb 维持在稳定的 DeoxyMb 状态。因此，DeoxyMb、OxyMb 和 MetMb 三种 Mb 的含量和相对比例最终决定了肉类产品的外观。

（二）肉色变化机制

肉固有的颜色由宰前因素决定，如动物的种类、应激状况、性别、年龄、饲养情况等。物种间肉颜色强弱的差异主要是由 Mb 浓度不同造成的。牛肉是 Mb 浓度最高、颜色最深的肉类，而羊肉的 Mb 浓度和颜色均处于中等水平。雄性动物通常比雌性动物的肉色更深，因为雄性动物肌肉中 Mb 浓度更高。而 pH 是影响宰后肉色稳定性的重要因素，宰后肉中 pH 下降速率和最终 pH 可直接影响 Mb 的氧化状态。在宰后糖酵解过程中，正常肌肉组织的 pH 从 7.2 下降到最终的 5.4 ~ 5.6。除影响肉色外，pH 的下降速率和最终数值也会影响肉的持水性和质地。

Mb 的颜色反应都是可逆和动态的。肉类中很少出现所有的 Mb 呈相同化学状态的现象；MetMb 不能与氧结合，但存在于新鲜肉中的特定酶能够将 MetMb 还原为 Mb，然后 Mb 可以吸收 O_2 形成 OxyMb。随着时间的延长，酶的底物逐渐消耗殆尽，MetMb 不再被还原。由此造成棕褐色的 MetMb 含量增加，鲜红色的 OxyMb 相对含量逐渐降低，使肉色变暗呈棕褐色。将鲜肉中存在的主要色素形式归纳总结于表 2-1。

表 2-1　　　　　　　　　　　　　　鲜肉中存在的主要色素

Mb 的化学状态	化合态	铁离子第六个配位键结合物	球蛋白状态	肉的颜色
DeoxyMb	Fe^{2+}	H_2O	未变性	紫红色
OxyMb	Fe^{2+}、O_2	O_2	未变性	鲜红色
MetMb	Fe^{3+}	H_2O	未变性	棕褐色

在贮藏过程中，肉与肉制品表面 MetMb 的积累速率与内在因素（pH、肌肉类型、年龄、品种、种类、性别、饲养状况）和外在因素（宰前处理、加工条件、电刺激、热剔骨、冷却加工）等有关。在销售阶段影响鲜肉色泽稳定性的因素主

要是温度、O_2、光照类型和强度、表面微生物的生长和气体环境（真空包装、气调包装等）。新鲜肉中 Mb 的氧化受多种因素的影响（内源性和外源性）。其中内源性因素包括肌肉来源、pH、内源性抗氧化酶与自由基、脂质氧化和线粒体活性等。外源性因素包括温度、光照、气体成分、环境气压、外源抗氧化成分和微生物等。影响肉中 Mb 化学状态的主要因素如表 2-2 所示。

表 2-2　　　　　　　　　影响肉中 Mb 化学状态的主要因素

影响因素		作用
贮藏温度	高温	促进脂质过氧化，加快氧自由基的生成，自由基是通过与 Mb 反应，加速 Mb 的氧化； 通过促进 Mb 自身与 O_2 的反应，加速 MetMb 的生成
	低温	促进 O_2 渗透到肌肉内部； 提高 O_2 在组织中的溶解度； 上述两种效应都增加了肉中 OxyMb 的含量
氧分压	高氧分压	有利于 OxyMb 的生成，也会加速 OxyMb 氧化为 MetMb
	低氧分压	有利于 DeoxyMb 的形成
肉的 pH	高 pH	提高肌肉组织的呼吸强度，在肉表面形成一层较薄的 OxyMb； 肌肉纤维膨胀，加速 O_2 的扩散，从而形成 OxyMb
	低 pH	引起 Mb 分子的变性，并导致 Mb 中 O_2 的解离，促进 Mb 的氧化

（三）影响肉色稳定性的因素

1. 内在因素

影响肉色稳定性的内在因素主要包括动物的物种、品种、性别和年龄、肌浆蛋白组成、内源性抗氧化酶、肌肉部位与代谢类型、肌肉的极限 pH、宰后肌肉 pH 的下降速率以及肌肉的脂质过氧化程度等。

（1）动物的物种、品种、性别和年龄　动物物种及品种的不同，调控肉色稳定性的相关基因表达不同，所以在肉的品质上存在一定的差异。此外，动物的性别和屠宰时的年龄对肉色稳定性也存在一定影响。屠宰时年龄较大的畜禽肉色发黑，颜色稳定性较差，因为随着年龄的增长，肉中 Mb 的含量增加，抗氧化酶活性增强，导致肉色变深，同时，油脂不饱和程度下降，脂质氧化增加，使肉色的稳定性降低；而不同性别的动物因为其遗传基因和性激素的作用方式以及脂肪沉积不同而导致肉色的差异。

（2）内源性抗氧化酶　肉及肉制品在加工过程中发生氧化引起的变质主要是由非微生物因素造成的。屠宰后，动物体内的内源性抗氧化酶迅速失活，使肉中的蛋白质和脂肪极易被氧化破坏，从而影响肉色的稳定性。

（3）肌肉部位与代谢类型　随着对肌肉剖析的实现，肌肉来源受到极大的关注。肌肉因所在位置和生理功能的不同而导致新陈代谢的差异，因此每块肌肉都表现出独特的生理生化效应。牛肉中 OxyMb 的氧化和变色取决于肌肉来源，根据色泽稳定性，牛肉肌肉被分为色泽稳定型和脆弱型。表现出更大的耗氧率和更低的 MetMb 还原率的肌肉是脆弱型。相反，具有较大还原活动的肌肉是稳定型。

（4）肌浆蛋白组成　肌浆蛋白主要包括一些可溶性的蛋白质和酶类，约占骨骼肌总蛋白的 30%。宰后成熟时间和不同肌肉类型都会对肌浆蛋白的种类和含量产生影响，进而影响肉色稳定性。肌浆蛋白是由 Mb 和酶等可溶性蛋白组成，这些可溶性蛋白参与不同的生物化学过程，可能对肉色的稳定性产生影响。Mb 是一种肌浆蛋白，肌浆蛋白由可溶性蛋白组成，其他蛋白质与 Mb 相互作用可以影响 Mb 的稳定性。此外，多肽可以抑制蛋白质的氧化和变性，而抗氧化蛋白抑制了 MetMb 的形成，从而改善肉色的稳定性。

（5）pH　pH 可影响肉色稳定性。OxyMb 的自动氧化受 pH 影响显著，肌肉的 pH 低时，自动氧化速率慢，而肌肉的 pH 高时，自动氧化速率快。pH 每下降 0.3，Mb 氧化速率就会翻倍增加，组织代谢速率加快，O_2 消耗率升高，使得肉表面 MetMb 生成速率加快。目前，两种典型的异质肉（肉质松软而不新鲜的肉）均属于代谢异常导致 pH 低于或高于正常 pH 范围，从而造成肉色劣变。这两种肉分别是 PSE（Pale，Soft，Exudative）肉和 DFD（Dark，Firm，Dry）肉，俗称白肌肉和黑切肉。

① PSE 肉：典型特征是肉色灰白、肉质松软、有渗出物。短期来看，宰前的剧烈运动或屠宰后胴体的缓慢冷却都会导致肉的最终 pH 变低。pH 下降，胴体温度上升到 40℃以上可使肉中的蛋白质变性，导致肉颜色异常苍白，增加了对光的散射作用。同时，由于氧化作用增加，导致肌肉组织变色。此外，PSE 肉中蛋白质的变性也导致其持水能力降低，水分大量渗出。上述作用的综合影响，使肉失去固有的鲜红色，导致肉的感官品质大大降低。

② DFD 肉：典型特征是肌肉干燥、质地粗硬、色泽深暗。与 PSE 肉相反的生化条件会导致畜肉（尤其是牛肉和猪肉）形成另一种异质肉。从消费者的角度来看，这种肉的肉色相比于 PSE 肉的肉色更加不受欢迎。DFD 肉被称为黑切肉或深色硬干肉，摸起来有黏性，呈深紫色。这种肉的 pH 很高，这是因为在屠宰前畜禽过度紧张（如长途运输），或运动后肌肉中残留的糖原水平较低。这样会导致肌糖原在宰前消耗殆尽或糖原残留量低，意味着在糖酵解过程中形成的乳酸不足，使 pH 变高。DFD 肉的肌肉纤维膨胀并紧密地挤在一起，形成了 O_2 扩散和光吸收的屏障。此外，肌肉的高 pH 会加速肌肉组织的呼吸作用，同时，高 pH 会促进腐败微生物大量繁殖生长，从而显著缩短肉的货架期。正常 pH 下

真空包装的牛肉可以在低温下贮藏超过 10 周，而相同条件下的 DFD 牛肉一般会在 6 周内变质。然而，在正常 CO_2 浓度和高 pH 混合状态下包装牛肉，其在 15 周时不会变质。

图 2-3 将 DFD 肉、PSE 肉与正常肉进行了对比，表 2-3 归纳了 DFD 肉与 PSE 肉的定义和特点。

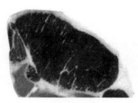 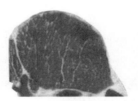 

DFD肉　　　　　　　　　正常肉　　　　　　　　　PSE肉

图 2-3　三种肉的对比

表 2-3　　　　　　　　　　　　　　**PSE 肉和 DFD 肉的对比**

	定义	特点
PSE 肉	在宰前发生应激反应，导致机体好氧率增加，糖酵解加快，乳酸大量生成，肌肉 pH 下降，温度升高，从而形成 PSE 肉	宰后 pH 下降过快，肉色苍白、持水力降低、切面湿润而质地柔软
DFD 肉	宰后肌肉 pH 高达 6.5 以上，外观呈现略带紫色的暗红色、表面干燥、质地坚硬的肉	宰后 pH 一直维持在较高水平，肉色发暗、切面干燥、质地坚硬

（6）脂质过氧化　脂质过氧化与肉色稳定性存在密切关系，脂质过氧化可产生自由基，自由基可破坏肌肉中的色素导致肉色褐变，而肉色褐变后产生的 Fe^{3+} 又可催化脂质过氧化，两者之间相互促进。脂质过氧化产生的自由基还会破坏 MetMb 还原系统，导致肌肉自身对 MetMb 的还原能力降低，从而加速肉色劣变。

2. 影响肉色稳定性的外在因素

影响肉色稳定性的外在因素主要有宰前饲养管理、温度、光照条件、包装方式、外源添加剂和肉中微生物的生长等。

（1）宰前饲养管理　宰前的饲喂方式（草饲、谷饲或饲料喂养）、饲料配比以及饲喂环境都会影响畜禽宰后的肉色。通常草饲动物能够从绿色植物中摄取大量的抗氧化物质，从而拥有比谷饲动物更高的肉色稳定性。另外，向动物饲料中添加维生素 E 也可以明显改善动物宰后的肉色稳定性。然而，如果向饲料中添加维生素 A，生产出的牛排在零售过程中其肉色稳定性则会大大降低。

（2）温度和光照条件　温度是影响肉色稳定性的关键因素之一。通常较高

的贮藏温度会降低 O_2 在肉中的溶解度，从而使肉内部的 MetMb 层距离肉的表面更近，进而导致 OxyMb 释放氧分子。另外较高的温度还会加速脂质和蛋白质的氧化，并提高耗氧酶类的活性，使它们与 Mb 争夺 O_2。因此，高温不利于维持稳定的肉色。

在销售过程中，光照的类型、角度、距离和时间都会在一定程度上影响肉色。低紫外荧光灯照射会促使肉类表面发生胆固醇光敏氧化，从而引起肉色褐变。相较于荧光灯，发光二极管（LED）灯凭借更低的散热量可以有效降低不同肉类产品的光褪色程度，鲜红色延长 0.5d 左右。而相较于 LED 灯和低紫外荧光灯，高紫外荧光灯能够显著延缓肉色褐变和脂质过氧化。

由于光照只有在 O_2 存在的情况下才会加速氧化反应，因此真空或惰性气体包装可以消除这种影响。将真空包装的肉在黑暗条件下放置 12d，然后将它们暴露在光照下，这样微生物和肌肉组织自身代谢就可以消耗掉表面残留的 O_2，从而减少颜色变化。

（3）包装方式　贮藏过程中，包装内的气体成分会影响肉中腐败微生物的种类和数量以及它们之间的关系。不同气调包装方式下的冷鲜肉通常具有不同的菌群结构，一般情况下高氧气调包装（HiOx-MAP）中的优势菌群为假单胞菌（*Pseudomonas*），而低氧气调包装（LOx-MAP）中的优势菌群为乳酸菌，上述菌属都能显著提升牛肉贮藏期间的颜色稳定性。适宜的包装可以保护肉与肉制品不受微生物和其他污染物的侵染，维持良好的外观，控制水分的损耗，保持最理想的肉色。

（4）外源添加剂　不论是传统还是现代工艺，在肉制品加工过程中常添加硝酸盐（$NaNO_3$）与亚硝酸盐（$NaNO_2$），使肉制品呈鲜艳的红色。其机制是 $NaNO_3$ 在细菌（亚硝酸菌）作用下还原成 $NaNO_2$，$NaNO_2$ 在一定的酸性条件下生成亚硝酸（HNO_2）。由于宰后成熟过程中肉本身产生乳酸，极限 pH 为 5.4～5.6，因此不需要加酸即可生成 HNO_2，反应如式①。HNO_2 很不稳定，即使在室温下也可以分解产生亚硝基（NO^-），反应如式②。此时生成的 NO^- 会很快与 Mb 发生作用生成鲜艳的红色 MbNO，反应如式③。

① $NaNO_2 + CH_3CHOHCOOH \rightarrow HNO_2 + CH_3CHOHCOONa$

② $3HNO_2 \rightarrow H^+ + NO_3^- + 2NO + H_2O$

③ $Mb + NO \rightarrow MbNO$

腌腊肉制品在肉制品中所占的比例相对较高，因此掌握在腌制过程中肉色的变化机制是必要的。腌腊肉制品中通常还添加一定量的 NaCl，同时为了更好地保持肉类的色泽需要添加适量的 $NaNO_2$ 来起到防腐和护色的作用。但是，由于耐盐微生物的生长繁殖，腌腊肉制品在贮藏过程中也会发生色泽的劣变，主要表现为鲜红色的消退。因此，添加盐类物质不能完全解决肉色劣变的问题。

　　虽然腌腊肉制品中的 MbNO 在无氧或真空下是稳定的，但在有氧条件下，其氧化形成 MetMb 的速率要比 OxyMb 和 DeoxyMb 的氧化速率快。因此，在腌腊肉制品中也添加适量的抗氧化剂。目前最常用的抗氧化剂是抗坏血酸盐和异抗坏血酸盐，添加方式一般为将添加剂直接溶解到盐水中或直接喷洒到产品表面两种方式。此外，MbNO 比 OxyMb 和 DeoxyMb 更容易受到光照影响，暴露在光照下，腌腊肉制品会在 1h 内褪色。

　　（5）微生物　微生物在肉的变色过程中扮演着重要角色。随着贮藏时间的延长，微生物会侵入到肉中，某些微生物过量繁殖往往会导致肉色劣变，其中好氧细菌尤其明显，在快速繁殖期会消耗大量 O_2，与 Mb 竞争 O_2，导致氧分压下降，使肉的色泽品质下降。例如，在正常的空气环境中贮藏，假单胞菌的大量繁殖导致肉色变化，如莓实假单胞菌（*Pseudomonas fragi*）降低了肉表面的氧分压促进了 DexoyMb 的形成。另外，O_2 的消耗还抑制了脂质过氧化，进而减轻了 MetMb 积累所导致的褐变。此外，在牛排表面接种假单胞菌，MetMb 在细菌生长对数期的形成速率最快，同时伴随着更高的变色速率。在贮藏后期，牛排表面会因为较高的细菌氧气消耗而出现 MetMb 还原现象。总之，长时间的贮藏增加了由于微生物侵染而导致肉色劣变的几率，因此在加工过程中应尽可能的缩短贮藏时间。

　　同时，肉中 O_2 的渗透深度随时间延长呈线性增长，但大量微生物的繁殖会阻止 O_2 的继续渗透。当菌落总数达到 $10^7 CFU/cm^2$ 时，微生物所消耗的 O_2 才有可能因为氧分压的降低而促进 Mb 的氧化。通常情况下，暴露在空气中的肉 6d 后菌落总数会达到 $10^7 CFU/cm^2$，而实际展示中肉的货架期都会超过 6d，因此微生物对肉色的影响极为重要且不容忽视。

　　假单胞菌和无色杆菌（*Achromobacter*）是引起肉色发生劣变的主要因素。在假单胞菌和无色杆菌生长的对数期，MetMb 出现快速增长的趋势，肉的红度（$a*$）会上升；而当肉中乳酸菌大量繁殖时，肉的 $a*$ 会下降。然而，兼性厌氧的乳酸菌通常不会引起肉的变色，反而会由于乳酸的产生而抑制其他微生物生长，使肉色得到保护。此外，肉色变绿是因为微生物分解蛋白质中含巯基氨基酸释放的 H_2S 与 Mb 结合所致。许多微生物产生的化学物质，如 H_2S 和 H_2O_2 会氧化 Mb 的铁离子形成硫化肌红蛋白和胆绿蛋白，或者导致卟啉环色素的降解，但是有些变色很有可能是微生物自身产生的特殊色素所致。

　　目前，研究微生物群落变化对肉色影响的报道还很有限，而且学者们只是在空气环境下做了几种主要腐败菌与牛肉 $L*$、$a*$、黄度值（$b*$）等肉色表观指标的相关性分析，并没有从机制上解释这些微生物是如何影响肉色的。气调包装特定的气体成分会对微生物群落结构以及 Mb 的氧化状态产生巨大影响，但是有关气调包装肉与肉制品中微生物群落与肉色关系的研究还较少，其机制尚不完全明确。不同因素对肉色的影响如表 2-4 所示。

表 2–4　　　　　　　　　　　　不同因素对肉色的影响

因素	影响
Mb 含量	含量越多，颜色越深
品种、解剖位置	牛、羊肉颜色较深，猪肉次之，禽腿肉为红色，而胸肉为浅白色
年龄	年龄越大，肌肉 Mb 含量越高，肉色越深
运动	运动量大的肌肉，Mb 含量高
pH	终 pH>6.0，不利于 OxyMb 形成，肉色黑暗
Mb 的化学状态	OxyMb 呈鲜红色，MetMb 呈褐色
细菌繁殖	促进 MetMb 形成，肉色变暗
电刺激	有利于改善肉色
宰后处理	迅速冷却有利于肉保持鲜红色
	放置时间加长，细菌繁殖、温度升高均促进 Mb 氧化，肉色变深
腌制（亚硝基形成）	生成亮红色的亚硝基肌红蛋白，加热后形成粉红色的亚硝基血色原

二、不同包装方式对肉与肉制品色泽的影响

（一）气调包装对肉色泽的影响

　　肉与肉制品的颜色是影响消费者购买欲的重要因素之一，消费者通常通过肉色来辨别肉与肉制品的新鲜度。气调包装中含有的高浓度 O_2 可以与 Mb 结合形成 OxyMb，使肉与肉制品呈鲜红色，保持肉的新鲜度。

　　气调包装和真空包装对酱牛肉色差值的影响如表 2–5 所示。真空包装和气调包装的酱牛肉其 $L*$ 在贮藏过程中呈现缓慢上升状态，气调包装酱牛肉的 $a*$ 变化比较平缓，而真空包装酱牛肉的 $a*$ 变化比较明显。在贮藏 18d 时，气调包装酱牛肉的 $a*$ 大于真空包装；气调包装的 $b*$ 呈缓慢上升的趋势，而真空包装酱牛肉的 $b*$ 呈先下降后上升的变化趋势，由此可知，气调包装比真空包装能更好地保持肉色的稳定性。

表 2–5　　　　　　不同包装条件下酱牛肉贮藏过程中色差值的变化

贮藏时间 /d	气调包装			真空包装		
	$L*$	$a*$	$b*$	$L*$	$a*$	$b*$
0	27.42 ± 3.30	7.70 ± 0.45	8.90 ± 1.37	27.42 ± 3.30	7.70 ± 0.45	8.90 ± 1.37
3	31.03 ± 2.18	7.64 ± 0.50	9.93 ± 0.74	30.72 ± 0.47	6.69 ± 1.00	7.56 ± 1.61
6	30.93 ± 1.38	7.59 ± 0.34	10.35 ± 2.31	31.82 ± 2.80	6.65 ± 0.07	7.39 ± 0.68

续表

贮藏	气调包装			真空包装		
时间 /d	L^*	a^*	b^*	L^*	a^*	b^*
9	32.17 ± 2.22	7.03 ± 0.36	9.95 ± 2.43	32.09 ± 2.98	6.04 ± 0.96	8.99 ± 1.69
12	33.42 ± 1.75	7.18 ± 0.73	11.22 ± 1.54	31.76 ± 0.47	6.20 ± 0.76	9.79 ± 0.15
15	32.38 ± 1.60	6.85 ± 0.59	11.34 ± 1.10	31.63 ± 2.00	6.43 ± 1.01	8.99 ± 0.96
18	33.27 ± 3.38	6.58 ± 0.24	11.25 ± 1.33	32.22 ± 2.86	6.34 ± 0.31	9.86 ± 2.18

1. HiOx–MAP 对肉色泽的影响

气调包装可以使冷鲜牛肉的肉色得到改善。将 HiOx–MAP 和真空包装牛肉的色泽进行对比,HiOx–MAP 牛肉能在整个货架期内维持稳定的 a^*,并且颜色最接近自然鲜肉色,这是因为高氧环境促进了 OxyMb 的形成,使肉呈现鲜红色。但是,高氧环境容易导致肉的脂质过氧化和蛋白质氧化,同时在好氧微生物的作用下会导致贮藏后期肉色变暗。真空包装的牛肉在货架期内也能在一定程度上维持相对稳定的 L^* 和 a^*,但在未打开的包装袋中,由于隔绝了 O_2,Mb 以 DeoxyMb 的形式存在,使肉呈紫红色,而非鲜红色,只有将包装打开在常温下与空气充分接触一段时间后才能恢复到正常色泽。此外,如果真空包装过程中除 O_2 不彻底,会加快 DeoxyMb 的氧化速率,在低氧条件下 DeoxyMb 更容易被氧化为 MetMb,从而造成肉的颜色发生褐变。

2. CO–MAP 对肉色泽的影响

相对于 HiOx–MAP 长时间放置会导致肉的颜色劣变的速率和程度不同,使用 CO–MAP 的冷鲜牛肉的颜色稳定性有了明显的提高。这主要是因为 CO–MAP 中的 CO 对于牛肉 MetMb 的还原能力和总的还原能力并不会造成负面的效果,因此可以使贮藏过程中的冷鲜牛肉保持较高的 MetMb 还原能力,并且 CO 可以与 DeoxyMb 结合,生成一种鲜红色的 COMb,这种蛋白质的稳定性要远强于 OxyMb,从而使贮藏过程中牛肉的色泽稳定而鲜艳。但是,由于 CO 渗透率低的原因,会出现牛排表面色泽鲜艳而肉内部出现明显的颜色发暗的现象,这可能会影响消费者对肉新鲜度的判断。用 CO 可以掩盖微生物导致的腐败,但含量 ≤ 0.4% 的 CO 并不会掩盖微生物的腐败。针对 CO 带来的肉色过度鲜艳的问题,向 CO 包装中加入适量的 O_2 能够使肉达到 OxyMb 和 COMb 共存的状态,从而达到改善肉的色泽的目的,但是如果加入的 O_2 浓度过高则会加速肉色变化,因此在选择 CO 与 O_2 的浓度比例时应根据肉块规格、贮藏时间等因素进行优化调整。

例如,在 2℃ 条件下,HiOx–MAP 可以将牛排的鲜红色维持 14d,而采用 CO–MAP 则可将牛排的鲜红色维持 21d 之久。CO–MAP 能显著改善牛排颜色稳定性是因为贮藏期间 CO–MAP 牛排始终拥有比 HiOx–MAP 牛排更高的总还原能力和 MetMb 还原能力。HiOx-MAP 和聚氯乙烯（PVC）托盘包装牛排的颜色变化速度显著高于 CO-MAP 牛排，主要原因是贮藏期间这两种包装牛排中 MetMb 的还原能力和 O_2 消耗率下降更快。另外，相较于 CO-MAP，HiOx-MAP 显著加剧了牛排的脂质过氧化和蛋白质氧化程度，脂质过氧化又直接促进了 Mb 的氧化，从而进一步加快了肉色的变化速率，不利于长期贮藏。

（二）真空包装对肉色泽的影响

真空包装被广泛用于冷鲜肉和腌腊肉制品的包装。真空包装的保鲜效果是依靠包装内的厌氧环境来实现的，其目的是通过肌肉组织内的酶反应，或通过与组织成分的其他化学反应除去包装内残留的 O_2 以及溶解在产品中的 O_2，包括溶解在产品中的 O_2。真空包装冷鲜肉的呼吸作用也会迅速消耗掉绝大多数残留的 O_2。然而，如果要有效地保存产品，延长产品的货架期，在真空包装时应采用适宜的手段尽可能降低 O_2 的残留量，因为肌肉组织去除 O_2 的能力是有限的。所以，在良好的真空条件下，O_2 水平一般要降低到 1% 以下。同时，结合阻氧性高的包装材料，可以基本杜绝 O_2 从外部进入。

真空包装的含氧量极低，并且其包装膜的 O_2 渗透性低，在该环境下 OxyMb 转化为 DeoxyMb 会导致肉的颜色从红色变为紫色，所以真空包装肉不适合零售市场。此外，贮藏时间延长会导致真空包装肉的汁液流失并在包装内大量积累，会误导消费者对肉新鲜度的判断。

真空包装冷鲜肉在销售或展示阶段打开包装后，DeoxyMb 和 O_2 结合形成 OxyMb，进而使肉呈现鲜红色。因此，真空包装的冷鲜肉在货架展示前要先使其充分接触空气进行发色。此外，真空包装有利于维持肉的高铁肌红蛋白还原酶（MRA）活性。研究发现，真空包装的冷鲜肉在 1℃下条件下贮藏数周后，MRA 仅降低了 20%，即真空包装有利于 MetMb 的还原。在较低的真空度下，DeoxyMb 被氧化成 MetMb 的速率大于 MetMb 被酶还原的速率，有利于 MetMb 的积累进而不利于维持肉色稳定性。因此，在对冷鲜肉进行真空包装时，应采取适当的措施使包装内尽可能达到高的真空度。

（三）活性包装技术对肉色泽的影响

冷鲜肉的变色在很大程度上取决于其周围气体成分的组成。特别是 O_2 存在时能够促进 Mb 迅速氧化形成 MetMb。当肉中 MetMb 相对含量占不同氧化状态 Mb 总量的 30% ~ 40% 时，消费者就会失去购买欲。目前，大多数冷鲜肉的包装均为简单便捷的真空包装。但对于对氧敏感的产品来说，真空包装达不到控制残氧量的要求，即使 O_2 体积分数低至 0.1% ~ 0.5%，光照引起的变色也会在几小时内发生，这取决于产品内容物与包装膜顶隙空间的比值，而且大多数包装系统需要几天的时间才能清除残留的 O_2。其他包装也存在一定的缺陷。例如，采用 20% CO_2+80% O_2 的气调包装方式包装 DFD 牛肉，高浓度的 O_2 使 DFD 牛肉的颜色发生了改变，最终形成了一种与正常肉色非常接近的颜色。但是，高氧条件会加剧微生物如单核细胞增生李斯特菌（*Listeria monocytogenes*）的增殖，增加了食品安全风险。此外，微生物的生长也会对肉色产生影响。例如，贮藏期间乳酸菌的增殖会导致过氧化氢积累，产生的过氧化物可以与一氧化氮血红素或 MbNO 反应并产生氧化的卟啉，导致肉色变绿。而脂质过氧化的产物和蛋白质氧化的产物互为前体物，会促进肉中 MetMb 的积累，进一步导致肉色的劣变。

基于上述原因，现有的研究开始运用活性包装技术来弥补以上包装方式的不足。活性包装能够有效抑制上述反应的发生，对维持肉色稳定性具有重要意义；同时能够有效抑制或延缓由于氧化、微生物增殖等因素引起的其他不利影响。例如，添加了 20% 绿茶提取物的壳聚糖保鲜膜能延缓香肠脂质过氧化和微生物生长，显著提高香肠的肉色稳定性。目前，市场上常用于活性包装的物质如下所示。

1. 亚硝酸盐

新型亚硝酸盐包装是采用两层薄膜将 $NaNO_2$ 包含其中，使其在包装后缓慢释放。虽然真空包装可以减少脂质过氧化和新鲜肉类中耐氧菌的扩散，但是肉经真空包装后呈现的紫红色外观对消费者的吸引力要低于 HiOx–MAP 肉和 CO–MAP 肉的明亮鲜红色。在接触鲜肉时，$NaNO_2$ 被还原为 NO，NO 与 Mb 中的血红素结合，从而形成粉红色 NOMb。例如，采用高阻隔亚硝酸盐薄膜联合真空包装对冷鲜牛肉进行保鲜，其 a^* 随贮藏时间的延长而增加，且比常规真空包装的冷鲜牛肉色泽更红。将亚硝酸盐嵌入薄膜包装的冷鲜牛肉和对照组（不含亚硝酸盐的包装）进行色泽对比，结果显示在亚硝酸盐薄膜中牛肉的 a^* 增加，但随着贮藏时间的延长，a^* 逐渐降低。因此亚硝酸盐包装只适用于短期包装的冷鲜肉。

2. 抗氧化剂

可食性复合保鲜膜是以可食性生物大分子为原料，通过分子间的交联作用形成质地均匀、具有一定机械强度的薄膜。

在可食性复合保鲜膜中通常会加入一些功能性活性成分，包括天然或化学合成的抑菌剂、抗氧化剂、酶制剂或其他功能性成分（包括矿物质、维生素等）来增加膜的功能特性。

α-生育酚是一种天然的脂溶性抗氧化剂，安全性高，它可以提供氢原子，通过将过氧自由基转变为氢过氧化物的方式阻断氧化反应过程，同时可以阻止氢过氧化物的分解，从而实现抗氧化的效果。α-生育酚良好的抗氧化效果能够用于肉与肉制品的保鲜，含有 1%（质量分数）α-生育酚的包装膜能够有效地延缓冷鲜猪肉硫代巴比妥酸值（TBARS）和挥发性盐基氮（TVB–N）的升高，在抑制脂质过氧化的同时提高了肉色稳定性。

其他天然抗氧化剂也可用于肉的保鲜。例如，普鲁兰多糖是一种由霉菌发酵而成的微生物多糖，无色无味，具有良好的成膜性和热封性。壳聚糖是由自然界广泛存在的几丁质通过脱乙酰作用得到，具有良好的成膜特性、一定的抑菌活性和抗氧化性，不溶于水，可溶于醋酸稀溶液。壳聚糖－普鲁兰多糖复合保鲜膜应用于牛肉贮藏保鲜，能够有效地延缓其氧化进程，抑制微生物的生长，保持良好的外观品质，延长货架期。该可食性复合保鲜膜原材料均安全可降解，具有广泛的应用前景。

壳聚糖－普鲁兰多糖复合保鲜膜应用于冷鲜牛肉保鲜时，将冷鲜牛肉样品切成 3cm×3cm、厚度约 1cm 小块，均分为空白对照组和保鲜膜处理组，置于 4℃ 条件下贮藏，分别在第 1、3、5、7、9、11d 利用色差计测定样品色泽，采用 $a*/b*$ 表示牛肉样品的红色指数，$a*/b*$ 值越大，表示色泽越鲜艳，品质越好。如图 2-4 所示，在贮藏期间两组样品红色指数均呈现下降趋势，在第 9d 后，红色指数急剧下降，且保鲜膜处理组的红色指数始终高于对照组，表明壳聚糖－普鲁兰多糖复合保鲜膜具有良好的抗氧化效果，能够提升冷鲜牛肉的色泽稳定性。

其他可食性复合保鲜膜在维持肉色方面的应用如表 2-6 所示。

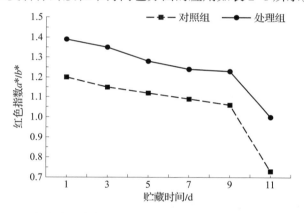

图 2-4　壳聚糖－普鲁兰多糖复合保鲜膜对冷鲜牛肉色泽的影响

表 2-6　　　　　　　　可食性复合保鲜膜在维持肉色方面的应用

基质材料	其他组分	应用产品	应用效果
酪蛋白酸钠	生姜精油	鸡胸肉	减少冷藏期间鸡胸肉的好氧嗜冷菌数量、鸡胸肉的蒸煮损失；维持肉色稳定
明胶、壳聚糖	葡萄籽提取物、Nisin	冷却猪肉	抑制猪肉氧化和微生物繁殖；维持肉色稳定
羧甲基纤维素	苹果果皮粉、酒石酸	牛肉饼	延缓脂质氧化；抑制腐败微生物繁殖；维持肉色稳定
海藻酸钠	茶多酚	冷却猪肉	抗氧化作用
羧甲基纤维素	菜果果皮粉	牛肉饼	抗氧化，显著抑制嗜中温好氧菌、霉菌、酵母菌和肠道沙门菌

续表

基质材料	其他组分	应用产品	应用效果
壳聚糖	竹醋	猪排	抑制脂质氧化；维持肉色稳定；减少菌落总数及假单胞菌、大肠菌群、乳酸菌数量；延长货架期
明胶、壳聚糖	ε-聚赖氨酸、迷迭香提取物	烧鸡	抑制微生物生长繁殖；延缓鸡肉脂质过氧化和蛋白质氧化；维持肉色稳定
果胶、鱼明胶	橄榄提取物：羟基酪醇和3,4-二羟基苯基乙二醇	牛肉	有效延缓牛肉储藏期间脂质氧化；维持肉色稳定
壳聚糖	香草精油	羊肉	抑制微生物生长增殖、脂质过氧化；维持pH的稳定；维持肉色稳定
壳聚糖	壳聚糖	哈尔滨红肠	减少脂质氧化、水分散失；抑制微生物生长繁殖；维持肉色稳定
壳聚糖	蜂胶提取物、百叶草精油	鸡胸肉	抑制微生物生长繁殖；维持肉色稳定

3. 脱氧剂

绝大多数消费者将肉与肉制品的颜色视为其品质优劣的评定标准。在利用脱氧剂进行肉与肉制品的包装时，一般先将生鲜肉用传统的发泡聚苯乙烯（PS）托盘装好，然后用聚苯乙烯薄膜进行第一次密封包装。在有惰性气体条件下将脱氧剂装入包装袋内迅速密封，将其与已经包装的生鲜肉一起封入有密封性的二次包装袋中。当从二次包装中取出内层鲜肉包装放在商品陈列架上时，空气就能通过聚苯乙烯膜进入，包装内 O_2 浓度增加，鲜肉再次呈现鲜红色。

（四）智能包装技术对肉色泽的影响

肉与肉制品的新鲜度受微生物生长繁殖、蛋白质降解、脂质水解氧化等因素的影响。目前，用于评价肉与肉制品新鲜度的一系列代谢产物包括葡萄糖、有机酸（如乳酸）、乙醇、挥发性氮化合物、生物胺（如酪胺、尸胺、腐胺、组胺）、CO_2、ATP 降解产物和硫化物，新鲜度指示型智能包装就是通过监测这些代谢产物来反映肉与肉制品的质量状况。智能包装技术基于包装材料中化学成分与上述物质产生化学反应后引起包装材料颜色变化，是一种能够直接反映肉与肉制品新鲜度的技术。

随着肉与肉制品腐败变质的发生，指示肉与肉制品新鲜度的特征物质释放量不断增加。不同浓度特征物质与显色剂反应会导致特定的颜色变化，因此，可以根据颜色的变化实时监测食品的新鲜度。新鲜度指示型智能包装中常用的化学显色剂包括酚红、溴酚红、溴酚蓝、溴甲酚紫等。考虑到化学试剂迁移引起的潜在安全问题，非接触型指示剂通常用于避免化学试剂与食品直接接触。

例如，基于溴酚蓝的比色传感器通过牛肉冷藏期间的挥发性盐基氮（TVB-N）进行检测，可实时反映肉的品质。研究人员通过离心将溴酚蓝涂覆在指示剂载体（滤纸）上制成传感器，用保鲜膜将传感器（内侧）紧贴牛肉封装在聚苯乙烯盒中，随着包装中 TVB-N 浓度的增加，传感器的颜色变化与肉质劣化具有显著的相关性。

第二节　包装技术对肉与肉制品氧化的影响

众所周知，肉与肉制品是优质的蛋白质及脂肪来源，在加工、贮藏、运输及销售过程中极易发生变质。蛋白质和脂质过氧化是引起肉与肉制品变质的主要原因之一，直接导致肉食用品质的降低。肉中脂质过氧化和蛋白质氧化之间是相互关联的，且两者中的任何一种氧化反应产生的化合物都会促进另一种氧化反应的发生。

肉与肉制品包装通过改变内部环境中的气体成分、温度及湿度等因素，同时使产品免受光照、辐射、酶、微生物等对肉品质造成的影响。从而达到延缓蛋白质氧化和脂质过氧化进程，增强食品安全性，保持产品的品质，最终延长货架期的目的。

一、肉与肉制品中的脂质过氧化

脂质过氧化是宰后贮藏、运输及销售过程中影响肉与肉制品品质的主要因素。肉与肉制品脂肪中富含不饱和脂肪酸，受到高温、光照、金属离子、酶等因素影响，极易发生自动氧化生成氢过氧化物，进一步形成醛、酮及低级脂肪酸等一系列产物。上述产物不仅加速肉酸败变味，还会引起肉色劣变、营养品质降低，甚至会形成毒素，严重影响肉的食用品质和营养价值。肉中脂质过氧化作用和 Mb 的氧化作用是耦合的，这一结论的提出引起了肉品科学领域的广泛关注。现有的研究认为脂质过氧化产生的自由基加速 Mb 的氧化，导致 MetMb 大量积累进而促进肉色劣变。反之，Mb 中的铁离子又作为脂质过氧化反应的催化剂，加速脂质过氧化链式反应。但是，由于肉中脂质氧化的过程复杂、产物繁多，因此，脂质过氧化反应的影响因素及其具体的调控机制尚不完全明确。

肉与肉制品脂肪中的许多不饱和脂肪酸不仅可以有效增强人体免疫力，而且具有抑制心血管疾病和抗癌等功效。但是，脂质过氧化反应的产物，特别是醛类物质对于肉与肉制品的品质表现出双重的影响。一方面，低含量的醛类物质可能产生特征风味，特别是不饱和醛是很重要的香味物质。另一方面，有些醛类物质也产生特征的异味，3～4个碳原子的醛类物质具有强烈的刺激性气味，对肉的风味产生不利影响。脂质过氧化反应过程中，不饱和脂肪酸含量降低，饱和脂肪酸含量升高，并且这一过程随着氧化反应的进行呈现不可逆变化。

（一）肉与肉制品中脂质过氧化反应的机制及其影响因素

1. 脂质过氧化反应机制

脂质过氧化的必要底物包括不饱和脂肪酸、O_2以及促化氧化的其他物质。不饱和脂肪酸的氧化通常以自动氧化的方式进行，遵循自由基链式反应的机制，包括诱导阶段、延伸阶段和终止阶段，最终生成包括氢过氧化物在内的一系列物质。辐射、金属络合物、酶和活性氧等能加速脂肪诱导期自由基的形成。脂质过氧化在诱导阶段、延伸阶段产生初级产物（如烷基、烷氧基、氧自由基），并且容易从相邻分子夺取氢原子。自由基链式反应中形成的过氧化物经过分裂可以形成低相对分子质量的次级氧化产物，如乙醛、丙醛、丙二醛、四羟基壬烯醛以及一些特殊的挥发性和非挥发性物质。

2. 脂质过氧化反应过程

脂质过氧化反应是氧分子与不饱和脂肪酸的"C＝C"双键发生自由基链式反应的过程。许多引发自由基链式反应的机制已被阐明。含有多不饱和脂肪酸和磷脂等多重双键体系的脂质尤其容易发生氧化。脂质过氧化作用在肉与肉制品不良风味产生过程中的作用已得到充分的证实，并且是肉与肉制品变质的主要原因。

脂质过氧化产物不仅导致肉与肉制品中异味的产生，还可能与蛋白质等其他成分发生反应，导致蛋白质通过蛋白质－蛋白质或蛋白质－脂质交联发生复杂的反应。影响脂质过氧化反应的速率和过程的因素很多，包括光、O_2浓度、温度、催化剂（如铁和铜）和水分含量等。控制这些因素可以显著降低肉与肉制品中的脂质氧化程度。肉与肉制品中的脂质通过链式反应被氧化，主要分为三个阶段：诱导阶段、延伸阶段和终止阶段。

诱导阶段：$LH + HO\cdot \rightarrow L\cdot + H_2O$

延伸阶段：$L\cdot + O_2 \rightarrow LOO\cdot$

$LOO\cdot + LH \rightarrow L\cdot + LOOH$

终止阶段：$LOO\cdot + L\cdot \rightarrow LOOL$

$LOO\cdot + LOO\cdot \rightarrow ROOR + O_2$

在诱导阶段，肉中细胞的呼吸代谢作用产生的活性氧和自由基攻击脂质分子（LH），夺取碳链上的氢原子，并产生脂质自由基（L·），后者在O_2作用下生成过氧化脂质自由基（LOO·），同时也可以夺取其他LH碳链的氢原子，生成新的L·和脂质过氧化产物（LOOH）。该过程导致脂质氧化反应链的延伸，自由基在反应链中传递，促进更多的脂质发生氧化。而当任意的两个自由基结合生成一种稳定的产物时，氧化链式反应被终止。脂质过氧化反应产生多种自由基，如羟基自由基（HO·）、过氧羟基自由基（HOO·）、过氧化脂质自由基（ROO·）等。此外，还生成复杂的氧化产物，如醛类化合物、酮类化合物以及环氧化合物，其中以己醛、丙醛、丙二醛、4-羟基-2-壬烯醛等醛类产物为主，自由基和次级氧化产物通过促进 Mb 氧化加速肉色劣变。

3. 影响脂质过氧化反应的因素

脂质过氧化反应过程极为复杂，影响其反应的因素有很多，可分为内部因素和外部因素。内部因素包括动物脂质含量及脂肪酸组成、脂肪氧化酶（LOX）活性、金属元素（如铁和铜）、蛋白质氧化、pH 等，外部因素包括贮藏温度、光照、包装方式、盐类含量、O_2 浓度等。

（1）内部因素

① 动物脂质含量及脂肪酸组成：肉与肉制品中的脂质含量及脂肪酸组成是影响脂质氧化稳定性的重要因素之一。一般来说，饱和脂肪酸的氧化稳定性高，脂质过氧化一般是从不饱和脂肪酸开始的，脂肪酸分子的不饱和程度越高，越容易发生氧化。非反刍动物的肉中含有更高含量的不饱和脂肪酸，比反刍动物更易发生氧化。

目前，常采用人工合成的抗氧化剂［如二丁基羟基甲苯（BHT）、丁基羟基茴香醚（BHA）、叔丁基对苯二酚（TBHQ）等］来延缓肉与肉制品的脂质过氧化反应进程，以达到延长货架期的目的。随着研究的深入，广大学者着眼于通过宰前措施改善肉中的脂肪酸组成和相关内源生化环境，以降低宰后脂质过氧化的程度。例如，新鲜牧草含有丰富的 α-生育酚，食用新鲜牧草的家畜其肉的脂质过氧化程度明显降低，同时其肉色稳定性也有所改善，因此，提升肉中抗氧化物质的含量能够起到降低脂质过氧化程度、提高肉色稳定性的作用。

② LOX 活力：LOX 主要通过酶促反应引起不饱和脂肪酸的氧化，LOX 活性的高低直接影响脂质过氧化的速率。例如，培根在腌制过程中其 LOX 活性随着腌制时间的延长显著升高，硫代巴比妥酸（TBARS）含量显著上升；而在培根的成熟过程中，LOX 活性和 TBARS 含量均显著下降。因此，脂质过氧化与 LOX 活性呈正相关，LOX 活性越强，脂质氧化程度越大。

③ 金属元素：金属元素在自动氧化生成氢过氧化物的过程中起到催化剂的作用。金属元素（如铁和铜）广泛存在于动物体内，在肉制品加工过程中不易被消除，是造成肉与肉制品脂质过氧化反应的关键因素。在过渡态金属离子中，Fe^{2+} 对脂质氧化的诱导效果最强，而 Cd^{2+} 可以抑制脂质过氧化。

④ 蛋白质氧化：在肉制品加工过程中，脂质与蛋白质作用形成蛋白质-脂质复合物，使二者的氧化进程相互促进。TBARS 含量与蛋白质羰基含量有密切

关系，并且脂质氧化与蛋白质氧化能够相互促进。除此之外，Mb 血红素辅基中的铁离子也会促进脂质过氧化的反应，Mb 浓度越高，脂质过氧化程度越高，二者的这种相互促进作用使肉色稳定性降低。

⑤ pH：pH 也是影响脂质过氧化的一个重要因素。动物屠宰以后，pH 下降产生的 H$^+$ 能够促进 Mb 的氧化以及脂质过氧化反应。气调包装对不同极限 pH 下牛肉肉色的影响极为明显，并且在 HiOx–MAP 中，中间 pH（5.8 ~ 6.2）组和高 pH（6.2 以上）组牛排的脂质过氧化程度显著低于低 pH（5.4 ~ 5.8）组，即较高的 pH 条件下脂质过氧化程度较低，有利于维持较高的肉色稳定性。

（2）外部因素

① 贮藏温度：温度是影响脂质过氧化的重要外部因素之一。温度对脂质过氧化的影响主要体现在两个方面。一方面是低温贮藏能够有效抑制脂质过氧化反应。对鲜肉来说，低温贮藏是抑制脂质过氧化的一个重要因素。另一方面，在肉制品加热过程中，Mb 结构遭到破坏，大量的铁离子释放出来，这个过程促进了脂质过氧化反应。由于传统的加热方式会使肉与肉制品发生剧烈的氧化，近年来，真空低温烹调、微波加热以及欧姆加热（电阻加热）技术的出现为降低加热引起的肉与肉制品中脂质过氧化程度提供了新思路。不同烹饪方式对牛肉的脂肪酸和营养品质的影响不同，例如，水煮牛肉比微波加热的牛肉有更高的丙二醛含量，微波加热更有利于减少肉制品在加热过程中的脂质过氧化程度；欧姆加热熟制（中心温度 72℃）的牛肉其中心 $a*$ 明显高于传统的水煮牛肉，即在欧姆加热条件下，Mb 氧化程度降低。

② 光照：可见光、紫外线和高能射线都能促进脂类自动氧化。

③ 包装方式：不同的包装方式能起到促进或抑制脂质过氧化的作用。在包装体系中，当 O$_2$ 体积分数超过 21% 时，容易发生脂质过氧化。抗氧化剂琥珀酸盐对绞碎牛肉的脂质过氧化程度有一定的抑制作用。与真空包装相比，HiOx–MAP 中的牛肉饼脂质过氧化程度更高，而添加琥珀酸盐能够降低 TBARS 含量。即真空包装能够有效抑制脂质过氧化反应，而在 HiOx–MAP 中添加琥珀酸盐等抗氧化剂能够起到抑制脂质过氧化反应的作用。

④ 盐类含量：盐类也是影响脂质过氧化的一个重要因素。在肉制品加工过程中，食盐是一种重要的调味品，能够对肉制品的风味产生很大的影响。在肉制品加工过程中加入食盐能促进脂质过氧化。除食盐外，钙盐和亚硝酸盐等其他盐类也会影响脂质过氧化进程，例如在肉制品加工过程中，钙盐的添加会促进脂质过氧化反应，而亚硝酸盐由于其本身具备一定抗氧化作用，能够一定程度上延缓脂质过氧化反应，但是亚硝酸盐在肉与肉制品中添加量较低，限制了其在抑制脂质过氧化反应中的应用。

⑤ O$_2$ 浓度：当氧分压很低时，氧化速率与氧分压近似成正比。供氧充分时，氧分压对氧化速率没有影响。

（二）脂质过氧化对肉品质的影响

脂质过氧化促进肉色劣变在保持肉色稳定性过程中不容忽视，脂质过氧化程度越低，肉色稳定性越高，反之，脂质氧化程度越高，肉色稳定性越低。有研究已经证实牛肉贮藏期间 $a*$ 和 OxyMb 相对含量的降低受到脂质过氧化程度的驱使，并与 TBARS 存在高度的相关性。

关于脂质过氧化促进肉色劣变的机制，比较认可的是脂质过氧化产生的大量自由基［如羟基自由基（HO·）、过氧羟基自由基（HOO·）、过氧化脂质自由基（ROO·）等］和次级氧化产物［如醛类化合物、酮类化合物以及环氧化合物，其中以己醛、丙醛、丙二醛、4- 羟基 -α- 壬烯醛（HNE）等醛式产物为主］促进了 Mb 的氧化。Mb 辅基中的 Fe^{2+} 被脂质氧化产生的自由基夺取电子形成 Fe^{3+}，从而加速了 MetMb 的形成。而 HNE 能够与 Mb 和参与 MetMb 还原的酶发生反应，在加速 Mb 氧化的同时，抑制了 MetMb 的还原，并由此影响肉色的稳定性。HNE 促进 Mb 的氧化是通过结合到 OxyMb 分子上完成的，同时氧化过程中会产生过氧化氢，过氧化氢与 Fe^{3+} 通过芬顿反应（Fenton reaction）产生羟自由基，进而引发了脂质过氧化链式反应的发生。因此，脂质过氧化过程和 Mb 氧化过程能够相互促进，这种机制对肉色稳定性极为不利。

表 2-7　　　　　　　　　　不同氧气浓度包装对牛背最长肌的影响

项目	包装内 O_2 浓度					
	0	10%	20%	50%	80%	100%
$a*$	−0.28	−0.36	−0.93	0.24	0.45	0.02[1]
$L*$	−0.21	−0.19	−0.85	0.37	0.002[2]	0.002[2]
OxyMb 相对含量 /%	0.28	0.27	0.98	−0.71	−0.05[1]	−0.002[2]
TBARS 含量 /（mg/kg）	−0.35	−0.15	−0.35	0.26	0.14	0.01[1]

注：[1] $P < 0.05$。[2] $P < 0.01$。

线粒体膜是脂质氧化作用的高发位点，也是氧化产物的攻击靶位，自由基和次级氧化产物不断攻击线粒体膜磷脂分子和膜蛋白，引起线粒体的氧化损伤。因此，线粒体在维持肉色稳定方面起着重要作用。但是在肉品科学领域，关于线粒体结构的氧化损伤和 MetMb 还原能力关系的研究较少，尚不能系统阐述线粒体在维持肉色稳定性方面的作用机制。

二、肉与肉制品中的蛋白质氧化

蛋白质氧化是影响肉与肉制品品质的另一重要因素。目前，对蛋白质氧化对于肉与肉制品品质影响的重要性开展了充分的研究。肉与肉制品蛋白质氧化导致其保水性和微观结构稳定性下降。蛋白质氧化可能会改变蛋白质的疏水性、结构以及溶解度，同时也会改变蛋白质对蛋白水解酶的敏感性，导致蛋白质消化率和营养价值降低。

蛋白质是肉与肉制品中重要的营养成分，可决定肉与肉制品的颜色、风味、质地、嫩度、保水性等多方面的品质特性。在畜禽肉宰后成熟、加工、贮藏和销售等过程中，蛋白质的化学修饰会影响其变性和降解程度，这些都足以对肉的品质产生影响。通常而言，肉与肉制品蛋白质分子中的特殊氨基酸侧链因氧化而发生化学修饰，可导致蛋白质特性的变化，诸如聚集、可溶性下降、功能性丧失以及水解敏感性变化等。随着肌肉蛋白氧化过程相关检测方法的出现，已经可以通过巯基丧失、色氨酸荧光性丧失、羰基衍生物以及分子间或分子内交联等指标来评估肌肉蛋白的氧化过程。适宜的包装能够延缓蛋白质氧化，主要是对相关诱导因子进行抑制或尽可能降低诱导氧化的因子的激活水平。

脂质过氧化与蛋白质氧化的关联性与它们所处的环境有关，在羟自由基氧化系统中存在较强相关性。脂质过氧化形成的羟自由基夺取蛋白质分子的氢离子，使得蛋白质发生与脂质过氧化类似的自由基链式反应。抑制脂质过氧化的脂溶性抗氧化剂 α - 生育酚也可有效抑制蛋白质的氧化，脂质过氧化的初级产物和次级产物对于蛋白质氧化起到促进作用。脂质氧化次级产物，尤其是 α -，β - 多不饱和醛，能够显著促进 OxyMb 的氧化。单不饱和醛（如己烯醛、庚烯醛、辛烯醛、壬烯醛等）对于 OxyMb 转化为 MetMb 的促进作用要显著强于饱和醛（如己醛、庚醛、辛醛和壬醛等），单不饱和醛的促氧化能力与其链长成正比。

（一）肉与肉制品蛋白质氧化的机制及其影响因素

在肉与肉制品中能够引发蛋白质氧化的系统包括肌红蛋白系统、非血红素铁系统、脂质氧化系统。其特点如下：一是非血红素铁氧化系统，游离 Fe^{3+} 与 H_2O_2 通过芬顿反应可获取高活性羟自由基；二是 Mb 氧化系统，MetMb 在 H_2O_2 的作用下形成超铁（+4 价）肌红蛋白自由基；三是脂质过氧化系统，脂质过氧化反应过程可产生大量的活性氧自由基，这些自由基均可成为蛋白质氧化诱发剂。肉与肉制品中的蛋白质在有氧环境下，会因氧化型自由基的攻击而发生氨基酸骨架及侧链的变化，如羰基化现象、巯基损失、共价交联等。羰基化是指敏感氨基酸通过羰基化生成 α - 氨基脂肪半醛（AAS）和 γ - 谷氨酸半醛（GGS）等羰基衍生物，巯基损失是指半胱氨酸的巯基残基经过氧化过程而发生减少，共价交联则包括二硫键交联、二酪酸交联以及羰基交联。

1. 蛋白质氧化的机制

肉与肉制品中的活性氧（ROS）、活性氮以及由氧化应激产生的次级产物可以诱导蛋白质氧化。活性氧如超氧阴离子自由基、氢过氧自由基和其他非自由基物质（如氢过氧化物、H_2O_2、次氯酸等）都是蛋白质氧化的引发物。在活性氧攻击下蛋白质失去一个氢原子后会形成以碳为中心的自由基，然后在氧的作用下转化为过氧化自由基，并形成蛋白质过氧化物，进而形成烷氧自由基及其羟基产物。在 O_2 存在的条件下，自由基与蛋白质和肽的反应还会引起主链和氨基酸侧链的改变。这些氧化变化包括肽键的断裂、氨基酸侧链的修饰和共价分子间交联蛋白质衍生物的形成。最普遍的氨基酸修饰是蛋白质羰基和蛋白质氢过氧化物的形成，而交联大多被描述为通过丢失半胱氨酸和酪氨酸残基来形成二硫氨酸和二酪氨酸。蛋白质氧化程度的评估，可以通过测定蛋白质在氧化后生成的反应产物，以及反应产物的量来确定，如蛋白质中羰基衍生物的含量、游离巯基的含量及双酪氨酸的含量等。

蛋白质氧化的过程十分复杂，其氧化机制和脂质过氧化相似，氧化过程及产物较为复杂。ROS 夺取蛋白质（PH）一个氢原子后形成以碳为中心的蛋白质自由基（P·）（反应①）。在有氧条件下，P· 进一步转变成过氧化氢基（POO·），也可以夺取其他蛋白质分子上的氢原子生成烷烃过氧化氢（POOH）（反应②和③）。形成的 POOH 可与还原态的过渡金属离子（M^{n+}）如 Fe^{2+}、Cu^{2+} 或 HOO· 发生进一步反应，生成烷氧基（PO·）（反应④和⑤）和相应的衍生物（POH）（反应⑥和⑦），反应过程如下：

① $PH + HO· \rightarrow P· + H_2O$

② $P· + O_2 \rightarrow POO·$

③ $POO· + PH \rightarrow POOH + P·$

④ $POOH + HOO· \rightarrow PO· + O_2 + H_2O$

⑤ $POOH + M^{n+} \rightarrow PO· + HO^- + M^{(n+1)+}$

⑥ $PO· + HOO· \rightarrow POH + O_2$

⑦ $PO· + H^+ + M^{n+} \rightarrow POH + M^{(n+1)+}$

2. 影响蛋白质氧化反应的因素

（1）非血红素铁氧化系统　过渡金属（以铁为代表）与过氧化氢可以加速肌红蛋白的氧化即所谓的金属催化氧化系统（MCO）。金属离子（Fe^{3+}/Cu^{2+}）与抗坏血酸可诱发肉中蛋白质的羰基化，在肉内部自身会产生并积累大量过氧化氢，而过渡金属离子仅需少量的过氧化氢就可通过与 O_2 反应产生活性氧自由基，该过程中抗坏血酸起到了还原金属离子的作用，从而形成了金属催化氧化系统的一个循环反应。同时，肌肉中的胶原蛋白也会因为类似的 Cu^{2+}/H_2O_2 或 Fe^{2+}/H_2O_2 金属催化氧化系统而发生碱性氨基酸残基的氧化修饰。此外，Fe^{3+} 和 Fe^{2+} 与 H_2O_2 形成的系统均能诱发肌原纤维蛋白的羰基化氧化修饰。

（2）Mb 氧化系统　Mb 是肌肉中的天然组成成分，已被证实可以引发其他蛋白质的氧化。过氧化氢可以激活 MetMb，以形成 α-氨基脂肪半醛（AAS）和 γ-谷氨酸半醛（GGS），其效率甚至超过了 Fe^{3+}/H_2O_2 等非血红素铁氧化系统。MetMb 不但能够引起羰基衍生物的形成，同样还能够引起部分蛋白质氨基酸残基的降解。在过氧化氢存在的情况下，MetMb 可生成不稳定的超铁肌红蛋白，其促氧化作用可同时引起蛋白质氧化和脂质过氧化。因此，MetMb 是良好的蛋白质氧化诱发剂，其数量甚至可以用于预测由于蛋白质氧化而产生的羰基化合物数量。

（3）脂质过氧化系统　脂质过氧化衍生的活性氧自由基如过氧化自由基也是蛋白质氧化的诱发剂之一。肌原纤维蛋白与亚油酸及脂肪氧合酶在体外培养实验中可形成羰基化合物，而肌原纤维蛋白与非血红素铁系统的孵化培养可以产生相同的蛋白羰基衍生物。肉中蛋白质氧化和脂质过氧化的伴随发生表明了两种氧化反应之间存在相互作用，涉及活性和非活性自由基的相互转换，羟自由基优先和反应速率较快的蛋白质反应，然后与反应速率较慢的不饱和脂肪酸发生氧化反应。此外，肉中蛋白质的巯基往往可以作为优先受到氧化的氨基酸残基，该过程形成了对于其他重要氨基酸残基的"氧化保护机制"，而脂质过氧化与蛋白质氧化还会共享这种机制。这些都证明了脂质过氧化和蛋白质氧化之间存在着密切的联系。

（二）蛋白质氧化对肉与肉制品品质的影响

1. 羰基化现象

肉中蛋白质的氧化羰基化是一种不可逆的、非酶促的蛋白质化学修饰，这种修饰作用涉及羰基基团的形成。羰基基团是氧化应激作用形成的。蛋白质侧链羰基的形成主要发生在赖氨酸、脯氨酸以及精氨酸等氨基酸残基的直接氧化，具体过程是上述氨基酸先在自由基的攻击下形成氨基自由基，随后氨基自由基上的不成对电子被过渡金属离子吸收，形成氨基离子，最后氨基离子通过水合反应形成氨基酸侧链羰基衍生物。来自氨基酸侧链的羰基衍生物是蛋白质氧化的主要产物之一，该物质常常通过二硝基苯肼（DNPH）法来检测。对特定的羰基化产物 AAS 和 GGS 通过采用液相色谱 – 质联用技术（HPLC–MS）技术进行鉴定，赖氨酸残基的产物生成了 AAS，而精氨酸、脯氨酸残基的产物则生成了 GGS。AAS 和 GGS 被认为占据了动物蛋白质氧化过程中形成的蛋白羰基总量的约 70%，这两类羰基化产物在生肉、熟肉饼、法兰克福香肠、干腌肉类中都有发现。

2. 巯基损失

在蛋白质氧化过程中，一些敏感性含硫氨基酸（如半胱氨酸）中的巯基被氧化成二硫键，这是氧化初期的一种表现。半胱氨酸残基的巯基对过氧化氢本身很敏感，而过氧化氢在肌肉细胞中就能产生并大量积累，因此巯基数量的损失也就成了肉中蛋白质氧化过程中必然会发生的伴随现象。然而大多数情况下，过氧化氢与巯基反应的速率很慢。此外，肌球蛋白中的巯基并不会因为与过氧化氢反应而发生损失。但对于活性中心含有巯基的钙蛋白酶而言，由于过氧化氢氧化可使其巯基生成二硫键而导致酶活力的下降。肌球蛋白中的巯基基团发生氧化整体上会通过其他反应生成一系列产物，如次磺酸（RSOH）、亚磺酸（RSOOH）和二硫交联的形成（RSSR），上述产物均可作为巯基损失的评价指标。

3. 共价交联

肉中蛋白质的氧化及其相关反应形成的交联主要有 3 种：一是羰基交联，赖氨酸、精氨酸和脯氨酸直接氧化形成半醛衍生物，这些半醛衍生物与碱性氨基酸反应可生成席夫碱交联，相邻半醛结构可生成二缩醛交联；二是二硫键交联，半胱氨酸的游离巯基氧化后，可生成二硫键交联；三是二酪酸交联，酪氨酸残基受氧化和苯环大 π 键的影响，形成稳定的苯氧自由基，可进一步生成二酪酸交联。这三类交联结构相互关联形成一个完整的体系。肌肉蛋白中的半胱氨酸、酪氨酸以及含 α- 氨基的碱性氨基酸可分别通过相应的自由基反应生成二硫键交联、二酪酸交联和羰基交联。然而，当酪氨酸与其他两类氨基酸相邻时，则可能将不成对电子转移给酪氨酸，形成苯氧自由基，并最终生成二酪酸交联。以上三类交联竞争同样的促氧化物质，并存在一定程度的相互转换，而不同交联的发生及转化往往取决于氧化反应的强度。

将蛋白质氧化对肉与肉制品品质的影响归纳总结于图 2-5。

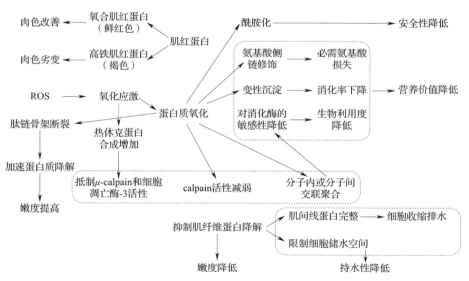

图 2-5　蛋白质氧化对肉与肉制品品质的影响

脂质过氧化产物催化蛋白质氧化的作用机制见表 2-8。脂质和蛋白质是肉与肉制品中两大主要营养物质，脂质过氧化和蛋白质氧化之间具有关联性，脂质过氧化产生的自由基可引发蛋白质产生更多的自由基，从而引起蛋白质发生氧化。

表 2-8　　　　　　　　　脂质过氧化产物催化蛋白质氧化的作用机制

阶段	反应
引发	$L \rightarrow L\cdot$
传递	$L\cdot + O_2 \rightarrow LOO\cdot$
抽氢	$LOO\cdot + P \rightarrow LOOH + P\cdot(-H)$
延伸	$LOO\cdot + P \rightarrow LOOP$
复合	$LOOP + P + O_2 \rightarrow POOLOOP$
聚合	$P-P\cdot + P\cdot P \rightarrow P-P-P\cdot + P-P-P\cdot$

注: L 为脂质（Lipid），P 为蛋白质（Protein）。

三、不同包装方式对肉与肉制品氧化水平的影响

肉与肉制品在加工或贮藏过程中容易发生脂质过氧化和蛋白质氧化，导致其风味特征的改变。脂质适度过氧化会产生醛、酮、低级脂肪酸等肉与肉制品特征风味物质，但脂质过氧化过度会导致肉与肉制品风味劣变。蛋白质氧化会导致蛋白质主链和氨基酸侧链残基发生变化，使肉与肉制品与风味前体相关的氨基酸损失，影响其风味。红肌纤维比例高的肉比白肌纤维比例高的肉含有更多的铁和磷脂，因此更容易发生脂质过氧化。此外，肉的物理状态起着关键作用。例如，肉丸或肉糜加工过程中粉碎或研磨工艺会增加肉比表面积，提高其与空气的接触面积，进而导致产品比整块切割肉表现出更严重的氧化程度。用 n-3 多不饱和脂肪酸强化肉制品以改善其营养状况，但同时增加了不饱和脂肪酸的含量，更容易发生脂质过氧化，因此此类产品中通常添加适量的抗氧化剂来降低脂质过氧化程度。

脂质过氧化产生的化合物对肉的品质有很大的影响，因为它们可能会产生异味。脂质过氧化初级产物中的氢过氧化物主要包括烷基、烷氧基和过氧自由基等化学物质。过氧化物进一步形成包括醛、酮、环氧化合物在内的次级氧化产物，通过裂解形成较低相对分子质量的化合物，如己醛、丙醛、丙二醛和 4-羟基壬烯醛等。考虑到氧化反应的次级产物种类繁多，难以整体进行测定，因此 TBARS 常作为评价脂质过氧化程度的综合指标。

（一）气调包装对肉与肉制品氧化水平的影响

冷鲜肉在贮藏成熟过程中可通过一系列化学反应产生一些芳香族、杂环类、脂肪烃类等风味物质，使得肉在加热过程中产生令人愉悦的滋味和气味。HiOx-MAP 中，肉会因脂质过氧化而产生令人难以接受的哈喇味。相对于其他氧含量水平，感官评价人员更喜欢 HiOx-MAP（50% O_2+20% CO_2+30% N_2）中肉的风味。

脂质过氧化是由不同物质共同参与和调控的，如不饱和脂肪酸、O_2 和其他催化氧化的物质（如铁和铜），在 HiOx-MAP 中由于充足的 O_2 含量，使得氧化反应更易发生。此外，其他内源物质和加工工艺可以进一步促进肉类的脂质过氧化和蛋白质氧化。喂饲多不饱和脂肪酸含量丰富的饲料的动物的肉通常比喂饲低含量多不饱和脂肪酸饲料的动物的肉更容易发生脂质过氧化反应。

　　不同 CO_2 含量气调包装下成熟后期发酵香肠的脂质过氧化程度及感官特性的变化如图 2-6 和图 2-7 所示，氧化甘油三酯（ox TAG）代表一级氧化产物及除氢过氧化物以外的甘油三酯的氧化形式。在贮藏期 1 个月时，氧化甘油三酯含量显著增加，之后低 CO_2 含量包装组氧化甘油三酯含量的增加程度显著高于高 CO_2 含量组。甘油三酯低聚物代表二次氧化形成的甘油三酯聚合产物，其值在整个贮藏期呈增加趋势。

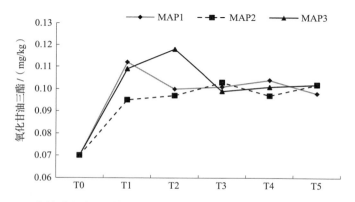

图 2-6　成熟香肠在不同气调包装下贮藏过程中氧化甘油三酯含量的变化

注：MAP1：N_2：CO_2=70：30；MAP2：N_2：CO_2=80：20；MAP3：N_2：CO_2=95：5；T0：成熟香肠；T1 ~ T5：熟香肠分别存放 1、2、3、4、5 个月。

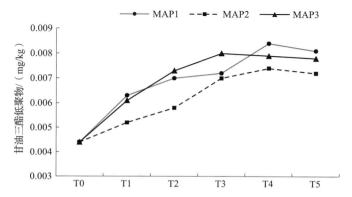

图 2-7　成熟香肠在不同气调包装下贮藏过程中甘油三酯低聚物含量的变化

注：MAP1：N_2：CO_2=70：30；MAP2：N_2：CO_2=80：20；MAP3：N_2：CO_2=95：5；T0：成熟香肠；T1 ~ T5：熟香肠分别存放 1、2、3、4、5 个月。

　　但是，打开含有高浓度 CO_2 的产品包装，往往会出现一种类似于肉类腐败的异味，这可能是由耐酸乳酸菌引起，建议将零售气调包装打开后至少放置30min，以完全清除这种异味。而在贮藏后期，由于微生物的大量增殖，还会产生胺类等有毒物质，并伴随吲哚、甲胺和硫化氢等令人厌恶的臭味生成。

（二）真空包装对肉与肉制品氧化水平的影响

　　屠宰后肉的成熟过程中会伴随着肌肉蛋白质的氧化并导致肉的食用品质劣变。蛋白质的氧化会造成其结构、理化性质、功能性质发生变化。在引起蛋白质氧化损伤的反应中，许多都涉及蛋白质羰基的产生。羰基的生成是一个复杂的过程，是由活性氧攻击氨基酸分子中自由氨基或亚氨基，经反应最终生成 $N-$ 羟基琥珀酰亚胺（NHS）和相应羰基衍生物。蛋白质羰基的产生是蛋白质分子被自由基氧化修饰的一个重要标记，由于这一特征具有普遍性，因而通过测定羰基含量可判断蛋白质是否被氧化损伤，能够反映机体蛋白质氧化损伤的情况。

　　氧化所导致的蛋白质结构的变化（包括羰基化和硝基化）会降低肉与肉制品的营养价值和消化率，通过对比发现在众多包装方式中真空包装的肉风味最佳，其中真空贴体包装可有效抑制肉类产品开袋时的异味。

　　热缩真空包装在不同贮藏温度下对冷鲜猪肉丙二醛（MDA）、蛋白质羰基（PC）和组胺（His）含量的影响如图2-8至图2-11所示。随着贮藏时间的延长，肌肉中MDA、PC和His含量逐渐升高，而且15℃条件下贮藏真空包装冷鲜肉的MDA、PC和His含量明显高于4℃条件下贮藏的真空包装冷鲜肉，即15℃条件下肉中脂肪和蛋白质氧化程度较高，与肌肉总抗氧化能力（T-AOC）的变化趋势正相反。而且4℃条件下贮藏的真空包装冷鲜肉的脂质和蛋白质氧化程度随着贮藏时间的延长逐渐增加，而肌肉的抗氧化能力逐渐降低。

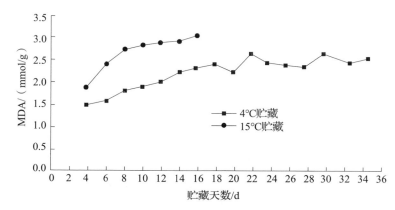

图2-8　热缩真空包装冷鲜猪肉在不同贮藏温度下丙二醛（MDA）含量的变化

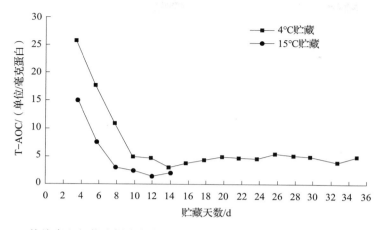

图 2-9　热缩真空包装冷鲜猪肉在不同贮藏温度下总抗氧化能力（T-AOC）变化

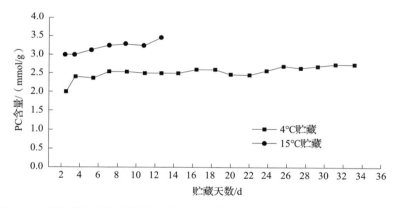

图 2-10　热缩真空包装冷鲜猪肉在不同贮藏温度下蛋白质羰基（PC）含量变化

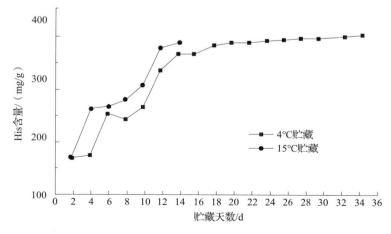

图 2-11　热缩真空包装冷鲜猪肉在不同贮藏温度下组胺（His）含量的变化

（三）活性包装对肉与肉制品氧化水平的影响

肉与肉制品中富含脂质和蛋白质，二者的氧化是肉与肉制品品质降低的主要原因，表现为风味、颜色、质构和营养价值的劣变以及有毒化合物的产生。脂质过氧化是一个复杂的过程，不饱和脂肪酸通过链式氧化反应形成过氧化物。脂质过氧化的产物易与某些氨基酸反应形成复合物，从而导致蛋白质的化学组成、结构、功能以及可消化性发生改变。因此，氧化过程通常伴随着营养价值的严重损失。在此过程中，氨基酸的氧化修饰或交联使蛋白质分子结构改变和极性基团数目减少，蛋白质溶解度降低（由于聚集或形成复合物），导致产品的质构发生变化，并且可能伴随颜色变化（褐变反应）。因此，有效抑制肉与肉制品贮藏过程中的氧化对维持产品的品质和延长货架（保质）期有重要意义。

1. 抗氧化活性包装

脂质过氧化是引起肉与肉制品腐败变质的重要因素。肉与肉制品在生产、加工、运输、销售等多个环节容易受到多种外源环境因素的影响，从而引起脂质过氧化和蛋白质氧化，降低食用品质。肉与肉制品氧化主要有酶促氧化和自动氧化，同时脂质过氧化和蛋白质氧化产物又会与肉中其他成分发生反应从而影响肉与肉制品的品质。O_2 是影响肉腐败变质的重要因素之一，抗氧化活性包装是将可食用膜通过包裹、微胶囊等形式覆盖于肉表面，能够阻碍 O_2 与肉的接触而减少肉的氧化变质，同时在膜中添加抗氧化活性物质后能够增强可食用膜的抗氧化特性。例如，含有 0.1% 牛至精油和 0.1% 迷迭香精油的海藻酸钠可食用膜在牛排保鲜中起到了积极作用，通过感官评定，发现含 0.1% 牛至精油的涂膜能够有效提高消费者的接受程度，且牛排中丙二醛的含量减少了约 47%；将绿茶提取物以 20% 的比例加入到壳聚糖中制成的可食用膜应用到香肠的保鲜中，能够显著降低贮藏期间的脂质过氧化水平，并且能够抑制腐败菌的生长，保持贮藏期间香肠的品质，延长了货架期。

以甘油作为增塑剂，以玉米淀粉、低密度聚乙烯为活性薄膜基材，柠檬酸为抗氧化活性物质，采用挤压工艺制备出抗氧化混合基活性膜，随着玉米淀粉含量的增加，活性薄膜的溶解度和溶胀度增加，同时柠檬酸从薄膜中释放的量也随之提高。将该活性包装薄膜应用于冷鲜牛肉的包装，肉的氧化程度降低，细菌数量减少，对牛肉的色泽稳定性也有较好的保持能力。总体来说，与纯低密度聚乙烯相比，该复合膜具有较好的生物降解性，且由于柠檬酸从聚合物基质中释放，活性包装膜的抗氧化性提高，该包装显著提升了冷鲜牛肉在贮藏过程中的整体可接受性。另外，含有柠檬酸和黄烷酮混合物的柑橘提取物制备的抗氧化活性薄膜能显著降低熟制火鸡在贮藏过程中的氧化程度，并保持其感官特性。

在蛋白质膜中加入绿茶提取物、乌龙茶提取物和红茶提取物，用这种膜包裹的冷鲜猪肉在 4℃下保存，猪肉的脂质过氧化水平显著降低，货架期能够达到 10d。同时，由于脂质过氧化反应产生的自由基减少，其引起的蛋白质氧化水平也显著降低，使猪肉蛋白质变性程度降低，猪肉的质构特性、风味等也得到显著的提升。

通过溶液浇铸[1]的方式制备纳米纤维素纤维乳清蛋白混合基薄膜，纳米纤维素纤维增强了薄膜的力学强度，且二氧化钛（TiO_2）颗粒和迷迭香精油可以作为功能性成分，该混合基活性包装薄膜明显降低了羊肉在贮藏期间的脂质过氧化，以及微生物引起的肉的腐败变质。同时，TiO_2 纳米颗粒以极低的水平迁移到羊肉中，因此该复合活性包装薄膜应用于肉与肉制品包装具有较高的安全性。

2. 抗氧化剂

在活性包装体系中，抗氧化剂在减少脂质过氧化和蛋白质氧化方面发挥着重要作用。添加抗氧化剂可以抑制食品中脂质和蛋白质的氧化，防止不良气味的产生。常用的油溶性抗氧化剂有没食子酸丙酯（propyl gallate，PG）、抗坏血酸酯类、丁羟基茴香醚（butylated hydroxyanisole，BHA）、二丁基羟基甲苯（butylated hydroxytoluene，BHT）、卵磷脂等；水溶性抗氧化剂包括维生素 C、异维生素 C 及其盐类、植酸、苯多酚等。由于合成抗氧化剂的安全性一直受到质疑，天然抗氧化剂也就成为目前的研究热点。将天然抗氧化剂加入到聚丙烯塑料中制成薄膜，使薄膜具有抗氧化作用。蜂胶、茶多酚、迷迭香提取物等天然脂溶性复合抗氧化剂对冷鲜肉有明显抑菌和防腐作用，从而对肉起到了抗氧化和保鲜双重功效。抗氧化剂与真空包装同时应用时，抑制脂质过氧化和蛋白质氧化的效果更好。

抗氧化剂是通过分子迁移发挥作用的，这其中包含了很多不稳定因素，如迁移速率、迁移量，若不进行合理控制则可能造成化学污染。因此，严格控制包装材料中活性物质的种类和剂量尤为重要。应该严格评估抗氧化剂添加到包装材料后的抗氧化活性和稳定性，并对抗氧化剂的种类和添加方法进行合理的选择。此外，越来越多的研究将天然的抗氧化剂与其他包装方式相结合，利用它们的协同作用使其效能增大，降低成本和控制负面影响，最终获得更高的效益。

第三节　包装技术对肉与肉制品中腐败微生物的影响

微生物的生长繁殖需要适宜的水分活度（A_w）、pH、碳源（糖、醇）、氮（氨基酸）、维生素 B、氧化还原电位（ORP）、生长相关因子和各种矿物质。此

1）　浇铸过程是将薄膜聚合物基质和抗氧化物质溶解到合适的溶剂中，再将聚合物 – 抗氧化剂混合液倒在物体表面，待溶剂蒸发后，便可得到所需的抗氧化薄膜。

外，肉与肉制品所处的外部环境因素，包括相对湿度、温度和气体成分均会影响微生物的生长繁殖能力。

微生物大量生长繁殖是导致肉与肉制品货架期缩短的关键因素之一，抑制肉与肉制品中微生物的生长对于延长产品货架期具有重要意义。肉与肉制品中常见的腐败微生物主要包括革兰阴性菌，如假单胞菌（Acinetobacter）、气单胞菌（Aeromonas）、不动杆菌（Acinetobacter）等，以及革兰阳性菌，如乳酸杆菌（Lactobacillus）及热杀索丝菌（Brochothrix thermosphacta）等。当微生物在肉中繁殖到一定数量时就会造成肉的腐败，主要表现为肉色发生改变、表面发黏、产生霉斑及腐败气味。同时，肉的组织细胞也会遭到破坏，肉的结构出现过度损伤，导致肉的质地变软。肉与肉制品的腐败是环境条件和微生物相互作用的结果，如果在加工和贮藏过程中改善环境条件及肉自身的生化特性，就能有效控制微生物生长繁殖引起的肉品质降低和食品安全隐患。

一、肉中的微生物

对于冷鲜肉来说，畜禽屠宰后胴体温度一般需要迅速冷却至10℃以下，并将其贮藏在接近0℃的环境中。低温抑制了厌氧、嗜中性pH细菌的生长，这些细菌会导致肉的腐败以及食源性疾病病原体的产生。温度在3℃以下时，肉中所有病原菌都不能生长，而表面的需氧菌生长速度减慢，但没有停止。冷鲜肉在冷藏（–1～4℃）条件下也不能长时间保存，因为内源性蛋白水解酶会引起肉质构特性的变化，同时一些嗜冷微生物在此条件下也能够生长繁殖，从而引起冷鲜肉的腐败变质。但是，冷鲜肉贮藏过程中结合真空或无氧包装，就能够显著延长贮藏时间。不同的细菌在鲜肉中的含量差异很大，屠宰过程中胴体微生物受到宰前条件和屠宰线污染源的影响，包括刀具、砧板、皮毛和粪便等。屠宰后肉胴体表面可能携带细菌$10^2 \sim 10^4 CFU/cm^2$，其中，碎肉块上的细菌数量可能更多。微生物的生长繁殖是导致肉与肉制品腐败变质的主要原因，当肉与肉制品表面细菌数量达到$10^7 CFU/cm^2$时，其表面就会出现微生物菌群及其代谢物形成的黏液并散发出异味，当表面细菌数量达到$10^8 CFU/cm^2$时，表面黏液就会大量聚集并且发出令人难以接受的异味。

在低温条件下，假单胞菌和乳酸菌分别在好氧和厌氧条件下相互抑制进而形成优势菌群，该过程中伴随着腐败代谢产物的大量积累，后者是引起肉与肉制品品质降低及增加食品安全隐患的关键因素。在低温（–1～5℃）、有氧条件下贮藏的肉与肉制品中，所滋生的微生物以假单胞菌为主，高CO_2浓度和低O_2浓度均能抑制假单胞菌的生长。真空包装中剩余的O_2被肌肉组织的呼吸作用和细菌转化为CO_2。厌氧菌和兼性厌氧菌构成了真空包装的肉与肉制品中主要的微生物菌群。然而，在真空包装结合低温贮藏的肉与肉制品中，乳酸菌占据了主导地位。

低温能够抑制冷鲜肉中部分腐败菌的生长，但由于肉中存在大量的耐低温微生物，因此低温并不适合长期贮藏肉与肉制品。以假单胞菌为例，由于其具备较好的耐低温特性，能够在低温条件下快速生长繁殖，是低温肉与肉制品中的优势菌群之一。此外，在有氧环境下，微生物对冷鲜肉中营养成分的降解会使 pH 随着腐败过程中氨的释放而逐渐升高。当微生物处于对数生长阶段时，肉中大分子物质还没有发生降解之前，主要以好氧微生物生长繁殖引起的腐败为主。微生物代谢的关键营养成分是葡萄糖，大多数腐败微生物（包括优势假单胞菌）优先利用葡萄糖。当葡萄糖不足时，微生物开始降解氨基酸，并产生氨和异味，导致肉的 pH 升高并出现腐臭味。

DFD 肉的腐败变质速度通常比正常肉快，一方面是因为肉中本身含量较低的葡萄糖耗尽或缺乏，微生物更早地开始降解氨基酸等其他营养成分，另一方面是因为碱性氨基酸等物质的生成导致肉的 pH 升高，使假单胞菌等微生物得以快速生长繁殖并产生大量代谢产物。气调包装和真空包装的肉与肉制品由于其 O_2 浓度相对较低或处于无氧状态，能够有效抑制好氧微生物的生长，只有部分厌氧菌和兼性厌氧菌如乳酸菌、热杀索丝菌和肠杆菌能够生长繁殖，最终乳酸菌会占主导地位。延缓肉与肉制品腐败变质的措施主要有：一是降低包装中 O_2 浓度；二是提高包装中 CO_2 浓度；三是适度降低肉的 pH（5.5 ~ 5.8）；四是降低贮藏温度；五是利用优势菌群的拮抗作用（如在发酵肉制品中以乳酸菌作为优势菌群，抑制其他腐败微生物）。

（一）肉中常见的腐败微生物

肉的腐败变质是指在以微生物为主的多种因素作用下，肉自身所发生的食用、感官及营养品质的变化，使肉的食用品质降低甚至达到不能食用的状态。其实质是肉中的多种腐败微生物在贮藏过程中分解利用肉中的碳水化合物和蛋白质等营养物质进行生长繁殖，并产生一系列不良代谢产物的过程。

肉中腐败微生物的种类与肉所处的环境有密切关系，同时也与肉的种类及自身的生化特性有关。总体来说，肉与肉制品中常见的腐败微生物主要包括细菌、霉菌和酵母菌。细菌能够引起肉的快速腐败变质，霉菌和酵母菌主要在肉贮藏的后期和水分含量较低的熟肉制品中生长繁殖，因此细菌是导致冷鲜肉腐败的主要因素。

一般情况下，冷鲜肉中仅有 10% 的初始细菌能够在贮藏过程中存活，且仅有很少一部分细菌引起肉的腐败变质，这部分细菌称为优势腐败菌或者瞬时腐败菌。这些腐败菌包括革兰阴性假单胞菌、不动杆菌、嗜冷杆菌（*Psychrobacter.*）、气单胞菌、希瓦氏菌（*Shewanella*）及肠杆菌等和革兰阳性乳酸杆菌及热杀索丝菌等。这些腐败微生物的生长又与肉的贮藏条件密切相关，假单胞菌和肠杆菌为有氧条件下的优势腐败菌，而乳酸菌及热杀索丝菌多在无氧或气调包装条件下容易生长繁殖。例如，表2-9归纳列出了肉与肉制品中常见的腐败细菌。

表2-9 不同贮藏条件下肉中常见的腐败细菌

革兰阳性菌	贮藏条件			革兰阴性菌	贮藏条件		
	空气	气调	真空		空气	气调	真空
芽孢杆菌（Bacillus）	+		+	无色杆菌（Achromobacter）	+		
索丝菌（Brochothrix）	+	+	+	不动杆菌属（Acinetobacter）	+	+	+
肉食杆菌（Carnobacterium）	+	+	+	气单胞菌属（Aeromonas）	+		+
棒状杆菌（Corynebactenum）	+			产碱杆菌属（Alcaligenes）	+	+	
梭菌（Clostridium）			+	交替单胞菌（Alteromonas）	+	+	+
肠球菌（Enterococcus）	+	+		弯曲杆菌（Campylobacter）	+		
考克菌（Kocuria）	+			色素杆菌（Chromobacterium）	+		
库特菌（Kurthia）	+			柠檬酸细菌（Citobacter）	+	+	
乳酸杆菌（Lactobacillus）	+	+	+	肠杆菌（Enterobacter）	+	+	
乳球菌（Lactococcus）	+			大肠埃希菌（Escherichia coli）	+		
明串珠菌（Leuconostoc）	+	+	+	黄杆菌（Flavobacterium）	+		
李斯特菌（Listeria）	+	+		哈夫尼菌（Hafnia）	+	+	+
微杆菌属（Microbacterium）	+	+	+	克雷伯杆菌（Klebsiella）	+		
微球菌（Micrococcus）	+	+		克鲁维菌（Kluyvera）	+		
类芽孢杆菌（Paenibacillus）	+			莫拉菌（Moraxella）	+		
葡萄球菌（Staphylococcus）	+	+	+	泛菌（Pantoea）	+		+
链球菌（Streptococcus）	+	+		变形杆菌（Proteus）	+	+	
魏斯菌（Weissella）	+	+	+	普罗威登斯菌（Providencia）	+	+	+
				假单胞菌（Pseudomonas）	+	+	+
				沙雷氏菌（Serratia）	+	+	+
				希瓦菌（Shewanella）	+		
				弧菌（Vibrio）	+		
				耶尔森菌（Yersinia）	+		+

注：+表示相应微生物被检出。

（二）腐败微生物的分类

1. 假单胞菌

假单胞菌为革兰阴性、有运动性的直杆菌或弯杆菌，严格需氧。假单胞菌增殖速率快，能在低温下生长，具有很强的产生氨等腐败产物的能力。该菌广泛存在于水、人、土壤及动物的体表、口腔和肠道及一系列食品中。

假单胞菌是典型的嗜冷菌，20 世纪 80 年代从冷鲜肉中分离出假单胞菌。这一菌属根据核糖体 RNA（rRNA）的相似性分为 5 大类，其中与肉腐败相关的主要为草莓假单胞菌（*Pseudomonas fragi*）、隆德假单胞菌（*Pseudomonas lundensis*）、荧光假单胞菌（*Pseudomonas fluorescens*）、恶臭假单胞菌（*Pseudomonas putida*）等多个菌种，其中草莓假单胞菌为有氧贮藏条件下冷鲜肉的优势腐败菌，分离比例为 56.7% ~ 79.0%，其次为隆德假单胞菌，分离比例达 40%。

假单胞菌能够充分利用肉与肉制品中的碳源和氮源而产生一系列能导致肉与肉制品腐败的代谢物质。假单胞菌污染肉与肉制品后可引起肉表面腐败，形成黏液，气味难闻，比较典型的草莓假单胞菌能够使肉产生"水果型酸腐味"。

2. 乳酸菌

乳酸菌为革兰阳性菌，兼性厌氧，是一类能利用可发酵碳水化合物产生大量乳酸的细菌的统称。这类细菌在自然界分布极为广泛，具有丰富的物种多样性。目前至少有 18 个属，200 多个种，仅少数对肉与肉制品有致腐作用。这类细菌的生长温度范围较广，25 ~ 38℃最适宜生长。

乳酸菌在低温、真空包装或气调包装条件下的肉与肉制品中较为常见，为无氧条件下的优势腐败菌群。该类菌群能够抑制加工肉制品中亚硝酸盐和烟熏的抑菌作用，同时又能耐受较高浓度的盐，因而能够利用肉中的碳水化合物而使肉产生酸腐味、干酪味及动物肝脏气味，有时还产生 CO_2 引起真空包装袋出现松散状态或胀袋而影响其外观。

与肉与肉制品腐败相关的乳酸菌有乳球菌（*Lactococcus*）、明串珠菌（*Leuconostoc*）、肉食杆菌（*Carnobacterium*）、魏斯菌（*Weissella*）及肠球菌（*Enterococcus*）等。其中明串珠菌和肉食杆菌在肉中较为常见，数量可达到 10^7 CFU/cm^2。清酒乳杆菌（*Lactobacillus sakei*）为真空包装加工肉制品中的优势腐败菌，能够产生 H_2S 引起肉的颜色变绿；明串珠菌能够产生有机酸，导致肉产生干酪味，出现黏液，产生气体和品质劣变；肉食杆菌能够引起低氧环境下肉的腐败；魏斯菌往往能够引起真空包装下碎肉与肉制品的腐败。加工环境中乳酸菌为主要的污染源，能够从去皮、冷却和剔骨过程中的胴体表面以及屠宰线的设备、操作台和器具表面分离出来。

3. 肠杆菌

肠杆菌科微生物为革兰阴性菌，不产生芽孢，兼性厌氧。肠杆菌在自然界中分布极为广泛，存在于水、土壤、动物的粪便中。目前已知的肠杆菌科细菌有 34 个属、149 个种及 21 个亚种。其中很大一部分为致病菌，如大肠杆菌 O157：H7 及某些沙门菌和耶尔森菌。致腐菌多为嗜冷肠杆菌，如变形斑沙雷菌（*Erratic proteamaculans*）及蜂房哈夫尼菌房。大肠杆菌及液化沙雷菌（*Ss. liquefaciens*）是碎牛肉中主要的腐败菌。肠杆菌还能够使真空包装条件下的 DFD 肉迅速腐败。肠杆菌引起的腐败特征为：有氧条件下会产生硫化物气味，使肉与肉制品褪色，产生黏液、氨味；无氧条件下产生硫化物气味及使肉与肉制品表面颜色变绿。大肠菌群的数量往往被作为肉与肉制品的卫生指标，其数量可以反映肉的新鲜程度和肉与肉制品在生产、运输销售中的卫生状况，为及时采取有效措施提供依据。

4. 索丝菌

索丝菌（*Brochothrit*）也是一类广泛存在于水、土壤及动物胃肠中的细菌，为革兰阳性、兼性厌氧的杆菌，不产生色素，能够产生脂肪酶和蛋白酶。索丝菌菌属下有两个种：田野索丝菌（*B.campestris*）和热杀索丝菌，其中后者是冷鲜肉中常见的菌群。热杀索丝菌所致的腐败特征为：产生不愉快的干酪或乳制品味，产气，使肉明显褪色，产生绿色的汁液。

5. 其他微生物

莫拉菌（*Moraxella*）存在于海洋环境及动物的黏液中，与不动杆菌（*Acinetobacter*）、嗜冷杆菌（*Psychrobacter*）均属于莫拉菌科，为好氧菌。按照标准的命名方式，在原核生物的名录中，莫拉菌属下有 19 个种。目前发现的与肉与肉制品相关的莫拉菌多鉴定到属，该菌属占肉中腐败菌的很小一部分，不是优势腐败菌，其腐败机制暂不明确。

嗜冷杆菌为革兰阴性菌，目前该菌属包括 26 个菌种，多数菌种能够在低温下生长，该菌不具有分解蛋白质和产生 H_2S 的能力。产孢子的梭菌属（*Clastridium*）是另一类与肉与肉制品腐败相关的细菌，该类菌多易从胀袋的真空包装的肉中检出，某些菌种能够在低温下生长。霉菌和酵母菌所导致的冷鲜肉的腐败现象较为少见，多数霉菌和酵母菌均比细菌耐受低 A_w 和低 pH 环境，致腐能力较弱。

（三）肉腐败的表观现象

肉的腐败一般会伴随一些肉眼可见的变化，如色泽发暗或变绿、产生不良气味、产生表面黏液等。表 2-10 罗列了冷鲜肉中常见的腐败特征及对应的腐败菌。

表 2-10　　　　　冷鲜肉中常见的腐败菌及其对应的腐败特征

腐败特征	肉的状态	细菌种类
发黏	冷鲜肉	假单胞菌、乳酸杆菌、肠球菌、魏斯菌、索丝菌
产生 H_2O_2，颜色变绿	冷鲜肉	魏斯菌、明串珠菌、肠球菌、肠杆菌
产生 H_2S，颜色变绿	真空包装的冷鲜肉	希瓦菌
产生不愉快气味	真空包装的冷鲜肉	梭菌、哈夫尼菌

1. 变色

在有氧贮藏条件下，微生物的大量繁殖会使肉表面的氧分压有所降低而利于褐色高铁肌红蛋白的形成，从而使肉色变暗。此外，魏斯菌、明串珠菌、肠球菌、乳酸杆菌及希瓦菌几个菌属均可分解蛋白质而产生硫化物，这些物质能够与肉中的肌红蛋白结合形成暗绿色的硫代肌红蛋白，从而使肉的颜色变绿。

2. 变味

肉腐败时往往伴随一些不正常或难闻的气味，革兰阴性菌在达到 $10^5 \sim 10^6$ CFU/cm^2 时就可能出现异味，这些气味主要是由腐败菌分解肉中的蛋白质及其他营养物质而形成的有机酸、乙酯及氨、胺、H_2S 和一些其他的含硫化合物所产生。挥发性脂肪酸和酮类往往会导致脂肪味及奶臭味的产生；醛类会产生青草味，但是浓度较高时会产生酸败味；醇类和酯类产生水果味；苯类、硫化物和萜烯类会分别产生塑料味、白菜味和柑橘味。一般来说，当肉表面菌落数达到 10^7 CFU/cm^2 时，就会产生腐败味；当菌落数达到 10^8 CFU/cm^2 时会出现干酪味、脂肪味、黄油味等腐败气味；当菌落数达到 10^9 CFU/cm^2 时出现水果的酸腐味，此时表明肉已经彻底腐败。

3. 发黏

微生物在肉表面大量繁殖后，肉表面会有黏液状物质产生，在有氧贮藏条件下（0 ~ 5℃），一般 5 ~ 10d 即可形成，这是微生物繁殖后所形成的菌落或微生物的代谢产物。这些黏液物质拉出时如丝状，并伴有较强的臭味，这一现象主要是由革兰阴性菌如假单胞菌和革兰阳性菌如乳酸菌和热杀索丝菌产生。当肉的表面出现发黏、拉丝现象时，其表面含菌数一般为 10^7 CFU/cm^2。

（四）微生物的腐败作用机制

肉的腐败仅是由很小一部分称为优势腐败菌或瞬时腐败菌的菌群导致的，不同的菌群利用肉中营养成分的顺序有所差异。

葡萄糖是肉中多数腐败微生物优先利用的物质。当葡萄糖消耗完毕，其他物质如乳酸、葡萄糖酸、丙酮酸、丙酸、甲酸、乙醇、醋酸、氨基酸、核苷酸及水溶性蛋白成为多数细菌后续利用的底物。葡萄糖是肉中很多产生腐败气味物质的前体物质，葡萄糖和乳酸及它们的代谢产物可以用作描述或者预测肉腐败的程度并且这些物质的浓度能够影响肉腐败的类型和速率。

假单胞菌能够充分利用肉中的碳源和氮源而产生一系列导致肉与肉制品腐败的代谢物质，其利用顺序见表 2-11。在有氧条件下，假单胞菌先后分解 D- 葡萄糖和乳酸，随后假单胞菌会分解利用乳酸盐、丙酮酸盐及葡萄糖酸盐。而其他竞争性的细菌则不能利用这些酸，尤其是葡萄糖酸和葡萄糖酸 –6– 磷酸。当细菌数目达到 10^8 CFU/cm^2 时，葡萄糖的供应将不能满足其生长需求，假单胞菌开始利用氨基酸作为生长基质，生成带有异味的含硫化合物、酯、酸等。另外，在所有碳源中，葡萄糖无疑已被认为是描述或预测腐败水平的重要内部指标。当葡萄糖浓度变得非常低时，腐败的最初迹象就很明显，葡萄糖的限量促进了假单胞菌从糖分解代谢到氨基酸降解代谢的转变。另外，假单胞菌具有蛋白质降解能力，因此能够比其他细菌更易于深入肉的内部进而利用营养物质进行生长繁殖。

表 2-11　　　　　　　　　　腐败菌利用肉中营养成分的顺序

底物	假单胞菌		肠杆菌		热杀索丝菌		乳酸菌		梭菌	
	A[①]	VP-MAP[②]	A	VP-MAP	A	VP-MAP	A	VP-MAP	A	VP-MAP
葡萄糖	1	1	1	1	1	1	1	1	—	1
葡萄糖酸盐-6-磷酸	2	2	2	2	2	2	2	2		2
乳酸	3	—	—	3	—	—	—	—	—	—
丙酮酸	4	3								
葡萄糖酸	5	3								
葡萄糖-6-磷酸	6									
醋酸	—	3	—	3						
氨基酸	7	3	4		3			3		
核糖	—				4					
甘油	—				5					

注：① A：有氧贮藏；② VP-MAP：真空包装或气调包装贮藏。

肉中的乳酸菌为专性异型发酵型或兼性异型发酵型，前者产生乳酸、醋酸、CO_2 及乙醇，后者分解葡萄糖生成两分子的乳酸，戊糖存在时能够通过异型发酵产生乳酸和醋酸而不产气。肉中可以分解核糖的乳酸菌在葡萄糖较少的情况下能够从同型发酵转换为异型发酵，从而产生大量的乙酸。在好氧贮藏过程中，腐败乳酸菌可以在葡萄糖限量的情况下利用乳酸和丙酮酸产生醋酸，如此高浓度的醋酸会使肉产生强烈的醋酸味。其他碳源和氨基酸也能够使乳酸菌在葡萄糖不足的情况下生长，如清酒乳杆菌能够利用精氨酸产生氨及生物胺，如腐胺和精胺；而明串珠菌（*Leuconostoc*）能够利用糖原及蛋白质基质，产生乳酸和脂肪酸。总体来说，乳酸菌具有将糖类分解成乳酸、异丁酸、异戊酸及乙酸的能力，但是与有氧贮藏相比，无氧贮藏条件下乳酸菌对肉的腐败作用更慢，也因此延长了无氧包装条件下肉的货架期。乳酸菌的腐败作用弱于其他革兰阴性腐败菌的原因，不仅与环境因素的改变（好氧环境到真空或气调包装等缺氧环境的转变）有关，而且还与乳酸菌分解蛋白质的能力较弱有关。

肠杆菌往往是无氧包装条件下 DFD 肉（pH>6.0）中的优势腐败菌，并因 H_2S 的产生而导致牛肉颜色变绿，还会产生大量的氨而使腐败的肉产生恶臭。很多假单胞菌在有氧条件下也会产生氨，但是假单胞菌的主要代谢物为乙酯。肠杆菌类不能产生酯类，而是产生酸类、醇类、乙偶姻、双乙酰等物质。一般情况下，肠杆菌达到 $10^7 CFU/cm^2$ 时能够引起肉类腐败。

肉中存在的多种微生物会竞争性消耗肉中的营养物质、O_2 及碳源，同时产生不同的代谢物质，如有机酸、细菌素及挥发性物质，这些都会成为影响彼此生长的因素。假单胞菌具有产生铁载体的能力，且具有较高的葡萄糖利用率，因此，能够抑制腐败希瓦菌（Shewanella）的生长，这一作用是促使肉腐败的主要因素。乳酸菌对热杀索丝菌具有拮抗作用，两者共同存在的情况下，乳酸菌的数量一直高于热杀索丝菌，尤其是在 48h 之后效果极显著，且热杀索丝菌在接种乳酸菌后其数量降低 2 个数量级。此外，微生物细胞与细胞之间还存在以信号分子为载体的信息交流，如"群体感应"，即某些细菌能合成并释放一种被称为自诱导物质（Autoinducer，AI）的信号分子，胞外的 AI 浓度随细菌密度的增加而增加，达到一个临界浓度时，AI 能启动菌体中相关基因的表达，调控细菌的生物行为，如产生毒素、形成生物膜、产生抗生素、生成孢子、产生荧光等，以适应环境的变化。信号分子有酰基高丝氨酸内酯（Acylated homoserine lactones，AHLs）、霍乱弧菌 1 类自诱导分子（CAI–1）和 LuxS/2 型 AI（AI–2）。牛肉在不同贮藏温度和不同包装条件下会存在 AHLs 和 AI–2，且 AHLs 在假单胞菌和肠杆菌数量达到 $10^7 CFU/cm^2$ 时产生，AI–2 在牛肉贮藏期间一直以比较低的浓度存在。

二、影响肉与肉制品中微生物生长的因素

肉与肉中富含的蛋白质、脂肪等大分子以及微量矿物质可促进微生物的生长。从成分上讲，大多数肉类的蛋白质含量平均为 18%，但根据肉类或动物来源的不同，蛋白质含量为 12% ~ 20%。就脂肪含量而言，鲜肉与肉制品的平均脂肪含量为 3%（质量分数），但脂肪含量可能相差很大，范围为 3% ~ 45% 不等，这取决于畜禽的种类、年龄及其加工方式。低相对分子质量可溶性成分包括磷酸肌酸、糖原、氨基酸和二肽、矿物质和维生素等。此外，肉中含有大约75.5% 的水分，为微生物的生长繁殖提供了有利条件。

（一）水分活度（A_w）

水分活度指样品中水的蒸汽压与同温度下纯水的饱和蒸汽压的比值。从微

生物学角度看，肉与肉制品的 A_w 是影响微生物生长的重要因素。通常，鲜肉的 A_w 大于 0.95。加工方式（加热、冷却、干燥等）或添加的化合物（腌料、盐、碳水化合物等）等可以显著影响肉与肉制品最终的 A_w 值。

各种微生物对 A_w 的要求不同，革兰阴性菌（如肠杆菌科埃希菌属、沙门氏菌、弯曲杆菌等）生长对 A_w 的最低要求为 0.93 ~ 0.96，而革兰阳性菌、非孢子形成菌（单核细胞增生李斯特菌、金黄色葡萄球菌等）可以在 A_w 为 0.90 ~ 0.94 时生长。通过降低肉与肉制品的 A_w，可以延长细菌生长的滞后期，最终降低细菌的繁殖速度。此外，pH、温度和营养成分等因素与 A_w 协同作用，共同影响微生物的生长繁殖。

肉与肉制品的腐败变质程度与 A_w 和 pH 的关系如表 2-12 所示。在特定的贮藏温度下，微生物在肉与肉制品中的生长能力会随着 A_w 的降低而降低。类似地，在肉的腌料中添加盐，并在冷藏条件下贮藏，将阻碍致病微生物的生长。由于细菌和真菌对低 A_w 的耐受机制不同，微生物生长 A_w 的差异可能反映在其调节能力上。贮藏环境的相对湿度对食品中微生物的生长也很重要。在相对湿度较高的环境中储存低 A_w 食物时，应仔细考虑，因为水分会从环境转移到食物中，肉与肉制品中 A_w 的变化有可能影响微生物的生长。相反，高 A_w 肉与肉制品包装环境的相对湿度较低，水分往往从食品转移到环境中导致失水。在这种情况下，微生物的生长可能会因为失水而减慢。在不降低相对湿度的情况下有可能通过改变气体环境使微生物的生长速率最小化。

表 2-12　　　　　肉与肉制品的腐败变质程度与 A_w 和 pH 的关系

易腐性	A_w、pH 条件	贮藏温度 /℃
耐贮藏	A_w<0.95，pH<5.2，或 A_w<0.91，或 A_w<5.0	未冷藏
易腐败	A_w<0.95 或 pH 5.2	< 10
极易腐败	A_w < 0.95，pH >5.2	< 5

（二）温度

影响微生物生长的另一个特性是贮藏温度。微生物生长的最适温度范围是：嗜冷菌 –15 ~ 20℃，耐冷菌 20 ~ 25℃，嗜中性菌 30 ~ 40℃，嗜热菌 50 ~ 65℃。在最适生长温度以上，微生物生长速率急剧下降，低于最优水平时，增长率也会逐渐下降。温度是控制肉类微生物种类的最重要因素，故通常是低温贮藏。在过去的 30 年里，所有关于肉与肉制品腐败的研究基本上都是针对低温下贮藏产品进行的。

温度不仅决定了微生物数量的增加或减少，而且影响着优势菌群的性质。低温条件下嗜冷微生物会成为腐败菌群中最重要的组成部分。一般高温能够杀死大部分微生物，但高温只适用于熟肉制品等，对于冷鲜肉只能采取低温和冷冻贮藏来延缓微生物的生长繁殖，从而延长其货架期。温度对微生物生长和生理的影响是明显的，并且温度对微生物基因表达的影响同样重要，当环境温度低于嗜冷菌的最低生长温度时，嗜冷菌的生长及代谢水平降低，因此在肉与肉制品冷藏过程中嗜冷菌的生长繁殖速率缓慢。此外，温度也会影响大肠杆菌和单增李斯特菌产毒素相关调控基因的表达以及大肠杆菌耐热性相关的热休克蛋白的基因表达。

（三）气体成分

O_2、CO_2 和 N_2 是主要用于肉与肉制品商业气调包装的三种气体。另外，CO已被用来减少包装对肉色的影响。高浓度 CO 延长了微生物菌群的停滞期和生长期，并可抑制所有腐败微生物的增殖，在 $-1℃$ 条件下，可使肉制品贮藏期延长到 12 周。

1. CO_2

高浓度 CO_2 能使微生物菌群的滞后期延长，生长速率降低，生长的最适温度升高。此外，$10℃$ 以下微生物的生长繁殖会受到明显抑制，$5℃$ 以下微生物的生长繁殖完全被抑制。因此，选择合适的贮藏温度并且在包装中使用 CO_2，能够有效地抑制微生物的生长。CO_2 选择性地抑制革兰阴性菌的生长，如假单胞菌和相关的嗜冷菌，但对乳酸菌的影响较小。一般情况下，在液体介质中，其抑制效果随温度的升高而降低，因为 CO_2 的溶解度随着温度的升高而降低。然而，对于蜡样芽孢杆菌来说，CO_2 对其生长繁殖的抑制效果随着温度的降低而增加，因此，温度效应可能会使 CO_2 对微生物生长繁殖的抑制效果表现出一定的差异。尽管初始菌群的组成和肉的 pH 有一定的关系，但低温下肉的货架期主要由 O_2 浓度决定。在无氧条件下，假单胞菌不能生长，通常乳酸菌很快会成为优势菌种，从而获得更长的货架期。并且，乳酸菌不会产生腐烂味，且其生长到 $10^7 \sim 10^8 CFU/cm^2$ 时也不会检测到腐败变质，超过这个值则会产生一种酸味，但是对于普通牛肉来说，$1℃$ 条件下贮藏 2 个月左右不会出现酸败味。

包装会改变微生物生长的环境，但通常是通过改变或控制包装内部的气体环境来实现。包装内部的气体组成在很大程度上决定了贮藏过程中肉与肉制品腐败变质的速率及程度。包装技术主要是控制肉与肉制品包装内部的 O_2、CO_2 等气体的相对含量来达到长期贮藏；真空包装将包装内部的气体抽空，使得好氧微生物无法正常生长繁殖。

2. CO

现代食品加工均致力于采用不同处理方法抑制腐败微生物的增长及酶的活性，如冷冻、加热、气调包装等。其中气调包装主要是通过调节食物贮藏环境的气体组成，尤其是其中的 O_2、CO_2 等气体的相对含量来控制微生物及有关的酶促反应。当气调包装袋中混有少量的 CO 气体时，CO 取代 O_2 进入肌肉组织，使肌肉内部的 O_2 含量降低，从而影响微生物生长繁殖及肉制品相关酶促反应速度，减慢肉制品的腐败变质速度。在气调包装中混入 0.5% ～ 10%CO 可以减慢好氧微生物的生长速度，在 0 ～ 10℃下存放可以延长产品的货架期。将牛肉于 5℃条件下贮藏，在 1%CO+99% N_2 环境下腐败时间为 24d，在 100%N_2 环境下腐败时间为 18d，在空气中仅为 5d。牛肉片在真空包装前用纯的 CO 处理后货架期也会相应延长，于 4℃存放 8 周后需氧菌、乳酸菌及嗜热菌的总和较对照组低 1 ～ 2 个数量级。然而在 20% CO_2+70% O_2+9% N_2 中添加 1%CO 对牛肉馅及牛肉片中的微生物增长不会产生明显的抑制作用，此时 CO 的作用主要为提高肉色稳定性。因此，气调包装中 CO 替代部分 O_2 降低了好氧微生物生长速率，从而使产品的货架期得以延长。

在冷鲜肉包装中应用了 CO 护色技术之后，肉品色泽鲜艳，即使是肉已经发生腐败变质，但其色泽依然保持诱人的粉红色，这容易误导消费者购买并食用已经腐败变质的产品，进而引发食物中毒。因此单靠颜色不足以全面评价肉的新鲜程度。

（四）氧化还原电位

氧化还原电位（ORP）是指水溶液或培养基中可得到或失去的自由电子，一般以毫伏（mV）为单位，可以为正值也可以为负值。ORP 值越高说明溶液的氧化水平越高，相对越容易失去电子，反之亦然。肉与肉制品的 ORP 是由食物周围的 O_2 浓度以及空气对食物的接触能力决定的。肉与肉制品中存在适当数量的氧化还原化合物对微生物的生长非常重要。

三、不同包装方式对肉与肉制品中微生物的影响

（一）气调包装对微生物的影响

肉与肉制品在贮藏期间容易受到物理化学变化及微生物的影响，使产品质量降低，营养价值损失，甚至发生腐败变质。气调包装可以影响肉与肉制品中微生物的生长繁殖，进而提高产品质量，延长货架期。

气调包装可以抑制微生物的生长繁殖，同时，随着气调包装中 CO_2 含量的增加，霉菌和酵母菌的生长速率减慢。此外，气调包装对一些腐败菌或致病菌的生长具有抑制作用。高浓度的 CO_2 对乳酸菌没有显著的抑制作用，所以乳酸菌通常能适应气调包装环境，这也使得乳酸菌成为气调包装肉中菌群的重要组成部分。假单胞菌是专性好氧革兰阴性菌，是冷鲜肉有氧冷藏条件下的优势菌群，CO_2 可能是气调包装抑制假单胞菌生长的主要原因之一。荧光假单

胞菌是导致冷鲜鸡肉腐败变质的主要优势菌，不同 CO_2 比例气调包装组的荧光假单胞菌总数随着贮藏时间的延长上升，随 CO_2 比例的升高而下降，即 CO_2 气调包装能有效抑制荧光假单胞菌的生长繁殖。气调包装会对冷藏辣子鸡丁的品质产生影响，O_2 比例越高，辣子鸡丁的氧化和微生物繁殖速率越快。单核细胞增生李斯特菌是常见的食源性致病菌之一，在加工、贮藏、销售以及食用阶段都可能通过接触发生交叉污染。气调包装中 CO_2 含量的增加使冷鲜猪肉中单核细胞增生李斯特菌数量减少，当 CO_2 比例为 100% 时，抑菌效果最好。

（二）真空包装对微生物的影响

真空包装是利用无氧环境保持产品的保鲜效果。真空包装以其防护性好、密封性可靠、残留空气少等特点，能有效抑制微生物繁殖，避免内容物发生氧化或腐败，被广泛应用于各类肉与肉制品包装中。腐败微生物能在高 pH 的肌肉组织或中性 pH 的脂肪组织中生长繁殖，缺氧、低 pH（pH<5.8）条件能够有效抑制肉与肉制品的腐败变质，因此适当降低肉的 pH 并且结合真空包装可以延长货架期。

真空包装不能抑制厌氧微生物的生长繁殖引起的肉与肉制品变质和变色，乳酸菌是真空包装低温肉与肉制品中的主要腐败菌。肉食杆菌通常会出现在贮藏初期的真空包装牛肉中，并在其微生物菌群结构中占主导地位，但随着贮藏时间延长通常会被其他乳酸菌所取代。但是，肉食杆菌（Carnobacterium）是真空包装冷鲜肉贮藏过程中的优势菌群，且相对含量达到了 80%。作为乳酸菌的特殊分支，肉食杆菌属是一类可以分解多种碳水化合物为自身代谢供能的细菌。热死环丝菌（Brochothrix）是一种兼性厌氧微生物，真空包装中残留的 O_2 可以促进热死环丝菌的生长。在肉与肉制品贮藏初期热死环丝菌仅能分解葡萄糖，当葡萄糖消耗完之后会转而分解蛋白质，利用氨基酸来供能。当对低温肉制品进行真空包装后，这些腐败菌通常在贮藏初期不能检出，但是随着贮藏时间的延长，热死环丝菌能够快速生长繁殖。因此，在肉与肉制品真空包装中，有必要结合低温贮藏、高温杀菌、腌制、超高压处理、生物抑菌等技术抑制微生物引起的腐败变质。

（三）活性包装对微生物的影响

近年来，使用活性包装抑制肉与肉制品中微生物的生长得到了广泛的应用。通过使用活性包装体系可以达到抑制微生物生长的目的，从而延长产品的保质期。例如，O_2 清除剂可以清除包装内多余的 O_2，抑制好氧微生物的生长；CO_2 释放装置可以抑制肉表面革兰阴性菌和霉菌的生长；水分清除剂可通过改变包装环境中的水分活度而达到抑菌的效果；抑菌包装体系可通过释放抑菌活性因子抑制多种细菌的生长。

1. 除氧活性包装

肉与肉制品包装中较高的含氧量助长了微生物的繁殖，除氧活性包装是指在密封的包装容器内封入能与 O_2 发生化学反应的脱氧剂，从而除去包装内的 O_2，使包装对象在氧浓度很低甚至几乎无氧的条件下减弱微生物的新陈代谢，从而使需氧微生物生长受到抑制的一种包装方式。

除氧活性包装中的脱氧剂按原料可分为无机脱氧剂和有机脱氧剂，其中无机脱氧剂包括铁系脱氧剂、亚硫酸盐系脱氧剂、加氢催化剂型脱氧剂等有机脱氧剂包括抗坏血酸类、儿茶酚类、葡萄糖氧化酶和维生素 E 类等。此外，近年来研发的新型除氧技术通过在包装膜中添加除氧剂，以利用包装袋本身的除氧能力来除去包装内部的 O_2。由三层膜构成的除氧包装膜，其最上层和最下层是聚丙烯膜，中间是添加了除氧剂的聚丙烯膜，具有良好的除氧能力。

2. 控制 CO_2 含量的活性包装

CO_2 可抑制大部分细菌，延长细菌的滞后期和代谢水平，对肉类表面微生物的生长有一定的抑制作用。但由于 CO_2 对塑料薄膜的透过率是 O_2 的 3 ~ 5 倍，包装内大部分 CO_2 易穿透薄膜流失。可通过在活性包装内加入 CO_2 释放剂或生成剂来维持包装内较高浓度的 CO_2。能产生 CO_2 的体系有很多，如碳酸氢钠体系。

3. 乙醇释放剂

乙醇蒸气可抑制细菌生长，使保质期延长 5 ~ 20 倍，可用于冷鲜肉的包装。在包装前，可将乙醇直接喷于肉的表面。但是更为安全有效的方法是使用乙醇释放薄膜或小袋。在日本，乙醇释放型包装袋广泛应用于延长半湿和干的鱼产品的货架期。但是，乙醇释放剂可能给肉与肉制品带来异味，进而影响其风味。

4. 二氧化氯生成活性包装

二氧化氯可以气态、液态及固态的形式存在。在相对湿度大于 80% 以及光的作用下，气态二氧化氯能够持续可控地释放。二氧化氯固态微球体与水相互作用也可持续可控地释放气态的二氧化氯，从而有效地抑制细菌、真菌和病毒的生长。这种包装方法既不会在包装内部残留二氧化氯，也不会污染包装内部的食品。

5. 控水活性包装

肉与肉制品在贮藏及销售过程中会发生各种生理生化反应，肉中的水分存在形式会发生转变，如结合水、不易流动水转化为自由水，后者会引起 A_w 的升高，过高的 A_w 会加速微生物生长繁殖，造成肉与肉制品快速腐败变质，货架期缩短，食用价值降低。可通过在包装内肉与肉制品附近放入装有水分控制剂的小袋来解决这一问题。目前大多以干燥剂为主要吸湿材料，干燥剂分为无机干燥剂和有机干燥剂。此外，也可以在包装材料中融入吸水物质，使肉制品周围形成合理的相对湿度。此类包装能够预防干燥剂袋破裂带来的中毒风险，且部分新型控水活性包装可防止因传统干燥剂吸湿速度过快而造成肉与肉制品严重脱水的现象。

6. 抑菌包装

微生物常分布在肉与肉制品表面，若直接将抑菌剂涂布于其表面，抑菌剂会快速向肉与肉制品内部扩散而被中和从而失去作用，此外抑菌剂可能会导致肉品质的改变。抑菌包装是将抑菌剂以小包、膜或涂层的形式加入到一种或几种高聚物包装材料内。对包装材料的聚合物进行辐射处理或气流喷射等方法都可以使包装具有抑菌活性。抑菌剂可透过包装释放到肉与肉制品表面，通过直接接触微生物，渗透到其细胞壁进而破坏其生长繁殖能力。其中，含有抑菌剂的包装膜或涂层既可减缓抑菌剂从包装材料向肉品表面的迁移，还可使其维持所需的高浓度。

根据作用方式，抑菌包装可分为固化型、吸收型及释放型。根据抑菌剂来源，可分为天然抑菌剂、无机抑菌剂和有机抑菌剂。目前，常用的抑菌剂包括有机酸（丙酸、苯甲酸、山梨酸）及其盐类、细菌素（乳酸链球菌素）、酶（过氧化物酶、溶菌酶）、杀菌剂（苯菌灵）、螯合剂［乙二胺四乙酸（EDTA）］、金属离子（Ag^+）等。聚糖及其衍生物是制作抑菌膜的常用材料。壳聚糖/玉米醇溶蛋白复合膜具有一定的抑菌性能，并且含精油的三元复合膜对大肠杆菌和金黄色葡萄球菌有良好的抑制作用，其中含1%柠檬精油和1%的茴香精油的复合薄膜抑菌效果最好。将百里香精油添加到壳聚糖中，再涂到包装膜内表面，使其不直接与肉接触，这种包装能够抑制酵母菌的生长，并且有效地维持肉色，百里香的气味还可以改善产品的气味。

牛肉汉堡用乳酸链球菌素抑菌真空包装后贮藏在4℃条件下，乳酸链球菌素抑菌包装抑制了菌落总数的增长和乳酸菌的繁殖，有效地延长了牛肉汉堡的货架期。

7. 纳米包装

纳米材料由于具有特殊的力学、热学、光学、磁性、化学性质，表现出优异的表面效应、小尺寸效应和子效应。用于肉与肉制品包装的纳米复合高分子材料微观结构排列紧密有序，具有低透氧率、低透水率。纳米包装具有显著抑菌特性，且抑菌效果持续时间长、稳定性高，对革兰阳性菌的抑制作用比革兰阳性菌高。将含有1.0%（体积分数）TiO_2和2.0%（体积分数）迷迭香精油的乳清蛋白分离物/纳米纤维素复合薄膜应用于羊肉的保鲜，在（4±1）℃贮藏过程中显著降低了羊肉中的菌落总数。因此，微生物指标结果还显示，使用纳米复合膜显著增加了羊肉的货架期（15d）。

近年来，国内外研究最多的纳米材料是聚合物基纳米复合材料（PNMC），即将纳米材料以分子水平（10nm数量级）或超微粒子的形式分散在柔性高分子聚合物中而形成的复合材料。常用的聚合物有聚酰胺（PA）、聚乙烯（PE）、聚丙烯（PP）、聚氯乙烯（PVC）、聚对苯二甲酸乙二酯（PET）等，常用的纳米材料有金属、金属氧化物、无机聚合物三大类。用纳米包装材料和普通聚乙烯材料包装酱牛肉能有效抑制酱牛肉中细菌的生长繁殖，降低挥发性盐基氮的产生，并延长了酱牛肉的货架期，很好地保存了产品的色泽和风味。

8. 生物活性可食用膜

可食用膜是以天然的可食性物质（蛋白质、多糖、纤维素及其衍生物）为原料掺混少量的食品添加剂（如乳化剂、塑化剂、抗氧化剂、食品色素、香料及抑菌剂），通过不同分子间相互作用形成的具有多孔网络结构的薄膜。可食用膜的主要基质是生物大分子物质，如蛋白质、多糖等。这些大分子物质上的极性基团在分子链上均匀分布，增加了分子间氢键和静电引力作用，从而增加了膜的黏性及网络结构的紧密性，形成具有一定可选择透过性的网络。此外，可食用膜具有较好的物理机械性能。同时，可食用膜作为抗氧化物质、抑菌物质等的载体，可直接食用，对环境无污染，因而在肉与肉制品包装中具有广阔的应用前景。

用生物物性可食用膜包装肉与肉制品，有助于减少其表面腐败微生物和致病菌的侵入。将乳酸或乙酸固定在藻酸钙凝胶体上制成可食用膜，与直接的酸处理技术比较，用这种可食用膜包装牛肉可显著抑制牛肉表面李斯特菌的生长。将细菌素与羟丙基甲基纤维素（HPMC）或琼脂混合，一起挤压成膜，可有效抑制肉与肉制品表面微生物的生长。

对冷鲜牛肉应用明胶 – 壳聚糖涂膜，模拟市场零售环境，在 4℃冷藏、每天光照 12h 的条件下贮藏 10d，明胶 – 壳聚糖复合涂膜能够显著抑制霉菌、酵母菌和嗜冷菌的生长，保证整个贮藏过程中牛肉的 pH 在 5.5 ～ 5.6，有效地减少肉中水分损失和脂质过氧化，失水率减少了 2.5%，且每千克肉中的丙二醛含量降低了 1mg，同时明胶 – 壳聚糖涂膜能够稳定肉色，显著减少贮藏期间 MetMb 的积累，使 MetMb 的占比降低了 20%。

应用超声技术制备的以姜精油为活性物质的纳米乳可食用膜，其中姜精油添加量为 6%，该纳米活性涂膜具有较强的抑菌特性，将其应用于鸡胸肉能明显抑制好氧菌、酵母菌和霉菌的生长，并且能明显延长生鸡胸肉的货架期。以明胶为成膜基质、搭载了含量为 0.9% 的子丁香酚为活性物质的涂膜，能够有效地控制活性物质子丁香酚的缓慢释放，显著抑制贮藏期间微生物的生长，减少水分损失，从而延长冷鲜肉的货架期。以 ε – 聚赖氨酸为活性物质、海藻酸钠为基质的活性涂膜，能显著降低冰鲜鸭在贮藏期间的菌落总数和大肠杆菌菌落数，同时添加了 0.1% 柚子微晶纤维的复合涂膜还可以稳定鸭肉鲜红肉色，显著降低鸭肉的水分损失。

参 考 文 献

［1］扶庆权，张万刚，王海鸥，等.包装方式对宰后牛肉成熟过程中食用品质的影响［J］.食品与机械，2018，34（6）：127-132.

［2］李茜.包装方式结合冰温贮藏对牛肉品质的影响［D］.晋中：山西农业大学，2015.

［3］薛佳祺，王颖，周辉，等.包装技术在肉制品保鲜中的研究进展［J/OL］.食品工业科技：1-9［2021-03-11］.https://doi.org/10.13386/j.issn1002-0306.2020080047.

［4］赵菲.冰温保鲜技术对牛羊肉品质影响的研究［D］.天津：天津商业大学，2015.

［5］李昊阳.不同包装包装条件对牛肉在贮藏期间品质的影响［D］.大连：大连工业大学，2017.

［6］成培芳，曹海霞，任文明.不同包装方式对低温贮藏鲜牛肉品质的影响研究［J］.肉类工业，2009（9）：33-36.

［7］牟广磊.不同包装方式对冷却牛肉品质及微生物影响的研究［D］.泰安：山东农业大学，2015.

［8］董福凯，查恩辉，张振，等.不同包装方式调理牛排在冰温贮藏过程中品质变化特点［J］.食品工业科技，2019，40（8）：247-253.

［9］杨啸吟.不同气调包装方式对雪花牛肉货架期与品质的影响［D］.泰安：山东农业大学，2015.

［10］赵菲，荆红彭，伍新龄，等.不同气调包装结合冰温贮藏对羊肉保鲜效果的影响［J］.食品科学，2015，36（14）：232-237.

［11］王志琴，孙磊，彭斌，等.不同气调包装牛肉贮藏过程中肉质变化规律研究［J］.动物医学进展，2011，32（8）：49-52.

［12］黄壮霞，张懋，朱丹实，等.MAP结合真空预处理延长鲜牛肉货架期［J］.食品与生物技术学报，2005（3）：22-26.

［13］胡长利，郝慧敏，刘文华，等.不同组分气调包装牛肉冷藏保鲜效果的研究［J］.农业工程学报，2007（7）：241-246.

［14］李墨琳，罗欣，刘国星，等.活性包装对肉制品品质及货架期影响的研究进展［J］.食品科学，2019，40（11）：313-320.

［15］戴瑞彤，南庆贤.气调包装对冷却牛肉货架期的影响［J］.食品工业科技，2003（6）：71-73.

［16］李欢，张东林，莫妮，等.活性包装在肉产品中的研究及应用现状［J］.肉类研究，2013，27（12）：23-27.

［17］荆莹，靳烨.活性包装在肉品保藏中的发展及应用［J］.食品科技，2010，35（9）：142-145.

［18］郑凌君，张东芳．活性包装在肉制品保鲜中的应用［J］．肉类工业，2013（03）：38-40．

［19］都凤军，孙彬，孙炳新，等．活性与智能包装技术在食品工业中的研究进展［J］．包装工程，2014，35（01）：135-140．

［20］黄媛媛，王林，胡秋辉．纳米包装在食品保鲜中的应用及其安全性评价［J］．食品科学，2005（08）：442-445．

［21］程述震，王志东，张春晖，等．肉及肉制品中蛋白氧化的研究进展［J］．食品工业，2017，38（01）：230-234．

［22］秦丽波．气调包装对不同极限pH值牛肉肉色的影响［D］．泰安：山东农业大学，2017．

［23］何凡，廖国周．气调包装对肉制品中病原微生物影响的研究进展［J］．安徽农业科学，2012，40（28）：13999-14001．

［24］李升升，谢鹏，靳义超．气调包装技术在牛肉中的应用研究进展［J］．食品工业，2014，35（04）：153-157．

［25］陈海桂．气调包装技术在肉类保鲜中的应用和研究进展［J］．肉类研究，2010（11）：74-78．

［26］杨啸吟，罗欣，梁荣蓉．气调包装冷却肉品质和货架期的研究进展［J］．食品与发酵工业，2013，39（07）：158-164．

［27］李智，余远江．气调保鲜技术在肉制品中的应用进展［J］．轻工科技，2016，32（06）：10-11+13．

［28］骆双灵，张萍，高德．肉类食品保鲜包装材料与技术的研究进展［J］．食品与发酵工业，2019，45（04）：220-228．

［29］郝佳，李强，戴岳，等．肉制品包装的微生物控制技术概述［J］．肉类工业，2016（12）：44-49．

［30］赵冬菁，仲晨，朱丽，等．智能包装的发展现状、发展趋势及应用前景［J］．包装工程，2020，41（13）：72-81．

［31］席丽琴，杨君娜，许随根，等．肉及肉制品气调包装技术研究进展［J］．肉类研究，2019，33（09）：64-68．

［32］梁俊芳，张保军．冷却肉保鲜技术的研究［J］．农产品加工（学刊），2009（01）：55-56，74．

［33］杨鸿博．拉曼光谱预测牛肉中微生物的初步研究［D］．泰安：山东农业大学，2020．

［34］呼红梅，王彦平，张印，等．不同贮藏温度对真空包装冷鲜肉蛋白质氧化和微生物菌相的影响［J］．家畜生态学报，2015，36（12）：48-52．

［35］海丹，黄现青，柳艳霞，等．酱牛肉气调和真空包装保鲜效果比较分析［J］．食品科学，2014，35（2）：297-300．

［36］黄明远，王虎虎，徐幸莲，等．可食用膜的简介及其在肉及肉制品中应用的研究进展［J］．食品工业科技，2020，41（16）：318-325．

［37］张盼，王俊平．壳聚糖-普鲁兰多糖复合抗菌保鲜膜对冷鲜牛肉的保鲜效果［J］．中国

食品学报，2020，20（06）：194–201.

[38] Mohebi Ehsan and Marquez Leorey. Intelligent packaging in meat industry: An overview of existing solutions.[J] . Journal of food science and technology, 2015, 52（7）: 3947–3964.

[39] Patricia Müller and Markus Schmid. Intelligent Packaging in the Food Sector: A Brief Overview [J] . Foods, 2019, 8（1）.

[40] Ishfaq Ahmed et al. A comprehensive review on the application of active packaging technologies to muscle foods [J] . Food Control, 2017, 82: 163–178.

[41] Zhongxiang Fang et al. Active and intelligent packaging in meat industry [J] . Trends in Food Science & Technology, 2017, 61: 60–71.

[42] Domínguez Rubén et al. Active packaging films with natural antioxidants to be used in meat industry: A review.[J] . Food research international（Ottawa, Ont. ）, 2018, 113: 93–101.

[43] Kenneth W. McMillin. Advancements in meat packaging [J] . Meat Science, 2017, 132: 153–162.

[44] Tian Fang and Decker Eric A and Goddard Julie M. Controlling lipid oxidation of food by active packaging technologies.[J] . Food & function, 2013, 4（5）: 669–680.

[45] Aylin Ozturk and Neriman Yilmaz and Gurbuz Gunes. Effect of different modified atmosphere packaging on microbial quality, oxidation and colour of a seasoned ground beef product （meatball）[J] . Packaging Technology and Science, 2010, 23（1）: 19–25.

[46] L. Whitley. Modified Atmosphere and Active Packaging Technologies（2012）, edited by I. S. Arvanitoyannis, Taylor & Francis Group, Boca Raton, FL.ISBN0978-1-4398-0044-7. Price £114. 00.[J] . International Journal of Dairy Technology, 2013, 66（1）: 150–151.

[47] M. Stasiewicz and K. Lipiński and M. Cierach. Quality of meat products packaged and stored under vacuum and modified atmosphere conditions [J] . Journal of Food Science and Technology, 2014, 51（9）: 1982–1989.

[48] Jinru Chen and Aaron L. Brody. Use of active packaging structures to control the microbial quality of a ready–to–eat meat product [J] . Food Control, 2013, 30（1）: 306–310.

[49] Kenneth W. McMillin. Where is MAP Going? A review and future potential of modified atmosphere packaging for meat [J] . Meat Science, 2008, 80（1）: 43–65.

[50] Mohebi Ehsan and Marquez Leorey. Intelligent packaging in meat industry: An overview of existing solutions.[J] . Journal of food science and technology, 2015, 52（7）: 3947–3964.

[51] Patricia Müller and Markus Schmid. Intelligent Packaging in the Food Sector: A Brief Overview [J] . Foods, 2019, 8（1）.

[52] Lee Keun Taik. Shelf–life Extension of Fresh and Processed Meat Products by Various Packaging Applications [J] . KOREAN JOURNAL OF PACKAGING SCIENCE & TECHNOLOGY, 2018, 24（2）: 57–64.

[53] Jesús Quesada et al. Antimicrobial Active Packaging including Chitosan Films with Thymus

vulgaris L. Essential Oil for Ready—to—Eat Meat ［ J ］. Foods, 2016, 5（3）.

［54］ Ferrocino Ilario et al. Antimicrobial packaging to retard the growth of spoilage bacteria and to reduce the release of volatile metabolites in meat stored under vacuum at 1 ℃. ［ J ］. Journal of food protection, 2013, 76（1）: 52–58.

［55］ Hur S J et al. Effect of Modified Atmosphere Packaging and Vacuum Packaging on Quality Characteristics of Low Grade Beef during Cold Storage. ［ J ］. Asian—Australasian journal of animal sciences, 2013, 26（12）: 1781–1789.

［56］ Lee Ji—Hyun and Song Kyung Bin. Application of an Antimicrobial Protein Film in Beef Patties Packaging. ［ J ］. Korean journal for food science of animal resources, 2015, 35（5）: 611–614.

［57］ CARRIZOSA E, BENITO M J, RUIZ—MOYANO S, et al. Bacterial communities of fresh goat meat packaged in modified atmosphere ［ J ］. Food Microbiology, 2017, 65: 57–63. DOI: 10. 1016/j. fm. 2017. 01. 023.

［58］ CARRIZOSA E, BENITO M J, RUIZ—MOYANO S, et al. Bacterial communities of fresh goat meat packaged in modified atmosphere ［ J ］. Food Microbiology, 2017, 65: 57–63. DOI: 10. 1016/j. fm. 2017. 01. 023.

［59］ Quesada J, Sendra E, Navarro C, et al. Antimicrobial active packaging including chitosan films with thymus vulgaris L. Essential Oil for ready—to—eat meat ［ J ］. Foods（Basel, Switzerland）, 2016, 5（3）: 57.

［60］ CASABURI A, PIOMBINO P, NYCHAS G J, et al. Bacterial populations and the volatilome associated to meat spoilage ［ J ］. Food Microbiology, 2015, 45: 83–102. DOI: 10. 1016/j. fm. 2014. 02. 002.

［61］ NYCHAS G J E, SKANDAMIS P N, TASSOU C C, et al. Meat spoilage during distribution ［ J ］. Meat Science, 2008, 78（1/2）: 77–89. DOI: 10. 1016/j. meatsci. 2007. 06. 020.

［62］ Carmine Summo et al. Lipid degradation and sensory characteristics of ripened sausages packed in modified atmosphere at different carbon dioxide concentrations ［ J ］. Journal of the Science of Food and Agriculture, 2016, 96（1）: 262–270.

［63］ Zakrys P I et al. Effects of oxygen concentration on the sensory evaluation and quality indicators of beef muscle packed under modified atmosphere. ［ J ］. Meat science, 2008, 79（4）: 648–655.

［64］ Suman Surendranath P. and Joseph Poulson. Myoglobin Chemistry and Meat Color ［ J ］. Annual Review of Food Science and Technology, 2013, 4: 79–99.

第三章　肉与肉制品包装材料

包装材料的应用具有悠久的历史，人类早期用天然植物树叶、禾草来包装食品，后来生产加工出陶器等包装容器。随着纺织、造纸技术的发展，极大地促进了食品包装技术的进步，尤其是 20 世纪以来塑料生产与应用技术的发展，给现代食品包装注入了新的活力，使包装材料与产品性能更加适合商品包装的要求，促进了包装工艺和技术的完善。肉与肉制品要得到消费者的满意，必须尽可能展示或提升包括新鲜度、质量特征、感官特性、便利性、安全性等产品特性，这就促使肉与肉制品市场不断寻找更加创新、成熟和稳定的包装材料及相应的技术，尽可能保持肉与肉制品的食用品质。

肉制品的加工属于成本较高的行业。肉与肉制品作为高营养价值的食品，提供了人类所需的优质蛋白质、维生素、矿物质等营养成分。也正是由于这个原因，肉与肉制品在贮藏过程中极易受到微生物和周围环境因素的影响，从而出现腐败变质的现象，严重时还会造成人体食物中毒、过敏反应和代谢紊乱。因此选用适宜的包装不仅能够在运输、贮藏和销售过程中保持肉与肉制品的特性，而且还能延长货架期。根据肉与肉制品包装技术的需求，充分掌握包装材料的特性，选择合适的包装材料，对于实现有效且高质量的包装至关重要。

肉与肉制品包装材料的发展对于保持肉与肉制品的品质具有非常重要的意义。为适应现代肉与肉制品包装技术的需求，纸类、塑料、金属等传统包装材料也处于不断变革之中。随着包装材料与相关的物理、化学、电子以及信息技术等学科的交叉融合越来越深入，一些具有新特点的功能性包装材料不断涌现，大大促进了肉与肉制品包装技术的进步和包装工业的发展。

第一节　塑料包装材料及其在肉与肉制品包装中的应用

20 世纪 60 年代以来，塑料以其优异的性能逐步替代金属、木材、陶瓷、玻璃甚至棉麻等传统材料。它弥补了金属材料笨重、木材腐烂、陶瓷和玻璃易碎、棉麻不耐磨等缺陷，同时赋予制品许多新的功能。20 世纪初，人们以酚醛塑料这种人工合成的高聚物为新的起点，开发了基于该新材料的多种包装材料，并广泛应用于食品包装。塑料可分为热固性塑料和热塑性塑料，热塑性塑料通常是通过缩聚或聚合制成的。热固性塑料主要用于非食品领域，而热塑性塑料是食品工业中薄膜、瓶、罐等的主要包装材料，如聚酯、聚氯乙烯、聚苯乙烯、聚酰胺、聚乙烯、层压板和共挤物等，因其成本低并具有优良的光学性能及热密封性等，被广泛用于食品包装。但是，由于用传统塑料不符合环保发展理念，因此有必要用生物塑料取代传统塑料，以便保护环境。

一、塑料的组成及主要包装性能

（一）塑料的组成

塑料是在高分子材料的基础上添加各类助剂制备成的具有可塑性的材料，主要由树脂和助剂两种主要成分组成。其中树脂是最基本的成分，不仅决定了塑料的类型（热塑性或热固性），而且影响塑料的主要性质。助剂是为改善塑料的使用性能或加工性能而添加的物质，也称塑料添加剂，它在塑料制品中也具有十分重要的作用，有时甚至决定塑料材料的使用价值。助剂不仅能赋予塑料制品外观形态、色泽，而且能改善加工性能，提高使用性能，延长使用寿命，降低制品成本。因此，在塑料制品的开发研制过程中最重要的是树脂和助剂的选择。

1. 树脂

树脂的品种很多，常见的有聚乙烯、聚丙烯、聚苯乙烯、聚氯乙烯等。

2. 助剂

常用助剂有抗静电剂、着色剂、填料增强剂、增塑剂、稳定剂等。

（1）抗静电剂　抗静电剂是添加在塑料之中或涂敷于塑料表面，以达到减少静电积累目的的一类添加剂。抗静电剂以疏水的碳氢链通过范德华力吸附于塑料表面，其极性基团伸向外部，在塑料表面形成定向吸附膜起到导电性，有助于防止静电积聚，并消除薄膜或容器表面的灰尘积聚。

（2）着色剂　塑料着色剂是指使塑料呈现各种色彩的物质。在高分子材料中主要包括颜料和染料。颜料在耐光性、耐热性和耐迁移性方面优于染料。例如，二氧化钛、氧化锌或炭黑等颜料可作为有效的遮光屏障，保护塑料免受光照影响。着色剂可以混入聚合物中，也可以作为印刷油墨涂在塑料表面上。一些加工助剂，如分散剂、黏合剂（丙烯酸、醇酸、聚酯或三聚氰胺树脂）或溶剂必须与着色剂一起使用。着色剂一般不与食品接触，在印刷不均匀、烘干等工艺欠缺和使用不当情况下，包装材料上印刷的油墨或油墨溶剂在与食品接触时也会向食品发生迁移。

（3）填料增强剂　填料主要是粉末无机添加剂，如碳酸钙、滑石（水化硅酸镁）、高岭土（水化硅酸铝）、云母（复合钾/硅酸铝）或二氧化硅。填料增强剂主要用于增加塑料的体积，改善其机械（抗冲击性）和物理性能，并提高耐热性和阻燃性能。玻璃纤维、碳纤维和聚酯纤维是用于制造大型刚性容器的特殊增料增强剂，通过对这些填料增强剂的表面进行改性，可以增强其在树脂中的分散性，改善其与树脂体系的相容性。填料增强剂的极性及表面性质影响其他添加剂在填料或产品上的吸附能力。

（4）增塑剂　增塑剂是将聚合物胶凝的添加剂，通过降低最终产品的熔融黏度、玻璃化转变温度和弹性模量而不改变聚合物的化学性质，从而提高塑料的加工性、柔韧性和拉伸性。用于塑料生产的增塑剂占全球增塑剂市场的 1/3 左右。增塑剂根据其化学组成可分为五大类：邻苯二甲酸酯类、磷酸酯类、脂肪族二元酸酯类、柠檬酸酯类和环氧类，其中后三类的毒性较低。磷酸酯类增塑剂一般毒性都比较大，但其中的个别品种如磷酸二苯异辛酯（DPOP）经各种毒性试验证明是无毒的。此外，邻苯二甲酸酯类增塑剂具有很强的生殖毒性和发育毒性。

（5）稳定剂　稳定剂用于防止或延缓高分子材料的老化变质。引起塑料老化变质的因素很多，主要有 O_2、光和热等。稳定剂主要有抗氧化剂、光稳定剂和热稳定剂等。PVC 和氯乙烯共聚物在加工时必须加入热稳定剂。聚乙烯、聚丙烯和聚酰胺等根据不同的用途和加工要求，也要加入某些抗氧化剂和光稳定剂等。食品包装塑料中的稳定剂必须是无毒的，许多常用的稳定剂如铅化合物、钡化合物、镉化合物和大部分有机锡化合物由于毒性大而不能用于食品包装塑料。各国公认允许用于食品包装塑料生产的热稳定剂有钙、锌、锂的脂肪酸盐类。

3. 食品塑料包装材料添加剂使用规则

我国国家标准 GB 9685—2016《食品安全国家标准　食品接触材料及制品用添加剂使用标准》中规定了食品接触材料及制品用添加剂使用标准，规定了食品接触材料及制品用添加剂的使用原则，允许使用的添加剂品种、使用范围、最大使用量、特定迁移限量和最大残留量、特定迁移总量限量及其他限制性要求。该标准也包括了食品接触材料及制品加工过程中所使用的部分基础聚合物的单体或聚合反应的其他起始物。

食品接触材料及制品用添加剂的使用规则：① 食品接触材料及制品在推荐的使用条件下与食品接触时迁移到食品中的添加剂及其杂质水平不应危害人体健康；② 食品接触材料及制品在推荐的使用条件下与食品接触时迁移到食品中的添加剂不应造成食品成分结构或色香味等性质的改变（有特殊规定的除外）；③ 使用的添加剂在达到预期的效果下应尽可能降低在食品接触材料及制品中的用量；④ 使用的添加剂应符合相应的质量规格要求；⑤ 列于 GB 2760——2014《食品安全国家标准　食品添加剂使用标准》的物质，允许用作食品接触材料及制品用添加剂时，不得对所接触的食品本身产生影响。

食品包装用塑料添加剂应具备与树脂良好的相容性和稳定性，并且不影响树脂特性，同时应具有无味、无毒无臭、不溶出的性质，以免影响包装食品的品质、风味和卫生安全性。塑料添加剂（助剂）是塑料制品中不可缺少的重要原材料，除上述助剂外，还有润滑剂、阻燃剂以及抗冲击改进剂。此外，还有一些特殊添加剂，包括抗结块剂、抗烟雾剂、发泡剂、抑菌剂以及透明剂。助剂不仅在加工过程中能改善聚合物的工艺性能、改善加工条件，提高加工效率，而且可以改进制品性能、提高制品的使用价值、延长制品的使用寿命。上述助剂中，增塑剂是使用量和产量最大的一类助剂。而在各类塑料材料中，PVC 是使用最为广泛的增塑剂之一，占全球增塑剂总用量的 95%。

关于肉与肉制品包装材料的安全性，我国卫生部门制定了一系列如聚乙烯、聚丙烯等包装材料的食品安全国家标准，并于 2016 年颁布 GB 4806.1—2016《食品安全国家标准　食品接触材料及制品通用安全要求》。关于食品包装用添加剂，应符合 GB 9685—2016《食品安全国家标准　食品接触材料及制品用添加剂使用标准》要求，对于卫生健康委员会（简称卫健委）没有标准及尚未批准的新添加剂或材料，应按照卫健委关于食品包装材料用树脂新品种申请的要求申请批准。

（二）塑料包装材料的性能

塑料用作包装材料，即食品包装用塑料制品的出现是现代包装技术发展的一个标志，是近 30 年来世界上发展最快、用量最大的包装材料。塑料广泛用于食品包装，大量取代了玻璃、金属、纸类等传统包装材料，成为食品销售包装最主要的包装材料。塑料用于食品包装的优越性体现在以下五个方面。

1. 力学性能好

塑料的相对密度只有钢的 1/8 ~ 1、铝的 1/3 ~ 2/3、玻璃的 1/8 ~ 2/3，但其强度高，且制成的包装容器及制品质量轻，方便贮运和销售，也便于携带使用。塑料包装材料良好的力学性能使它便于成型加工和包装操作，易于实现食品包装高速化和自动化。

2. 阻透性良好

选择适宜的塑料包装材料，可满足食品包装阻气保香、防水、防潮等密封性要求，也可满足生鲜食品气调保鲜包装对于透气性的要求。

3. 加工成型性好

塑料可加工成薄膜、片材、丝带织物及各种形状的容器，适应各种形态食品的包装和其他各种包装的需要。此外，塑料具有良好的热封性能，并且易于与其他材料复合，弥补单一材料包装性能的缺陷，构建具有优良综合包装性能的复合包装材料。

4. 装饰性能好

塑料可制成透明包装材料，体现包装的可视性，也可通过着色、印刷等方法赋予包装精美的图案、鲜艳的色彩，提高商品的展示效果，从而树立商品形象，促进销售。

5. 化学稳定性较好

塑料能耐一般的酸、碱、盐及油脂的腐蚀，大多数塑料包装材料可达到食品包装的卫生安全性要求。

二、食品包装常用的塑料树脂

（一）聚乙烯（polyethylene，PE）

乙烯是一种最简单的烯烃，可以通过加成反应进行聚合，其中单体通过分子中的双键（亲电加成）共价连接形成长链，进而形成 PE。该方法需要一种能够在不饱和单体上形成反应性自由基的引发剂，然后反应的中间体可以添加到其他单体上而不形成任何副产物。根据聚合条件（压力和温度）和所用添加剂，可对制备的 PE 的形态和密度进行深度改性。

1. 包装特性

PE 是一种蜡状热塑性塑料，在 80 ~ 130℃软化，具有良好的化学稳定性。力学性能取决于相对分子质量和支链的分支程度。PE 易热封、韧性好、弹性高、具有良好的耐寒性和水蒸气阻隔性。然而，低密度 PE 对气体、香味和脂肪的阻隔性较低。随着密度的增加，结晶度的提高，PE 所有的阻隔性能都会随之提高，硬度和强度也随之提高。

2. 包装应用

食品包装中最常用的聚乙烯类型有高密度聚乙烯（HDPE）、低密度聚乙烯（LDPE）和线性低密度聚乙烯（LLDPE）。

（1）LDPE　LDPE 是一种非线性热塑性聚乙烯，密度在 0.915 ~ 0.942g/cm^3，有许多侧链分支，具有结晶度低、柔软、柔韧、可伸缩的特点。此外，它还具有良好的透明度、热密封性和阻湿性。因此，LDPE 常被用于多层结构的内层。

（2）HDPE　HDPE 是一种侧链分支少的线性聚合物，结晶度可高达 90%，强度大。HDPE 的耐受温度可达 120℃，具有良好的耐热性能，但透光率较低。与 LDPE 相比，HDPE 具有更好的耐化学性、更高的熔点（110 ~ 135℃）、更高的拉伸强度和硬度。多用于一些食品包装的中空容器，也可制成复合膜或薄膜。

（3）LLDPE　LLDPE 在结构上介于 LDPE 和 HDPE 之间，是一种含有 1% ~ 10% 其他烯烃共单体的共聚物。共聚物的存在导致 LLDPE 有更长的主链，并有许多短侧链分支，使 LLDPE 有更高的结晶度，与 LDPE 和 HDPE 相比具有良好的透明性和热封性。LLDPE 主要制成薄膜，用于包装肉类、冷冻食品和乳制品，但其阻气性差，不能满足较长时间的保质要求。为改善这一性能，采用 LLDPE 与丁基橡胶混合的方式来提高阻隔性，这种改性的 LLDPE 产品在食品包装上有较好的应用前景。

（二）聚丙烯（polypropylene，PP）

PP 塑料的主要成分是聚丙烯树脂。PP 是由丙烯单体经自由基聚合而成的非极性高分子线性结构聚合物，外观和 PE 相似，但其相对密度为 $0.90 \sim 0.91 \mathrm{g/cm}^3$，是目前常用塑料中最轻的一种。

1. 包装特性

PP 具有良好的水蒸气阻隔性和抗脂肪性。普通的 PP 薄膜在低温甚至室温下的抗冲击性能不佳，低温下易脆裂，限制了其在食品包装方面的应用（例如面包包装）。PP 与乙烯共聚可以得到无规则的共聚物和嵌段共聚物，可以增韧、提高耐寒性和密封性，但强度和耐热性降低。这些薄膜的厚度介于 $12 \sim 125\mu\mathrm{m}$ 之间。PP 薄膜通过拉伸（通常是双向拉伸），在其熔化温度范围内有较好的流动性，成型性能好，可改善强度、耐低温性（低至 -50℃）和耐热性等性能。

2. 包装应用

PP 薄膜可以包装食品，双向拉伸提高了薄膜的光学性能、强度和收缩性。PP 薄膜通常通过不同的涂层来改善其热封性、阻隔性和光学性能。PP 是注射和挤压工艺的优良材料，可用来制造瓶子，PP 瓶在高温下保持形状良好，具有良好的热填充性。与乙烯共聚可改进 PP 膜的性能，可用于冷冻食品冰淇淋等的包装。此外，还可以生产蒸汽灭菌容器和盘子，可用于微波加热。新的 PP 包装发展形式是多层瓶和罐内阻隔层，可以进行热填充，并适用于高压灭菌或者蒸汽灭菌。而且，PP 有良好的耐应力开裂性能双向拉伸的聚丙烯薄膜（BOPP），其透明性、阻隔性均优于未拉伸的聚丙烯薄膜（CPP）。BOPP 在食品包装工业中是优良的柔性包装材料，可用于糖果、烘焙食品、零食、面食、冷鲜肉制品的包装。但是，BOPP 在接近结晶熔点时收缩回未定向状态，这种状态不适合热密封。为了克服这一缺点，BOPP 被涂上具有低熔化温度的热密封层。通过将均聚物 PP 的芯层与两个热密封层共挤出并随后拉伸，热密封层的厚度可减至 $1\mu\mathrm{m}$。敏感食品包装用聚偏二氯乙烯、聚醋酸乙烯、乙烯共聚物、聚丙烯酸酯、苯乙烯 – 丁二烯共聚物、低密度聚乙烯、聚 1– 丁烯或丙烯与乙烯、1– 丁烯的无规则共聚物包覆 PP 薄膜。通过使用这些不同的涂料，PP 大幅减少了再生纤维素的使用。

（三）聚苯乙烯（polystyrene，PS）

PS 的世界产量仅次于 PE、聚氯乙烯和 PP，在通用塑料中居第四位。作为一种热塑性塑料，它可以在 $150 \sim 300$℃的温度下加工，通过分解苯乙烯进行解聚。PS 是一种无色透明的热塑性塑料，也是世界上应用最广泛的热塑性塑料之一。

1. 包装特性

PS 阻气、阻湿性差，但力学性能好，硬度高；耐盐溶液、碱溶液和稀酸溶液；具有高的透明度和良好的光泽、染色性，印刷装饰性及介电性能；无色、无毒、无味，适用于食品包装。浓酸会导致 PS 氧化降解。在 O_2 存在下，紫外线会导致 PS 发黄和脆化。PS 的化学稳定性总体上低于 PE。

2. 包装应用

PS 制备的产品坚硬透明，具有光泽强、耐腐蚀性好的特点。其缺点是易脆、容易出现应力开裂，耐热性差及不耐沸水等。由于其对气体和蒸汽的高渗透性，适用于酸乳、冰淇淋、新鲜干酪和咖啡奶油等保质期短、脂肪含量不高的食品的包装。PS 在许多领域的应用逐渐被价格更低的 PP 所取代。

3. PS 的改性品种

当连续相由苯乙烯和丙烯腈的共聚物形成时，就会得到一种称为丙烯腈 - 丁二烯 - 苯乙烯（ABS）的材料。丙烯腈有效提高了聚合物的抗应力开裂性能。由于聚合物链中只存在 C＝C 键，因此不会发生水解反应。ABS 聚合物一般对水、盐、碱或酸溶液有抵抗力，不被石蜡烃溶解。在用于食品包装的苯乙烯共聚物中，还有另一种改性品种——苯乙烯 - 丙烯腈共聚物（SAN）。SAN 共聚物比 PS 具有更好的机械、耐油和耐芳香化合物性能。

（四）聚氯乙烯（polyvinyl chloride，PVC）

PVC 是使用一个氯原子取代聚乙烯中的一个氢原子的一种高分子材料，是含有少量结晶结构的无定形聚合物。

1. 包装特性

PVC 具有良好的化学稳定性，耐大多数油类、醇类和脂肪族的侵蚀，但不耐芳香烃、氯化烃、酯类等有机溶剂，环己酮、四氢呋喃、二氯乙烷等都会使 PVC 膨胀或溶解。PVC 热分解时，主要分解产物是盐酸，以及少量的饱和、不饱和烃副产物。由于热、光和力学性能的影响，PVC 很容易降解。硬质 PVC 的力学性能好，具有很好的抗拉强度和刚性，软质 PVC 相对较差，但柔韧性和抗撕裂强度比 PE 高。为了提高这种塑料的低稳定性，在 PVC 熔体中加入了一系列助剂。加工 PVC 最重要的助剂是增塑剂，一般在高温条件下（140～180℃）加入增塑剂，使混合物在室温下稳定。

2. 包装应用

硬质 PVC 不含增塑剂，安全性好，可直接用于食品包装。软质 PVC 由于其在加工过程中增塑剂用量较大，一般不用于直接接触的食品包装，可利用其柔韧性制成具有弹性和拉伸性能的 PVC。PVC 薄膜（如高透气性的软 PVC 薄膜）用于冷鲜肉的包装。20 世纪 90 年代初，我国实现了 PVC 薄膜的规模化生产，采用 PVC 薄膜与其他薄膜共挤的方法生产了 PVC 套管膜。PVC 套管膜是一种综合阻隔性能良好的包装材料，能有效阻隔 O_2、水蒸气、CO_2 等气体，延长产品的货架期。此外，PVC 套管膜还具有良好的化学稳定性、机械性能、热收缩性和耐油性等。

（五）聚偏二氯乙烯［Poly（vinylidene chloride），PVDC］

PVDC 是由偏二氯乙烯（VDC）以过氧化物或偶氮化合物为引发剂经自由基聚合制备的高分子材料。

1. 包装特性

VDC 的共聚物对气体、水和气味具有极高的阻隔性，并且对水和溶剂具有良好的抗性。PVDC 树脂为白色球状粉末，无毒、无臭、无味，结晶密度为 1.96g/cm³。PVDC 的阻隔性能来自其聚合物链（无空隙或分支）的致密性，这些聚合物链呈稳定的结晶形式，能够延缓食品氧化变质现象的发生，适用于长期贮藏的食品包装。PVDC 只能在室温下溶解在极性溶剂中，125℃以上的 PVDC 通过释放氯化氢分解。PVDC 树脂具有良好的电绝缘性、耐候性、透明性、光泽性及化学稳定性。在高能辐射的影响下，碱性化合物和重金属会引起 PVDC 的分解。PVDC 与氯乙烯、丙烯腈、丙烯酸甲酯等共聚可提高分解稳定性，同时共聚降低了结晶度，提高了气体的渗透性。

2. 包装应用

在食品包装中，PVDC 薄膜被用作层压板的阻挡层。PVDC 分散涂料对纸张、再生纤维素具有很好的阻隔性能。PVDC 薄膜是一种具有良好综合阻隔性能的包装材料，能有效阻隔 O_2、水蒸气、CO_2 等气体，延长产品货架期，同时具有良好的化学稳定性、机械加工性、热收缩性、耐油性等。我国约有 90% 的 PVDC 树脂被用于加工成肠衣膜。PVDC 制成收缩薄膜后的收缩率可达 30% ~ 60%，适用于灌肠类肉制品的包装，但因其热封性较差，薄膜封口强度低，一般需采用高频或脉冲式热封合，也可采用铝丝结扎封口。PVDC 薄膜不仅用作各种火腿肠等肉制品的肠衣，而且广泛应用于鲜鱼、肉类、茶叶、蔬菜等新鲜食品的包装。

（六）聚酯（polyester，PET）

PET 是聚对苯二甲酸乙二醇酯的简称，俗称涤纶，它是通过缩聚而获得的。在缩聚过程中，先使对苯二甲酸（PTA）与乙二醇（EG）反应生成对苯二甲酸乙二醇酯（BHET），酯化生成的水需及时排出，以促使反应顺利进行。然后进入缩聚反应，将不同官能团的两种单体之间的反应转化为同一官能团同一单体内部的反应，从而较顺利地获得高聚合度的 PET。PET 是一种半结晶聚合物，可转化为具有非晶态结构（非晶态 PET）的最终产品，因此非常透明。

1. 包装特性

PET 是热塑性聚酯最重要的代表之一。线性饱和聚酯为质地较硬、半结晶的热塑性塑料，即使在低温下也具有抗冲击性、光滑性和良好的耐磨性。它们的非晶态部分的玻璃转化温度为 50 ~ 70℃。PET 的阻隔性能对气体、香味和脂肪都很好，对水蒸气的阻隔性能稍低；化学稳定性良好，耐油、耐脂肪、耐稀酸和稀碱、耐大多数溶剂，但不耐浓酸和浓碱；机械性能好，其韧性在常用的热塑性塑料中是最大的，薄膜的拉伸强度可与铝箔相媲美，冲击强度为其他薄膜的 3 ~ 5 倍。此外，双向拉伸可使 PET 薄膜的纵向和横向机械性能均得到提高。双向拉伸 PET 塑料薄膜的厚度约为 12μm，是层压板阻挡层的重要基材，具有广泛的用途，尤其是在 150℃ 以上的高温下，其使用时间更长。PET 无毒、无味，卫生安全性好，溶出物总量很小。

2. 包装应用

PET 塑料薄膜用于食品包装主要有四种形式：一是无晶型未定向透明薄膜，具有良好的抗油脂性而用来包装含油及熟肉食品，还可作为食品用桶、罐等容器的内衬；二是双向拉伸膜，具有突出的强度和良好的热收缩性，可用作禽肉类收缩包装；三是结晶型定向拉伸膜，具有很好的综合包装性能；四是以 PET 为基材的复合膜，可用于要求较高的诸如蒸煮杀菌食品包装。

（七）聚酰胺（polyamide，PA）

PA 的商业名称为尼龙，是分子主链上含有重复酰胺基团的热塑性树脂的总称。PA 属于单体二元胺和二元酸，或在同一分子中具有两个功能端的氨基酸缩聚得到的一类聚合物。其命名由合成单体具体的碳原子数而定，如 PA6、PA8、PA66 等。其中，PA 符号旁边使用一个或两个数字表示所用单体的链长。

1. 包装特性

PA 是一种线性的、具有热塑性的缩聚化合物，具有透明性好、热成型快、强度高及适应温度宽的特点。然而，由于其结构组成的原因，PA 表现出很强的水蒸气敏感性，这一特点与乙烯 – 乙烯醇共聚物（EVOH）相似。在相同温度条件下，PA 的吸水量与环境湿度存在一定的关系。PA 为韧性角状半透明或乳白色结晶性树脂，无毒、无臭、无味，耐候性好，但染色性差，作为工程塑料的尼龙相对分子质量一般为 1.5 万 ~ 3 万。PA 具有良好的阻气性、耐穿刺性和耐热性，机械强度高，韧性好，阻水性能一般，熔点在 175 ~ 255℃。PA 也适用于 –70 ~ –50℃ 的低温环境。PA 对脂肪、油、碱和酸等都具有较强的抵抗力，可以溶解在浓硫酸、苯酚和间甲酚中。PA 具有优异的电绝缘性，体积电阻率很高，是优良的绝缘材料。

2. 包装应用

PA 在包装方面主要以薄膜形式应用。PA 薄膜制品大量用于食品包装。为了提高 PA 的包装性能，可将其与 PE、PVDC 膜等复合，以提高其阻隔性能。PA 通常用作多层薄膜的中间层，为其他薄膜提供所需的阻隔性能和热密封能力，其特别适用于肉与肉制品的真空或惰性气体包装，或用于高温蒸煮包装盒和冷冻包装。

三、塑料包装新材料

为适应新时代的要求，需要创新和研发塑料新材料和新加工技术，使更多性能优异的塑料成为包装材料。塑料包装新材料向功能性多样化和环保适应性等方向发展。这类材料具有高阻隔性、多功能保鲜性、选择透过性、抑菌性等特性，其中高阻隔性塑料包装材料因可赋予产品保质、保鲜、保风味以及延长货架期等功能而迅速发展并得到广泛应用。

（一）乙烯 – 乙烯醇共聚物（Ethylene-vinyl alcohol copolymer，EVOH）

EVOH 是一种无规则共聚物，具有半结晶结构，由乙烯单体和乙烯醇单体组成。由于乙烯醇不稳定，不能分离，因此 EVOH 的合成过程分两步进行。第一步是乙烯与乙酸乙烯酯的共聚反应，生成无规则共聚物乙烯 – 乙酸乙烯酯。第二步中，用甲醇经酯化反应将聚醋酸乙烯酯转化为 EVOH，其副产品则用于生产醋酸甲酯。EVOH 能有效阻隔 O_2、CO_2 和其他气体，对 O_2 的阻隔性最为优异，是肉与肉制品包装中最常用的气体阻隔材料之一。同时，EVOH 还具备优异的吸水性，这归因于乙烯醇单体中存在的极性羟基所引起的分子间疏水键的结合，使大量的亲水集团暴露，有利于其对水分的吸附。但是，随着大量水分的吸收，EVOH 会被逐渐塑化，分子间和分子内的结合能力会减弱，导致阻隔性能下降。这种塑化效应是 EVOH 主要应用于多层结构的原因。此外，EVOH 耐油、耐有机溶剂性能较强，能耐弱酸、弱碱和盐的腐蚀，具有良好的色泽和透明度，能够和其他包装材料（如 PE、PA、PP、LLDPE）组成新型复合材料。

（二）K 涂膜

K 涂膜为在塑料薄膜表面涂布 PVDC 薄层而形成的具有高阻隔性的包装膜，具有良好的阻气、阻湿、保香性及低温热封性，被广泛地用于食品、香烟和药品包装。目前，K 涂膜一般采用各种双向拉伸薄膜作基材，涂布偏二氯乙烯与丙烯酸酯共聚胶乳，使其具有良好的阻气、阻湿及保香性和低温热封性。目前常用的涂布基材为 BOPP，可作单面涂布和双面涂布。PVDC 涂布层越厚，阻隔性越好，但成本也越高。一般 BOPP 厚度为 15 ~ 20μm，PVDC 厚度为 2μm。

四、塑料薄膜

塑料薄膜包括单层薄膜、复合薄膜和薄片，这类材料做成的包装也称软包装，主要用于包装食品、药品等。薄膜经电处理、印刷、裁切、制袋、充填商品、封口等工序来完成商品包装。有的还需要在封口前抽成真空或充入惰性气体，以延长商品货架期。薄膜经双向拉伸热定型制成收缩薄膜，这种膜有较大的内应力，包装商品后迅速加热到接近树脂的黏弹态，会产生 30% ~ 70% 的收缩，将商品包紧（即热收缩包装）。

（一）单层薄膜

单层薄膜的用量最大，约占薄膜总用量的 2/3。制造单层薄膜最主要的树脂类型是 LDPE，其次是 HDPE、PP、PA、PVC 和 PET 等。树脂类型的差异导致单层薄膜的尺寸大小各异、厚度及形状不同，可用于多种食品包装，例如可以制成口袋形塑料袋，也可制成背心式购物袋。

LDPE 吹塑薄膜具有柔软、透明、防潮性能好、热封性能良好等优点，多用于小食品包装。HDPE 吹塑薄膜的机械性能优于 LDPE 吹塑薄膜，且具有易开口的特点，但透明度较差，通常用于制作背心式购物袋。LLDPE 吹塑薄膜具有优良的抗穿刺性和良好的韧性，即使在低温下仍具有较高的韧性，可用于制作对抗穿刺性要求较高的垃圾袋。

（二）复合塑料薄膜

为满足食品包装对高阻隔、高强度、高温灭菌和低温贮藏保鲜等方面的要求，可采用多层复合塑料膜制成的包装。

由相似相溶原理可知，非极性高分子材料易透过非极性气体，如 PP、PE、乙烯 – 醋酸乙烯共聚物（EVA）、PS，具有非常高的透气率，属于透气性包装材料。极性高分子的透气率低，如 PA、聚丙烯腈（PAN）、聚乙烯醇（PVA）、PVC、PET、PVDC、EVOH 等都属于阻隔性包装材料。冷鲜肉包装常用的 PVDC 塑料不是单纯的 PVDC 薄膜，而是以 PVDC 为阻隔层的多层共挤薄膜，选用偏二氯乙烯和丙烯酸甲酯、甲基丙烯酸、丙烯腈共聚物作阻隔层，与其他耐磨材料、热封材料等通过共挤出的工艺制成。这种薄膜具有极高的 O_2 阻隔性和水蒸气阻隔性。

高阻隔膜的主要功能是防止 O_2、水蒸气等气体进入包装内部，防止包装物品氧化或变质。高阻隔膜在肉与肉制品的包装中的应用非常广泛。采用对邻苯二甲酸、间邻苯二甲酸、多元醇和顺式 9，12 – 十八碳二烯醇制备高阻水性 PET 膜，该 PET 膜的透气性为 1.0 g/（$m^2 \cdot d$），低于纯 PET 膜的透气性。人们利用气体阻隔理论，通过引入多种具有 O_2 屏蔽功能的化学单体，研究出高阻隔涂层。此外，通过改性得到具有特殊分子结构和官能团的丙烯酸酯聚合物。同时，纳米技术的应用增强了聚合物的阻隔性和稳定性，优化了其在薄膜基材上的涂覆和加工性能。

（三）薄片

厚度为 0.15～0.4mm 的透明塑料薄片，经热成型制成吸塑包装，又称泡罩（或贴体）包装，在包装药片、药丸、食品或其他小商品方面已普遍应用。

五、塑料包装材料常见的安全性问题

（一）包装材料的污染

在肉与肉制品加工和贮藏过程中，会受到环境空气中微生物的直接污染和器具的污染。肉与肉制品的原材料、生产环境和包装操作时工人的接触等因素都有可能导致包装材料的二次污染，另外在包装操作前若不注意包装材料的灭菌处理，包装材料的二次污染则可能成为肉与肉制品二次污染的主要源头。

（二）包装后肉与肉制品的安全与卫生

包装对肉与肉制品安全与卫生的影响主要体现在以下四个方面。

1. 肉与肉制品本身的腐败

在肉与肉制品加工过程中的各个工艺环节，如果消毒不严或杀菌不彻底，在产品流通过程中各个阶段的处理，尤其是在分装操作中，如果微生物控制条件欠佳等，均有二次污染的可能。随着贮藏或消费周期的延长，微生物不仅会大量繁殖，也会给繁殖较慢的真菌提供生长繁殖的机会。

2. 因包装发生的环境变化对肉与肉制品中微生物的影响

肉与肉制品经过包装后能防止来自外部微生物的污染，但同时包装内部环境也会发生变化，其中的微生物也会因此而变化。例如，冷鲜肉经包装后，包装内部环境的 O_2 和 CO_2 的构成比例会因为肉的组织细胞和微生物的呼吸而不断发生变化，导致 O_2 减少、CO_2 增加。反之，气体构成比例的变化又会影响微生物的生长繁殖。例如，好氧菌数量随 O_2 的减少而下降，而厌氧菌随之增加。在 O_2 充足的条件下，肉与肉制品中由于好氧微生物增殖产生 NH_3 和 CO_2，但在缺氧状态下厌氧微生物增殖则产生大量有机酸。

3. 包装的机械损伤

肉与肉制品在贮藏、运输和销售过程中，产品受到外界的振动、挤压、摇晃和撞击等机械作用力的影响，导致产品发生包装破损的现象。为降低包装机械损伤引起的不利影响，要求肉与肉制品包装的物理性能足以承受这些外界作用力。肉与肉制品贮藏、运输及销售过程中每个环节都有可能会发生虫害，且在贮藏期和运输阶段发生虫害的风险最高。在这些环节中，昆虫可能会从包装的一些薄弱处或缝隙进入包装，这些薄弱处或缝隙主要是由于热封不良、机械损伤或昆虫甚至是鼠类直接撕咬产生。

4．肉与肉制品包装后的成分迁移

肉与肉制品包装后的成分迁移主要有以下途径。一是包装材料本身的异臭成分。有时包装材料本身的异味会污染肉与肉制品。例如，包装材料在加工过程中因温度过高而分解产生异味。二是包装材料的成分和肉与肉制品的相互作用。包装材料对肉与肉制品而言并非完全惰性，肉与肉制品与包装材料的成分会相互作用，从而影响肉的品质及安全性。

包装材料加工制备过程中化合物单体的残留以及其他添加剂的种类和使用量都有可能通过上述途径引起肉与肉制品的安全性问题，应受到重视。考虑到肉与肉制品的安全性，选择包装材料时，首先要确保制作包装材料时所选的材质、添加剂等符合相关标准及法规的规定。另外，需要开发新型包装材料和包装技术，并完善相应的检测体系，这样才能减少包装材料带来的安全问题。

六、塑料包装材料在肉与肉制品包装中的应用

肉与肉制品包装的高分子材料不能与肉相互作用，改变肉的质量，产生有害物质。同时，还应考虑肉与肉制品的贮藏、运输以及销售条件。包装应首先确保不受环境影响，即应具有综合性较好的性能，重点要考虑贮藏过程中发生的微生物侵染和肉自身的变质，使肉与肉制品能够保持其原有的品质。包装材料应具有足够的机械强度、气密性、化学耐久性，同时具备良好的阻隔性能（如透气性和透湿性）。肉与肉制品含有丰富的脂肪，所以用于包装的高分子材料应该是抗油脂的，同时还能防止 O_2 的侵袭，因为 O_2 会导致脂质过氧化。目前，用于包装肉与肉制品的塑料薄膜材料种类较多。

（一）塑料包装材料在冷鲜肉包装中的应用

冷鲜肉早期包装多采用单层塑料薄膜，如 PE 薄膜，部分材料 O_2 透过率较高，水蒸气阻隔性低，不耐磨损和穿刺，从而影响肉的品质。随着高阻隔塑料包装材料在肉类产业上的广泛应用，极大地降低了冷鲜肉在贮藏与运输过程中受到光照、水分、O_2 和微生物污染的问题。塑料包装材料在冷鲜肉包装中的应用详见表 3–1.

表 3–1　　　　　　　　　塑料包装材料在冷鲜肉包装中的应用

包装材料类型	冷鲜肉	应用效果
PE/PA 复合包装袋	猪肉	抑制微生物生长繁殖，菌落总数在销售期内低于 10^6 CFU/g，色泽较好

续表

包装材料类型	冷鲜肉	应用效果
PVC 包装袋、铝箔复合包装袋	鸭胸肉	PVC 包装对 O_2 阻隔性较低，硫代巴比妥酸值高，铝箔复合包装袋更能延长产品货架期
PE/PVDC/PA 复合包装袋	猪肉	抑制蛋白质氧化，延缓产品品质劣变
聚烯烃薄膜	牛肉	保持牛肉的色泽、持水力（WHC）、抑制蛋白质氧化
PA/PE、OPP/CPP、PA/CPP、PET/AL/PE 复合包装袋	羊肉	PA/CPP 与 PET/AL/PE 复合包装袋在控制菌落总数能力上要优于 PA/PE 复合包装袋，PA/CPP 与 PET/AL/PE 复合包装袋可延长羊肉货架期
聚酯袋、铝箔复合包装袋	牛肉	聚酯袋与铝箔复合包装袋中菌落总数较低，可延长羊肉货架期
PVDC 的高阻隔材料、含有 PET 的中阻隔材料与低阻隔材料	牛肉	低阻隔组菌落总数显著大于中阻隔和高阻隔组，中、高两种阻隔材料与之相比将货架期显著延长
高温蒸煮袋（尼龙加聚乙烯）与普通聚乙烯无菌袋、薄膜	鸡胸肉	高温蒸煮袋包装鸡胸肉的菌落总数显著低于其他包装方式，高温蒸煮袋可提高鸡胸肉货架期
BOPP/PA/CPP 复合塑料袋	猪肉	BOPP/PA/CPP 复合塑料袋的透氧度为 $328.55 \times 10^{-6} cm^3/(m^2 \cdot d \cdot 0.1MPa)$ 时猪肉的颜色好，感官评分佳，货架期为 8d
聚碳酸丙烯酯（PPC）材料中增加聚乙烯醇（PVA）	猪肉	提高阻氧性，延长猪肉的货架期
0.14mm、0.16mm 聚酯透明真空袋、0.2mm 纯铝箔平口真空包装袋	多浪羊肉	0.2mm 纯铝箔平口真空包装袋包装的羊肉感官品质最好，其红度 $a*$ 值最高，失重率最小
低阻隔 EVA/PE、中阻隔 PET/CPP、高阻隔 PVDC/PE 复合包装袋	牛肉	中阻隔和高阻隔复合包装袋显著抑制微生物的生长和挥发性盐基氮（TVB-N）值的升高，中阻隔和高阻隔复合包装袋货架期要比低阻隔组长 14d。高阻隔复合包装袋的持水力大于中阻隔和低阻隔
高阻隔 PET/CPE、中阻隔 PE/PA、低阻隔 PA/CPP 复合膜	冷鲜猪肉	高氧包装条件下，高阻隔复合膜包装的冷鲜肉在贮藏 10 d 时菌落总数已经超标，pH 在贮藏期内处于二级鲜肉的范围内；中阻隔复合膜包装的冷鲜肉菌落总数未超过 $10^6 CFU/g$，肉色保持得较好，感官评价相对较好，但汁液流失较多；低阻隔复合膜包装的冷鲜肉菌落总数变化最大，13d 时菌落总数达到 $10^6 CFU/g$，肉的色泽相对较差，气味和总体可接受性也较差
BOPP/AL/PET/CPP、BOPP/PA/CPP、PET/CPP、BOPP/CPP 复合包装袋	猪肉	BOPP/PA/CPP 复合包装袋对猪肉品质保持的效果最好，其次是 BOPP/AL/PET/CPP 复合包装袋、PET/CPP 复合包装袋、BOPP/CPP 复合包装袋

（二）塑料包装材料在肉与肉制品包装中的应用

肉与肉制品的包装材料需具有良好的阻气性、遮光性，不仅将肉与外界环境隔离，而且起到有效抑制微生物生长和风味物质流失，最大程度地保持肉品质的作用。肉与肉制品包装常用的高阻隔类塑料材料有 PVDC、EVOH、PA6、PVA 等，这类材料常作为复合包装中的阻隔层使用。高阻隔包装材料能有效阻止 O_2 的进入，防止脂质与蛋白质的氧化，其对于肉与肉制品包装具有延长货架期的作用。塑料包装作为目前最常用的一种包装材料，正向着既可以阻氧、抑制腐败菌和防止芳香物质挥发，又能够被降解的方向发展。目前肉与肉制品包装最常使用 PE 或 PP 的复合薄膜。

表 3–2　　　　　　　　　塑料包装材料在肉与肉制品包装中的应用

包装材料	肉类	应用效果
普通袋 PET/NY/PE、镀氧化铝袋 PET/ Al_2O_3/NY/PE、镀氧化硅袋 PET/SiO_2/ NY/PE 和铝箔袋 PET/AL/NY/PE	腊猪肉	有效阻隔水分和 O_2 的进入，延缓腊肉贮藏期品质的下降，延长货架期
PET/AL/NY/PE 复合膜	腊肉	抑制脂质过氧化，延长货架期
PET · SiO_2 涂层 / 尼龙 /15/ 改性 CPP 和 K 涂层 /OPET/CPP	扒鸡	减少 MDA 的产生，延缓脂质过氧化，延长货架期，并保持扒鸡的原有风味
PVDC 材料	扒鸡	可较好地抑制脂质过氧化和蛋白质氧化，保持扒鸡原有风味
高阻隔 EVOH、PET/PA/CPP、PA/ 改性 PE、PA/CPP、PE/PA/EVOH/PA/ LLDPE	香肠	EVOH 材料在降低菌落总数方面更有优势，延长货架期
PET/Al/PA/ 高温聚丙烯（RCPP）、镀 SiO_2 聚酯（SPET）/PA/RCPP、PA/RCPP	红烧肉	PET/Al/PA/RCPP 更好地抑制红烧肉脂质过氧化和蛋白质氧化，阻止水分和香气的散失，保持色泽，是延长红烧肉货架期的良好包装材料
PET · SiO_2 涂层 / 尼龙 15/ 改性 CP	酱牛肉	高阻隔包装材料可有效延长酱牛肉货架期，抑制氧化，保持其色泽
用不同复合包装材料 PA/PE、PET/ Al/PA/PE、PET/PE	广式腊肉	对抑制腊肉酸价升高的作用不大，但对脂质过氧化有较好的抑制作用，其中 PET/Al/PA/PE 效果最好，PET/PE 的效果最差

第二节　绿色环保包装材料及其在肉与肉制品包装中的应用

随着食品包装技术的发展，PE、PP、PS等塑料薄膜已广泛应用于食品包装。但这些材料在正常条件下不易被降解，目前对于这些废旧塑料材料主要通过燃烧或填埋进行销毁。然而燃烧会产生大量有毒物质，如二噁英、呋喃、汞和多氯联苯等，极易造成环境污染并影响人体健康。因此，食品包装领域近年来高度重视绿色环保包装材料的开发。目前绿色环保包装材料主要有可食性包装材料和可降解包装材料两大类。例如，利用生物可降解聚合物和可食性包装材料来代替塑料包装材料，其中以淀粉、蛋白质和聚乳酸（PLA）等为基质的生物可降解包装材料具有良好的环保性，可用于食品包装。随着科学技术的不断发展，人们对食品包装中用到的涂料和薄膜进行了更加深入的研究。可食性包装也逐渐被广大消费者所接受，极大地扩充了食品包装材料的来源。从广义上讲，可食性包装材料属于绿色环保包装材料的一部分。在食品包装领域，可食性包装材料不仅可以通过人体或动物自身的新陈代谢使材料得以分解，而且还可为人体提供有益的营养物质。

一、绿色环保包装材料

（一）可食性包装材料

可食性包装材料属于食品包装材料中的一种，指在包装过程中无论是包装成分还是最终包装所有用到的材料都具有可食性。可食性包装材料是以可食性生物大分子物质为主要基质，以可食性增塑剂为辅材，通过一定加工工序使不同分子之间相互作用，然后经过干燥形成的具有一定力学性能和选择通透性的结构致密的包装材料。在可食性包装材料包装过程中，一般将涂层材料或薄膜制成膜溶液通过浸泡、喷雾、刷洗等工艺直接施于食品表面，待干燥后在食品表面形成一层薄膜，从而达到包装的目的。一般情况下，薄膜厚度应低于250μm。

1. 可食性包装薄膜和涂料

可食性薄膜或涂层的主要目的是防止气体（如O_2、CO_2）、水和油进入食品，从而保持食品的质量，延长其货架期和保证其安全性。可食性薄膜或涂层可直接作用于物体表面并形成一层薄膜，达到保存食品的目的。同时，可食性薄膜或涂层还可以通过添加营养补充剂来提高食品的营养价值。此外，它们还可以改善产品的外观和质量，并通过保持产品色泽来吸引消费者。

蛋白质、多糖和脂类是生产可食性薄膜或涂层的主要原料。其中，蛋白质和多糖被认为是各种可食性薄膜或涂层的基础物质，但通常会与其他可食性增塑剂结合来降低薄膜或涂层的脆性，以及使用各种色素来改善其外观。在某些情况下，特别是对于活性食品包装，还可以添加其他化合物，如抗氧化剂、抑菌剂、脂肪酸和防腐剂来改善其包装性能。

（1）可食性薄膜和涂层的来源　用于制备食用膜的主要材料有三类：亲水胶体（如蛋白质、多糖和海藻酸盐）、脂类（如脂肪酸和甘油等）和复合材料。薄膜的制备需要至少有一种能够形成具有充分内聚性的成分。脂类或疏水性物质等可有效阻隔食品中水分的迁移，而多糖和蛋白质等水溶性亲水胶体对水分的阻隔性较差。对于可食用包装，亲水胶体通常比脂类和疏水性物质具有更高的机械性能。复合膜由连续基质和一些内含物组成。食用膜的功能效率很大程度上取决于组分的性质、膜的组成和结构。为了更好地应用于肉制品包装，食用薄膜必须无毒无害，具有良好的防潮能力、颜色外观、机械特性等。

（2）可食性薄膜和涂层的形成　薄膜的形成主要依靠分子间的相互作用力和分子与基片之间的相互作用力。分子间的相互作用力主要与聚合物的性质如分子质量、极性和支链结构有关。可食性薄膜有两种不同的生产工艺，即干法加工和湿法加工。干法加工可食性薄膜的过程中不使用溶剂，熔融浇铸、挤压和热压是干法制膜中较为传统且应用最广泛的方法。该工艺通过浸渍、刷涂和喷涂等方式将液态涂料直接涂在食品上，在干燥过程中，利用聚合物的热塑性特性，通过挤压和压缩成型的方法生产薄膜。湿法加工过程则使用溶剂作为成膜材料的分散介质，然后通过干燥以除去溶剂，形成膜结构。湿法工艺中溶剂的选择非常重要，溶剂应具有可食用和生物可降解的特性。

① 熔融浇铸法：当薄膜和涂层通过熔融浇铸法生产时，蛋白质会迅速溶解到溶剂中，随后在溶剂中添加增塑剂、脂类、多糖或乳化剂进行均质，再经加热来辅助薄膜的形成。最后，通过将所制备的薄膜溶液分别施加到所需的产品表面并使溶剂蒸发从而形成蛋白质涂层或薄膜。食品涂层的形成主要是通过溶剂干燥、浸泡、喷涂或直接将食品放入到薄膜溶液中来实现。

② 挤压成型法：挤出和压缩成型是常用的工业技术，用于形成薄膜。挤压成型法是一种更快、更节能的方法。以乳清蛋白薄膜为例，利用甘油作为增塑剂可生产质地均匀、透明和可流动的乳清蛋白薄片。与熔融浇铸薄膜相比，乳清蛋白薄片具有类似或更强的机械性能。挤出的薄膜的延伸率不受增塑剂用量的影响，其延伸率高于熔融浇铸薄膜，拉伸强度也较高。

2. 可食性包装的基质

包装的作用主要是为防止在贮藏过程中食品内部发生水分流失和减少氧化，改善其感官特性，并抑制食品内微生物的生长繁殖。可食性薄膜或涂层是可食性包装材料中研究最多的，并集中于材料的配比、成膜条件及改性等方面的研究。可食性薄膜或涂层的改性既可以采用化学方法，也可以利用物理方法，如通过紫外线、超声波以及超高压处理，可提高薄膜的拉伸强度和阻湿性能。用于包装肉与肉制品的可食性薄膜或涂层通过将抑菌和抗氧化等活性化合物加入到包装基质来延长肉与肉制品的货架期。在基质中加入特定成分也可改善包装产品的营养和感官特性。

可食性薄膜或涂层必须含有至少一种成膜基质，根据成膜基质的不同可分为脂质膜、多糖膜、蛋白膜和复合膜。脂类或疏水性物质等可有效地阻隔食品中水分的迁移。而多糖和蛋白质等水溶性亲水胶体对水分的阻隔性较差。对于食用包装，亲水胶体通常比脂类和疏水性物质具有更高的机械性能。复合膜由连续基质和一些内含物组成。可食性薄膜或涂层的功效很大程度上取决于组分的性质、膜的组成和结构。为了更好地应用于肉与肉制品包装，可食性薄膜必须无毒无害，并且具有良好的防潮能力、颜色、机械特性等。

（1）多糖类　最常见的多糖薄膜材料包括淀粉及其衍生物、纤维素衍生物、树胶（如阿拉伯树胶、瓜尔胶和黄原胶）、琼脂、海藻酸钠、壳聚糖、几丁质和果胶等。蛋白质可与多糖结合，来修饰和增强薄膜和涂层的力学和阻隔性能。多糖在蛋白质薄膜形成溶液中的使用可以增加其黏度，以提高食品和涂层之间的黏附性。多糖基可食性薄膜或涂层具有优良的力学性能，并具有较高的致密性、黏度和凝胶形成能力。将多糖薄膜应用于肉与肉制品的包装中，可减少其水分损失，提高产品质量。

① 纤维素及其衍生物：纤维素是地球上最丰富的生物聚合物。通过对其化学性质改性可产生各种形式的纤维素衍生物，如羧甲基纤维素（CMC）、甲基纤维素（MC）、羟丙基甲基纤维素（HPMC）或羟丙基纤维素（HPC），这些衍生物也具有优良的成膜性能。所制得薄膜通常是无色无味的，具有较好的薄膜强度、水蒸气和 O_2 渗透性。纤维素膜的透氧性比 LDPE 低。甲基纤维素在纤维素衍生物中的亲水性最低，最耐水。例如，使用 2.5% 甲基纤维素涂层提高了油炸鸡胸肉的烹饪损失。

② 甲壳素和壳聚糖：甲壳素是第二大天然生物高聚物，存在于甲壳类、软体动物、一些节肢动物的外骨骼中。壳聚糖由几丁质经脱乙酰化得到，市售壳聚糖经 85% 脱乙酰化。壳聚糖物理化学性质稳定，生物可降解、无毒性，并具有抑菌特性。与无涂层样品相比，壳聚糖涂层延缓了牛肉饼脂质过氧化进程，改善了肉饼表面的颜色。

③ 淀粉：淀粉种类丰富、成本低、具有良好的机械性能、生物可降解性和热塑性，也可作为可食性薄膜生产的重要来源。例如，木薯淀粉基可食性薄膜无色无害，但纯木薯淀粉薄膜非常易碎，因此，需要添加增塑剂以提高柔韧性。

淀粉由 D– 葡萄糖通过 α–（1，4）糖苷键和 α–（1，6）糖苷键结合而成。

根据来源不同，淀粉由 10% ~ 30% 的直链淀粉和 70% ~ 90% 的支链淀粉组成。直链淀粉为葡萄糖残基通过 α–D–（1，4）糖苷键［少量是 α–D–（1，6）糖苷键］连接形成的线性大分子化合物。支链淀粉是高度分支化的束状葡萄糖多聚物，主链与分支链都是以 α–D–（1，4）糖苷键连接，分支点则以 α–D–（1，6）糖苷键连接，其平均分支链长为 18 ~ 24 个葡萄糖单元，相对分子质量也比直链淀粉大得多，通常达到几百万甚至几亿。淀粉是自然界中来源最丰富的生物聚合物之一，可以从块茎状马铃薯、谷物种子（如玉米、大米和小麦）和根状木薯中提取。淀粉聚合物对水分高度敏感，具有较高的水蒸气渗透性，但机械性能较差，限制了其在包装中应用。天然淀粉的特征形态是结晶分子结构，不具有热塑加工性能，但可在塑化过程中通过改性技术改变其分子结构，使其失去结晶形式，从而得到非结晶材料。食品工业使用最广泛的是热塑性淀粉（TPS）。TPS 生产过程中使用的增塑剂的种类和数量极大程度上决定了最终产品的物理、化学和热性能。

TPS 是一种可替代的生物材料，可用于生产生物塑料，以取代以石油为基础的食品包装。以乙酰化木薯 TPS 和绿茶为原料，采用膨化工艺制备活性膜，能够有效增强肉与肉制品和油基食品的稳定性。例如，该活性薄膜应用于培根的包装，薄膜中的茶多酚物质增强了自由基清除活性（DPPH）和铁离子抗氧化还原能力（FRAP）。同时，能够有效地抑制微生物的生长，减少 MetMb 的形成，从而稳定了培根的颜色。而将该活性薄膜应用于大豆油包装时，能够使产品的脂质过氧化程度降低，这取决于该膜基质的疏水性。

直链淀粉具有良好的成膜性，制得的薄膜具有强度高、无异味和无毒等优点。与支链淀粉相比，直链淀粉形成的薄膜有更高的拉伸强度，其含量的提高可以增加产品的脆性和强度。另外，直链淀粉较容易形成凝胶，其含量越高，越易形成凝胶，而且所形成凝胶的强度也会随之增大。支链淀粉则具有良好的抗老化性能以及增稠作用，但是其冻融稳定性、膨胀性和吸水性略弱于支链淀粉。支链淀粉在淀粉中的含量较高，是淀粉的主要成分，其性能在很大程度上决定了淀粉的性质。随着淀粉的广泛应用，并且因其使用成本较低，淀粉基生物材料受到了广泛关注。然而，淀粉基生物材料与合成聚合物相比，防潮性能和力学性能较差，因此限制了其在食品包装中的应用，需要对生物复合膜改性技术的进一步研究来提高淀粉膜的性能。

（2）蛋白质类　蛋白质类可食性薄膜是以蛋白质为基质的可食性包装材料，按照蛋白质的来源主要分为大豆蛋白膜、小麦面筋蛋白膜、玉米醇溶蛋白膜等。

① 大豆蛋白膜：大豆蛋白是一种成膜性良好的材料，以大豆蛋白为成膜基质，并添加增塑剂可制成可食性薄膜。大豆蛋白膜类似于聚合物塑料薄膜，具有良好的强度、弹性和耐湿性。pH 对大豆蛋白膜的特性具有重要影响，当 pH 为 6 时大豆蛋白膜具有低阻湿、高透氧、低抗张强度和低伸长率的特性，随着

pH 改变，膜的外观随之也发生明显变化。综合来看，大豆蛋白膜具有良好的机械性能和耐湿性，同时具备营养价值高、成膜性好、锁水性强、阻隔 O_2 能力强的特点，能防止肉与肉制品氧化，具有广阔的应用前景。

② 小麦面筋蛋白膜：小麦面筋蛋白是由多肽分子的混合物组成的，是一种球状蛋白质。小麦面筋蛋白分子的凝聚力和弹性使其形成完整的小麦面团从而促进成膜。小麦面筋蛋白可食性膜通过将小麦面筋蛋白溶解于乙醇溶液后经干燥制备而成。制备过程中，小麦面筋蛋白的二硫键在溶液中加热时会发生裂解，会在干燥过程中形成新的二硫键，后者被认为是小麦面筋蛋白膜的重要结构。此外，增塑剂如甘油是改善小麦面筋蛋白膜灵活性的必要材料。小麦面筋蛋白的纯度对膜的形态和机械性能有影响，即其纯度越大，薄膜的强度越大。提高小麦面筋膜的拉伸强度可以通过使用交联剂如戊二醛，或使用热固化的方法。

③ 玉米醇溶蛋白膜：玉米醇溶蛋白是玉米中最重要的蛋白质。这是一种醇溶蛋白，因此需要溶解在 70% ~ 80% 乙醇溶液中。玉米醇溶蛋白是一种具备良好疏水性和热塑性的材料，其疏水性是由于含有较多的非极性氨基酸。玉米醇溶蛋白优良的成膜性能可用于制备生物可降解薄膜。可食性薄膜可以通过干燥玉米醇溶蛋白的乙醇溶液形成。制备过程中，通过添加乙醇或者异丙醇溶液，拉伸强度可以显著增加。玉米醇溶蛋白膜具有良好的水蒸气阻隔性。水蒸气阻隔性也可以通过添加脂肪或交联剂来提高。

④ 胶原蛋白膜和明胶膜：胶原蛋白在动物的结缔组织中含量丰富，在一定条件下可形成可食性薄膜。所形成的膜虽然阻湿性较差，但有较好的机械性能和优良的阻氧性，其阻氧性随环境相对湿度的增加而降低。胶原蛋白膜在香肠、烟熏肉制品的加工中已得到广泛应用。它不仅能保证肉与肉制品的完整性，而且可防止氧气和水蒸气与产品接触，延长货架期。

明胶膜是将胶原物质水解制得的，含有明胶的可食性薄膜可降低 O_2、湿气和油脂的迁移，也可用作抗氧化剂、防腐剂的载体。明胶也可形成胶囊，用于包裹低湿或油状食品成分，隔绝 O_2 和光，保证食品的质量。

⑤ 乳清蛋白膜：乳清蛋白膜是以乳清蛋白为原料，甘油、山梨醇、蜂蜡等为增塑剂制成的可食性包装材料。影响乳清蛋白膜特性的主要因素为乳清蛋白的化学成分，主要是蛋白质的数量和类型。乳清蛋白中富含 β- 乳球蛋白和 α-乳清蛋白，免疫球蛋白的比例较低。此外，脂肪、乳糖、盐和维生素的存在也会影响乳清蛋白作为可食性蛋白膜材料的性能。乳清蛋白基膜具有透水和透氧率低、力学强度高、透明度高的特点。

（3）脂质类　脂质具有极性弱和易于形成致密网络结构的特点，所形成的可食性薄膜阻水性能好。用作保护涂层的脂类化合物包括乙酰化甘油酯、天然蜡和表面活性剂。在包装中应用最多的脂质物质是石蜡和蜂蜡。脂质的疏水特性导致膜较脆，因此它们必须与成膜剂一起使用，如蛋白质或纤维素衍生物。

通常，水蒸气的渗透性随着疏水相的浓度增加而降低。脂质可食性薄膜以聚合物结构基质为支撑来提供机械强度，通常这种聚合物基质为多糖。

① 蜡和石蜡：石蜡是从石油、页岩油或其他沥青矿物油中提取出来的一种烃类混合物。石蜡是被允许用于水果、蔬菜和干酪的包装。巴西棕榈蜡是从棕榈树的叶子中渗出的物质。蜂蜡（白蜡）是由适龄工蜂分泌出来的蜡。蜡被用于阻挡气体和水分的渗透，以及改善各种食品的外观。

② 乙酰甘油酯：甘油单硬脂酸酯通过其与乙酸酐反应生成乙酰甘油酯。乙酰甘油酯显示出蜡样固体的独特特征。该类型薄膜的透气性比多糖薄膜小。目前这些薄膜通常用于肉与肉制品保鲜，以防止在贮藏过程中水分流失。

（4）复合类：复合类可食性薄膜是选取不同的多糖类、蛋白质类和脂类物质，按照一定比例混合后制备而成的一类复合型可食性薄膜。近年来，可食性薄膜的研究集中在复合类薄膜上，旨在发挥每种成分的优势，并最大程度地减少其不利因素，如多糖膜的阻湿性一般较差，因此可通过在其中添加一些极性小的脂质物质如脂肪酸、石蜡等以提高薄膜的阻湿性。国外对 MC、HPMC 等纤维素衍生物和各种固体脂质如蜂蜡、脂肪酸等形成的复合膜进行了广泛的研究，例如在纤维素衍生物薄膜中加入脂质后可大大提高其阻湿性能，其对水蒸气的透过性也得到显著改善。除此之外，目前已知的该类型的薄膜还有包括脂质和羟丙基甲基纤维素薄膜、乳清分离蛋白和脂类薄膜、明胶和可溶性淀粉薄膜、明胶和脂肪酸薄膜、大豆分离蛋白和明胶薄膜、大豆分离蛋白和聚乳酸薄膜等。

3. 可食性包装材料的特性

（1）可食性包装材料可延缓油脂的迁移，降低营养物质损失。

（2）可食性包装材料为可降解材料，即使未被食用，丢弃后也不会污染环境。

（3）可食性包装材料改善食品品质及感官性能，如颜色、光泽、透明度等，可增进食用者食欲。

（4）可食性包装材料还可选择性地控制产品与外界的气体交换。

（5）可食性包装材料具有良好的阻气性能。

（6）可食性包装材料具有良好的机械性能，在运输和搬运过程中能够保证食品较好的完整性。

4. 可食性包装材料的发展趋势

近年来，随着消费者对一些具有较长货架期的食品和天然可生物降解材料的需求逐渐增多，使用可食性的、生物可降解和可再生材料替代部分或全部石油基包装材料成为全球食品包装共同关注的问题。可食性包装材料未来发展前景十分广阔，作为新型食品包装已逐步被市场接受。近年来，一些监管部门批准的新成分如农业原料、动物和海洋生物食品加工副产物在可食性包装中得到应用，既增加了食品包装的多样性，同时也提高了这些副产物的利用率。

（二）生物可降解包装材料

1. 可降解聚合物

生物可降解食品包装材料是以纤维素、蛋白质及多糖等可再生资源为原料，采用先进工艺和设备制备，具有可降解性、安全性及选择通透性等特点。生物可降解食品包装材料主要包括可食涂膜或内包装膜以及一次性外包装膜等。目前，淀粉、蛋白质、纤维素、壳聚糖、聚乳酸等生物聚合物及其衍生物开始用于食品包装。这些生物聚合物用作食品的食用膜或涂层，主要为减少水分损失、防止脂质过氧化等。以下介绍几种主要的生物可降解包装材料。

（1）聚乳酸（PLA）　目前，生物可降解聚合物有聚乳酸（PLA）、聚己内酯（PCL）、聚丁烯琥珀酸酯（PBS）、生物聚酯（PHA）和脂肪族芳香聚酯等，PLA 被认为是最具开发应用价值的可生物降解聚合物，它是由乳酸直接缩合或乳酸二聚体丙交酯开环聚合而形成的高分子，而乳酸主要来源于自然界十分丰富的可再生植物资源如玉米淀粉、甜菜糖等的发酵。PLA 在自然环境中可被水解或被微生物最终降解为 CO_2 和水，对人体无害无毒，对环境无污染，对其进行堆肥或焚烧处理也不会带来新的环境污染，因而是一种天然的、可降解的环保材料，也是被认为是最有应用前景的生物可降解材料。

PLA 是一种线性的热塑性聚酯，为透明的或浅黄色物质，具有优异的热物理性能和成膜性能。从乳酸转变成高分子质量的 PLA 有两种路径：一种是在溶剂存在条件下由乳酸直接缩合；另一种是由乳酸的环状二聚物也就是丙交酯作为中间体来合成，不需要溶剂。因为乳酸有三种同分异构体，所以在缩聚后也有三种 PLA，分别是聚 L- 乳酸（PLLA）、聚 D- 乳酸（PDLA）和聚 D，L- 乳酸（PDLLA）。由于三种乳酸的性质不同，聚合得到的 PLA 各方面的性质也有差异。挤出成型技术是 PLA 薄膜制备中最常用的技术。PLA 基材料通常易碎但很坚硬，通过添加增塑剂可以增强其机械性能。淀粉经过发酵可制成 L- 乳酸单体，再与脂质复合后制成薄膜可显著提高膜的阻湿性能，其对水蒸气的透过性与合成包装材料 LDPE 相当。

（2）聚碳酸亚丙酯（PCC）　PPC 是由环氧丙烷和 CO_2 在非均相催化条件下得到的一种规则的交替共聚物，为非晶聚合物，分子链柔性较大且相互作用力小，力学性能较差，可通过共混对其进行加工改性，是一种完全降解的环保型塑料。高分子聚合物 PPC 分子链中含有碳酸酯基，其分子链中的碳酸基团与其他基团交替排列，根据酯基结构的不同可分为脂肪族、芳香族和脂肪族 – 芳香族等多种类型。用丁二酸酐对 PPC 进行改性处理，经单螺杆挤出机可以制备淀粉 /PPC 共混物。丁二酸酐增强了淀粉与 PPC 的相互作用，使其力学性能及热稳定性提高。淀粉与 PPC 有良好的界面黏结性，从而提高了复合材料的拉伸强度、热稳定性和刚性。当淀粉的含量达到 60% 时，其拉伸强度最大。

2. 生物可降解包装材料的特性

生物高聚物薄膜在食品包装中的应用，有利于提高食品包装的质量，延长食品的货架期。然而，由于生物高聚物的低机械性能和低水蒸气阻隔性能，其应用存在局限性。因此，越来越多的研究致力于通过生物可降解分子材料与其他物质复合，以提高其性能。如淀粉、蛋白质和 PLA，往往通过添加增塑剂以提高其延伸性和弹性。目前，淀粉、蛋白质和 PLA 及其复合材料制成的包装材料已应用于肉制品、海鲜、水果蔬菜的包装。

3. 生物可降解包装材料的发展趋势

作为环境友好型材料，生物可降解材料的运用与研发实现了对塑料包装材料使用的有效控制，能够在有效降低食品包装对于环境所造成的压力的同时，推动包装行业的持续性发展，对包装行业的发展产生了积极影响。可降解包装材料目前因为技术、成本等问题还没有普遍应用，只是作为石油基塑料的补充物而使用，对生物可降解包装材料和不可降解多层包装之间的应用适宜性还存在争议。研发性能优异的新型可降解包装材料是全国包装行业的重点，生物可降解包装材料替代传统石油基塑料是包装行业不可阻挡的趋势。

二、绿色环保包装材料在肉与肉制品包装中的应用

肉与肉制品极易腐败，腐败后容易引起食源性疾病。肉与肉制品的可食性包装和涂层通过将活性化合物（如抑菌和抗氧化化合物）加入包装基质来提高肉与肉制品的货架期。

（一）绿色环保包装材料在冷鲜肉包装中的应用

绿色环保包装材料可以防止外界微生物的侵入，减少肉与外界空气接触，改变肉表面的气体环境，并且还可减少肉汁液流失，从而在一定时期内保持冷鲜肉的品质，以达到防腐保鲜的目的。绿色环保包装材料在冷鲜肉包装中的应用详见表 3–3。

表 3–3　　　　　　　　绿色环保包装材料在冷鲜肉包装中的应用

包装材料	肉类	应用效果
含有茶多酚和二烯丙基硫代亚磺酸酯的可食性大豆蛋白膜	冷鲜牛肉	保鲜效果显著，可有效保持冷鲜牛肉的新鲜度，延长冷鲜肉的保质期
明胶 – 壳聚糖复合膜	猪肉	防止细菌对猪肉的侵染，对猪肉起到了较好的保鲜效果
壳聚糖 – 茶多酚涂膜	冷鲜牛肉	保鲜效果较好，有效延长了冷鲜牛肉的货架期

续表

包装材料	肉类	应用效果
海藻酸钠、壳聚糖、羧甲基纤维素钠三种多糖可食性薄膜	冷鲜牛肉	海藻酸钠膜处理使牛肉的货架期延长，与壳聚糖和羧甲基纤维素钠相比是比较理想的牛肉涂膜保鲜材料
含有 5%（体积分数）牛至精油和百里香精油的大豆蛋白膜	新鲜碎牛肉	对新鲜碎牛肉中大肠杆菌和金黄色葡萄球菌有显著抑制效果
含有 20%（体积分数）蔷薇和迷迭香精油的开菲尔多糖/聚氨酯复合膜	鸵鸟肉	显著抑制鸵鸟肉中乳杆菌、大肠杆菌及金黄色葡萄球菌活性，延长肉货架期
含有 1%（体积分数）TiO$_2$ 纳米颗粒和 20g/L 迷迭香精油的乳清分离蛋白/纤维素纳米复合膜	冷鲜羊肉	薄膜机械性能较好，且能显著抑制羊肉中微生物生长繁殖，对革兰阳性菌抑制作用显著，将冷鲜羊肉货架期 9d
壳聚糖/氧化石墨烯复配涂膜	冷鲜猪肉	提高冷鲜猪肉贮藏过程中色泽稳定性
儿茶素、淀粉/PVA 薄膜	牛肉	抑制牛肉贮藏过程中微生物的生长
PBAT 食品包装薄膜	猪肉	有效抑制猪肉表面细菌生长，将猪肉的货架期延长 12 ~ 15d
PPC/PVA/PPC 薄膜	牛肉	有效地抑制牛肉的菌落菌数（TVC）和 TVB-N 值的升高
百里香、牛至精油大豆蛋白薄膜	冷鲜牛肉	抑制食源性微生物，提升肉品颜色稳定性
含有柠檬醛、槲皮素的高粱醇溶蛋白薄膜	鲜鸡肉片	抑制氧化、微生物生长繁殖
纤维素酶、羟丙基甲基纤维素/壳聚糖薄膜	猪肉	稳定肉色，减缓氧化，抑制微生物生长繁殖
异硫氰酸烯丙酯、月桂酸精氨酸酯、玉米生物纤维胶/壳聚糖薄膜	火鸡肉	显著抑制单增李斯特菌、沙门氏菌、大肠杆菌的生长
ZnO 纳米颗粒、姜精油、罗非鱼皮明胶薄膜	鲜猪肉	减缓氧化，抑制微生物生长繁殖
琼脂/马铃薯淀粉、紫薯花青素薄膜	冷鲜猪肉	监测肉品腐败情况，延长货架期
淀粉/海藻酸钠/壳聚糖、茶多酚薄膜	冷鲜猪肉	抑制贮藏过程中脂质过氧化
壳聚糖、肉桂精油、姜精油薄膜	猪肉切片	抑制微生物生长繁殖和脂质过氧化
壳聚糖（20g/L）、肉桂精油［1.5%（体积分数）］薄膜	虹鳟鱼肉	抑制脂质过氧化，改善色泽
琉璃苣提取物（500g/L）、鱼油胶（40g/L）薄膜	竹荚鱼肉	抑制脂质过氧化

续表

包装材料	肉类	应用效果
鱼油胶（40g/L）、山梨糖醇和甘油薄膜	竹荚鱼肉	抑制脂质过氧化，减缓水分流失
鸡蛋蛋白（7g/L）、甘油［2%（体积分数）］和丙二醇［10%（体积分数）］薄膜	鸡胸肉	延长货架期
κ-卡拉胶［2%（质量分数）］、卵铁传递蛋白［25%（质量分数）κ-卡拉胶］薄膜	鸡胸肉	抑制大肠杆菌生长
茶多酚、维生素C、海藻酸钠薄膜	鲂鱼肉	延缓TBARS、TVB-N升高，降低鱼的水分损失，提高鱼肉的整体感官质量
马铃薯淀粉、绿茶提取物薄膜	牛肉	延缓牛肉的TBARS升高，抑制牛肉蛋白质氧化
玉米淀粉、柠檬酸薄膜	牛肉	延缓牛肉的TBARS升高，维持肉色稳定
海藻酸钠、迷迭香、牛至精油薄膜	牛肉	延缓牛肉氧化进程，降低牛肉水分流失，保留牛排的风味和色泽，提高牛肉整体接受度
乳清蛋白牛至精油薄膜	牛肉	延缓牛肉的TBARS值升高，抑制牛肉的脂质过氧化
绿茶、红茶和乌龙茶提取物谷物蛋白薄膜	猪肉	可有效抑制脂质过氧化，延长猪肉的货架期，其中含有绿茶提取物的可食性膜抗氧化效果最好
橘皮精油、壳聚糖薄膜	虾肉	可有效延长鲜虾的货架期至15 d
20g/L的壳聚糖醋酸溶液	猪肉	一级鲜度货架期延长6d
以牛至和甜椒精油为基质的乳蛋白膜	牛肉	抑制大肠杆菌和假单胞菌生长
含有乳酸钠和ε-聚赖氨酸（ε-PL）的乳清蛋白膜	牛肉	能够有效抑制牛肉表面细菌增殖
果胶-迷迭香精油复合膜	牛肉	显著减缓牛肉贮藏过程中pH、色度、菌落总数、TBARS和TVB-N的上升，延长保质期至24d
甜瓜皮多酚复合薄膜	牛肉	可显著改善肉样的pH和色度，延缓TBARS和TVB-N的升高
艾草黄酮复合薄膜	鸡胸肉	可有效延长鸡胸肉的货架期
3g/L的原花青素复合薄膜	猪肉	能有效抑制TVB-N和细菌总数，特别是能有效抑制大肠菌群
3g/L和6g/L藿香提取物复合薄膜	冷鲜猪肉	能在一定程度上维持冷鲜肉的鲜红色泽，并赋予其特有的清香气味，保鲜效果较好。在4℃条件下货架期可达25～33d

续表

包装材料	肉类	应用效果
α-三联噻吩与明胶、甘油一起制作而成的抑菌膜	猪肉	α-三联噻吩对冷鲜肉具有一定的抑菌保鲜效果
2g/L 花椒提取物和 1.5g/L 乳酸链球菌素复合薄膜	冷鲜猪肉	减缓过氧化值增长，降低汁液流失率和微生物生长繁殖速率
75mg/kg 乳酸链球菌素（Nisin）保鲜剂	牛肉	延长货架期 2 ~ 4d
5g/L 茶多酚和 15g/L 溶菌酶复合薄膜	猪肉	延长货架期 3 ~ 6d
2g/L 和 3g/L 的辣椒籽乙醇提取物复合薄膜	猪肉	能显著抑制冷鲜肉的菌落总数、pH、TBARS、POV、TVB-N 的增加，延长其货架期
植物乳杆菌 7-1 的马铃薯淀粉复合膜	鸡脯肉	保鲜效果较明显，可以有效抑制细菌的生长，抑制保藏过程中汁液的流失和脂质过氧化。可以保存鸡肉 10d 以上，且在贮藏过程中起到了一定的护色作用
0.80%（体积分数）孜然、0.70%（体积分数）花椒、0.50%（体积分数）肉桂精油复合膜	冷鲜羊肉	对羊肉中 7 种主要的腐败菌和致病菌起抑制作用。货架期从 8d 延长至 16d
甘露聚糖复合膜	鸡胸肉	可以延长鸡胸肉二级鲜度至 18d
4g/L 大蒜提取物复合膜	冷鲜猪肉	有较好的保鲜效果，且对冷鲜猪肉的颜色影响不大，还有一定的抗氧化能力
孜然、花椒、肉桂、吐温 -80 的复配精油复合膜	藏羊肉	抑制微生物的生长和减缓 TVB-N 的升高，将藏羊肉的货架期由 15d 延长至 24d
洋葱、生姜和大蒜提取物复合膜	猪肉	显著抑制冷鲜肉冷藏过程中感官评分下降，延缓汁液流失率及 pH 的上升，提高冷鲜肉的保水能力，有效阻止 TBARS 及 TVB-N 的升高，可将冷鲜肉的货架期延长到 12d

聚己二酸/对苯二甲酸丁二酯（PBAT）是一种环保型生物可降解材料，在 PBAT 中加入抑菌剂制备抑菌活性食品包装薄膜，能够提高 PBAT 的综合性能，拓宽 PBAT 在食品包装方面的应用范围。目前，通常以壳聚糖、淀粉、羧甲基纤维素、魔芋葡甘聚糖、谷朊粉、胶原蛋白等作为制备可降解保鲜膜的基质，以应用于冷鲜肉的保鲜，其中用明胶和壳聚糖制备的可降解复合膜具有较高的吸湿特性。壳聚糖和海藻酸钠复合膜、含蜂蜡的复合膜及含丁香油的复合膜均可抑制腐败微生物的生长，减缓 TVB-N 的升高和水分的蒸发。其中含蜂蜡的复合膜和含丁香油的复合膜可将冷鲜牛肉货架期延长 1 ~ 2d。制备生物可降解高阻隔复合薄膜，并结合现代包装技术，可使冷鲜羊肉的货架期达到 24d，该薄膜结合真空包

装可使冷鲜猪肉的货架期达到 29 ~ 32d。因此，将生物可降解材料制备的保鲜膜应用于冷鲜肉保鲜具有良好的市场前景。

（二）绿色环保包装材料在肉与肉制品包装中的应用

目前，以生物可降解材料为基质，添加天然提取物质的活性包装膜在肉与肉制品中的应用具有可行性。例如，在包装膜中添加细菌素、酶和多肽类物质，能够延缓肉制品中病原微生物和腐败微生物的生长。同时，使用乳酸增强剂结合气调包装来保证肉色稳定性。绿色环保包装材料在肉与肉制品包装中的应用及其应用效果详见表 3–4。

表 3–4　　绿色环保包装材料在肉与肉制品包装中的应用及其应用效果

包装材料	肉与肉制品	应用效果
牛至精油乳清蛋白薄膜	葡萄牙香肠	抑制氧化、微生物生长繁殖
异硫氰酸烯丙酯、月桂酸精氨酸酯、玉米生物纤维胶 / 壳聚糖薄膜	即食火鸡	显著抑制单增李斯特菌、沙门氏菌、大肠杆菌的生长
明胶 / 淀粉、姜黄薄膜	香肠	抑制微生物，显著延长保质期，稳定香肠品质
精油 – 乳清蛋白膜	香肠	对香肠中微生物的抑制效果显著，香肠货架期延长 15 ~ 20d
绿茶提取物的壳聚糖薄膜	猪肉肠	有效抑制冷藏过程中的脂质过氧化和微生物生长，从而保证了香肠的感官品质和肉色稳定性
肉桂和迷迭香混合精油、乳清蛋白膜	意大利腊肠	腊肠的脂质过氧化值显著降低，同时提高了肉色稳定性，最终达到延长货架期的效果
丁香酚玉米醇溶蛋白复合薄膜	牛肉饼	样品表现出较强的抗氧化性，脂质过氧化水平显著降低，且肉色稳定性较好
羧甲基纤维素、苹果皮粉薄膜	牛肉饼	显著抑制嗜中温好氧菌、霉菌、酵母菌和肠道沙门菌生长，并抑制牛肉饼的氧化
细菌纤维素、Nisin（10000 IU/mL 细菌纤维素胶）薄膜	香肠	抑制李斯特菌和好氧菌的生长繁殖
大豆蛋白（50g/L）、百里香精油和牛至叶精油 [1% ~ 5%（体积分数）]薄膜	牛肉饼	抑制大肠杆菌和金黄色葡萄球菌生长
海藻酸 [2% ~ 6%（体积分数）]、柠檬酸（2g/L）、抗坏血酸钠（2g/L）薄膜	牛肉饼	控制菌落总数，抑制酵母、霉菌、嗜冷微生物的生长，改善色泽、风味等感官品质，抑制脂质氧化

续表

包装材料	肉与肉制品	应用效果
壳聚糖（20g/L）、醋酸［1%（体积分数）］、丙酸［1%（体积分数）］薄膜	火腿	抑制大肠杆菌、液化沙雷氏菌（*Serratia liquefaciens*）的生长
百里香、牛至精油大豆分离蛋白薄膜	牛肉饼	可有效控制牛肉饼在贮藏过程中的氧化
柠檬酸、维生素C、海藻酸钠薄膜	牛肉饼	有效地抑制脂质过氧化
玉米醇溶蛋白、丁香油酚薄膜	牛肉饼	有效地抑制脂质过氧化
乳清蛋白、肉桂、迷迭香薄膜	香肠	抑制脂质过氧化，延长香肠的货架期
壳聚糖、茶多酚薄膜	狮子头	有效地抑制脂质过氧化
乳清蛋白、海藻提取物薄膜	鸡胸肉	抑制脂质过氧化
香芹酚 – 淀粉复合薄膜	碎牛肉、汉堡牛肉饼	产气荚膜梭菌和大肠杆菌均显著减少
丁香精油（0.05g/kg）和青花椒油（0.1g/kg）-淀粉复合薄膜	酱卤鸭肉	TVB–N较低，可抑制脂质过氧化，将货架期由10d延长至12d。

近年来，食品行业正朝着便捷化、安全性方向迅速发展。当前越来越多的食品以熟制状态呈现，颇受市场欢迎。但是，传统肉制品包装工艺造成的环境污染也在不断加剧。在此背景下，研究可降解的活性包装对于提高肉制品的质量和档次以及促进绿色环保的发展具有现实意义。生物可降解包装不仅能为肉制品提供抑菌、抗氧化等方面的保护作用，而且能够减少环境污染，符合绿色生态环保的发展理念，有助于实现肉与肉制品包装产业的可持续发展。

第三节　纸类包装材料及其在肉与肉制品包装中的应用

纸是由植物纤维制成的薄片，是人类使用最早的软包装材料。早在16世纪中期人类开始用纸来包装食物。我国是世界上最大的纸类生产国，其次是欧洲、北美洲和拉丁美洲，纸类包装材料的用量在逐年增大。纸类包装材料具有一定的机械强度，可生物降解，并且具有良好的可印刷性，但对O_2、CO_2和水蒸气的阻隔性能较差。目前，纸类包装制品有纸箱、纸盒等容器，其中瓦楞纸板及纸箱占据着纸类包装的主体地位。各式各样的复合纸和纸板也逐渐出现在人们的视野中，极大地丰富了包装材料的选择范围。

一、纸类包装材料的特点及性能指标

（一）纸类包装材料的特点

1. 原料来源广，生产成本低

纸和纸板生产原料为天然植物，来源丰富，适合大批量生产，成本低廉。

2. 保护性能优良

与其他包装容器比较，纸箱既具有良好的力学强度，又有较好的缓冲性能，隔热、遮光，防潮、防尘，能很好地保护内装商品。

3. 加工贮运方便

纸和纸板易于裁切、折叠、黏合或钉接，形成形状各异和功用不同的纸箱、纸盒、纸袋等包装容器，既适合机械化加工和自动化生产，又可以通过手工制造出造型优美的包装。并且，包装前的纸制品可折叠起来储运，节省空间，降低了成本。

4. 印刷性能优良

纸和纸板能很好地吸收油膜和涂料，易于印刷，字迹清晰牢固，利于促销。

5. 安全卫生

纸和纸板包装材料无毒无味、无污染，安全卫生，不会污染包装内容物。

6. 绿色环保，易于回收处理

纸和纸板质量较小，便于运输，纸包装容器可以回收利用，也可以再生造纸，即使丢弃后也能在短期内降解，不会污染环境。

7. 复合加工性能好

纸和纸板是复合材料的基材之一，与其他材料如塑料、铝箔等复合后包装功能更加完善，能广泛应用于强度要求高、防潮防水、易热封以及高阻隔性能包装领域。

（二）纸和纸板的质量指标

随着纸和纸板最终应用的日益多样化，需要从各个方面对其性能进行合理评估。

1. 物理性能

（1）厚度　厚度是材料两个外表面之间的垂直距离，是纸张的重要参数之一，影响纸张和纸板的各种性能，包括硬度和渗透性。具体测定方法参考 GB/T 451.3—2002《纸和纸板厚度的测定》。

（2）水分含量　水分含量是包装材料的一个重要参数。将样品在热风炉中加热至恒重，以排出水分。两次称重之间的差异为水分含量。这种方法适用于一般的纸和纸板，尤其适用于经一定程度防水处理的纸和纸板。具体测定方法参考 GB/T 461.3—2005《纸和纸板　吸水性的测定（浸水法）》。

（3）定量　表示为每平方米纸的质量，单位 g/m²。具体测定方法参考 GB/T 451.2—2002《纸和纸板定量的测定》。

（4）纸面方向　纵向：与造纸机运行方向平行的方向；横向：与造纸机运行方向垂直的方向。纸与纸板的许多性能都有显著的方向性，如抗拉强度和耐折度，纵向大于横向，撕裂度则横向大于纵向。正面：指抄纸时与毛毯接触的一面，也称毯面；反面：指抄纸时贴向抄纸网的一面，也称网面。纸张的反面有网纹而比较粗糙、疏松，正面则比较平滑、紧密。具体测定方法参考 GB/T 450—2008《纸和纸板　试样的采取及试样纵横向、正反面的测定》。

（5）平滑度　指在规定真空度下使定量容积的空气透过纸样与玻璃面间的缝隙所用的时间，单位 s。具体测定方法参考 GB/T 456—2002《纸和纸板平滑度的测定（别克法）》。

（6）施胶度　指用标准墨画线后不发生扩散和渗透的线条的最大宽度，单位 mm。具体测定方法参考 GB/T 460—2008《纸施胶度的测定》。

2. 机械性能

（1）耐折性　耐折性是测试反复折皱或折叠的纸张使用性能的标准。耐折性反映了纸张的耐久性和其他试验无法获得的性能。纸的耐折性是在通过一定的力拉伸后再来回折叠直到纸张断裂之前测量纸的拉伸所需的折叠次数。耐折性的测定主要采用双折试验机，机器以曲轴作往复推拉动作，速度可调、挠折角度可调、自动计数，每分钟可产生 90 ～ 120 倍的折叠。具体测定方法参考 GB/T 457—2008《纸和纸板　耐折度的测定》。

（2）戳穿强度　戳穿强度是指用一定形状的角锥穿过纸板所需的功，即包括开始穿刺及使纸板撕裂弯折成孔所需的功，反映纸板承受锐利物体冲撞的抵抗能力。具体测定方法参考 GB/T 2679.7—2005《纸板　戳穿强度的测定》。

（3）耐破度　是表征纸张强度和韧性的综合性指标，是衡量纸张在各种应用中适用性的一个指标。具体测定方法参考 GB/T 454—2020《纸　耐破度的测定》。

（4）抗张强度　抗张强度是最常用的纸张强度指标，指在标准试验方法规定的条件下，单位宽度的纸或纸板断裂前所能承受的最大拉力。大多数抗张强度的测定采用摆锤来施加负荷，摆锤可以在直立的支架上自由转动。纸张夹在两个夹子中间（在施加负荷时，两个夹子可以移动），用手柄或电动机把摆锤从垂直的静止位置摆出来，这样就能在纸样上施加负荷，最后使纸张裂断。具体测定方法参考 GB/T 12914—2018《纸和纸板　抗张强度的测定　恒速拉伸法（20rn/min）》。

（5）边压强度　边压强度通常也称组合板的短柱强度，根据纸张所承受的最大力，计算出边缘抗压强度。边压强度是影响瓦楞纸箱抗压强度的因素之一。

具体测定方法参考 GB/T 6546—2021《瓦楞纸板　边压强度的测定》。

（6）伸长率　指纸和纸板受到拉力直到拉断，长度增加与原试样长度之比。具体测定方法参考 GB/T 459—2002《纸和纸板伸缩性的测定》。

3. 光学性能

（1）透明度　指可见光透过纸的程度，以清楚地看到底样字迹或线条的试样层数来表示。具体测定方法参考 GB/T 2679.1—2020《纸　透明度的测定　漫反射法》。

（2）白度　指白或近白的纸对蓝光反射率所显示的白净程度，用标准白度计对照测量。用反射百分率（%）表示。具体测定方法参考 GB/T 7975—2005《纸和纸板　颜色的测定（漫反射法）》。

4. 化学性能

（1）酸碱度　纸在制造过程中，由于方法不同，使纸呈酸性或碱性。酸性或碱性大都会使纸的质量显著降低，必须严格控制。对于直接接触食品的包装用纸，还要考虑是否对食品有影响。具体测定方法参考 GB/T 1545—2008《纸、纸板和纸浆　水抽提液酸度或碱度的测定》。

（2）纸、纸板和纸浆纤维组成的分析方法见 GB/T 4688—2020《纸、纸板和纸浆　纤维组成的分析》。

二、包装用纸和纸板

（一）包装用纸和纸板的分类及规格

1. 纸和纸板的分类

纸类产品分纸和纸板两大类，定量在 255g/m² 以下或厚度小于 0.1mm 的称为纸，定量在 255 g/m² 以上或厚度大于 0.1mm 的称为纸板。

2. 纸和纸板的规格

纸和纸板可分为平板和卷筒两种规格，其规格尺寸要求：平板纸要求长度和宽度，卷筒纸只要求宽度。

国产卷筒纸的宽度尺寸有 1940mm、1600mm、1220mm、1120mm、940mm 等规格。进口的牛皮纸、瓦楞原纸等的卷筒纸，其宽度有 1600mm、1575mm、1295mm 等；平板纸和纸板的规格尺寸主要有 787mm×1092mm、880mm×1092mm、850mm×1168mm 等。

（二）包装用纸

纸是通过打浆将木屑分解成含有木纤维的纸浆，然后用碱或酸处理纤维而制成的。经过处理后，纤维通过一系列滚筒压成纸。在制备过程中通过施胶及其他添加到纸浆中的化学物质来决定纸张最终的特性。

包装用纸品种很多，食品包装中常用纸张可以简要分类如下。

1. 牛皮纸

牛皮纸是通过硫酸盐处理工艺生产的。牛皮纸有多种颜色可供选择，如未漂白的天然棕色或漂白的白色。天然牛皮纸是所有纸张中硬度最强的，通常用于袋子包装，主要应用于包装畜禽肉、面粉、糖、干果和蔬菜。

牛皮纸的主要技术指标见 GB/T 22865—2008《牛皮纸》。

2. 亚硫酸盐纸

亚硫酸盐纸比牛皮纸更轻薄。亚硫酸盐纸通过上釉以改善其外观并增加其强度和对油的抵抗性，可以通过涂层以获得更高的印刷质量，主要用于制作小袋子或包装饼干和糖果的包装纸。

3. 防油纸

防油纸是通过打浆的过程制成的，其中纤维素经历长期的水合期，导致纤维破碎成凝胶状。防油纸耐油、有利于水分迁移，主要用于包装休闲食品、饼干、糖果等。

4. 涂布纸

涂布纸主要是在纸表面涂布沥青、LDPE、PVDC 乳液、改性蜡等，使纸的性能得到改善。如 PVDC 乳液涂布纸表面非常光滑、无味，可用于极易受水蒸气损害，特别是需要隔绝 O_2 的食品包装。此外，还可以涂布防锈剂、防霉剂、防虫剂等制成防锈纸、防霉纸、防虫纸等。

涂布纸的主要技术指标见 GB/T 10335.5—2008《涂布纸和纸板　涂布箱纸板》。

5. 玻璃纸

玻璃纸也称再生纤维素，是一种几乎透明的纸，表面光滑、耐油，略脆。它是由一种防油纸经过机械和热力作用而产生的，1908 年由瑞士纺织工程师发明，通过对纯纤维素纸浆进行复杂的化学转化开发出的一种材料。玻璃纸是多年来唯一应用在透明包装产品的纸质材料。它是以木浆为原料，先用碱处理，然后与 CS_2 反应生成纤维素磺酸钠，将其溶解在稀碱液中成为橙黄色纤维素凝胶。将凝胶从一条狭缝中喷入凝固液中，得到再生纤维素薄膜，最后经一系列洗涤、脱硫、漂洗、塑化而得到透明度较高的玻璃纸。玻璃纸透明性极好，质地柔软，厚薄均匀，同时具备优良的光泽度、印刷性、阻气性、耐油性和耐热性，且不带静电。但是，它的防潮性差，遇潮后易起皱和粘连，撕裂强度较小，干燥后发脆，不能热封。玻璃纸和其他材料复合，可以改善其性能。为了提高其防潮性，可在普通玻璃纸上涂一层或两层树脂（硝化纤维素、PVDC 等）制成防潮玻璃纸。在玻璃纸上涂蜡可以制成蜡纸，与食品直接接触，有很好的保护性。

玻璃纸的主要技术指标见 GB/T 24695—2009《食品包装用玻璃纸》。

6. 羊皮纸

羊皮纸又称植物羊皮纸或硫酸纸，是将未施胶的化学浆纸在 15℃左右浸入

72%硫酸中处理，待表面纤维胶化（即羊皮化）后，经洗涤并用1～4g/L碳酸钠溶液中和残酸，再用甘油浸渍塑化，形成质地紧密、坚韧的半透明乳白色双面平滑纸张。由于采用硫酸处理而羊皮化，因此也称硫酸纸。羊皮纸不起毛、无异味、耐油脂。由于其耐油脂性和耐水性，羊皮纸很容易从食物中剥离而不被弄脏，因此通常用羊皮纸制成适用于油脂含量较高的食品的标签。

7. 蜡纸

蜡纸提供了防止液体和蒸汽渗透的屏障。许多原纸适合打蜡，包括防油纸和玻璃纸。主要类型是湿蜡、干蜡和蜡层。湿蜡纸在一面或两面具有连续的表面膜，这是通过对纸张涂蜡后立即进行冷却来制备的，从而使纸张表面具有较好的光泽。干蜡纸是用加热的滚筒生产的，表面没有连续的薄膜。因此，暴露在外的纤维起到芯线的作用，并将水分输送到纸张中。蜡的主要用途是提供防潮层和热封层。

（三）包装用纸板

纸板有多种形式（白板、实心板、刨花板、纤维板、瓦楞纸板等），主要用于二次包装，方便食品的搬运和配送。

1. 白纸板

白纸板由几层漂白的化学浆料制成，通常用作纸箱的内层。白纸板可以用蜡涂覆或与PE层压以具有热封性，并且可以用作纸板箱的内层与食物直接接触。

2. 瓦楞纸板

瓦楞纸板是由一层或多层瓦楞纸黏合而成的复合纸板。瓦楞纸板具有较好的弹性和延伸性。主要用于制作纸箱、纸箱的夹心以及易碎商品的包装。

三、包装纸箱

（一）瓦楞纸箱的特性和基本形式

1. 瓦楞纸箱的特性

（1）轻便、牢固、缓冲性能好　瓦楞纸板是空心结构，用最少的材料构成刚性较大的箱体，轻便牢固。由于纸板结构中60%～70%的体积是空的，因此具有良好的减震性能。

（2）原料充足，成本低　生产瓦楞纸板的原料很多，边角木料、竹、麦草、芦苇等均可。故其成本较低，价格仅为同体积木箱的一半左右。

（3）加工简便　瓦楞纸箱的生产可实现高度的机械化和自动化，用于产品的包装也可实现机械化和自动化操作，同时便于装卸、搬运和堆码。

（4）贮运方便　空箱在运输和存放过程中可折叠或平铺展开，节省运输工具和库房的有效空间，提高其使用效率。

（5）使用范围广　瓦楞纸箱包装物品范围广，与各种覆盖物和防潮材料结合制造，更加拓展了其使用范围，如防潮瓦楞纸箱可包装水果、蔬菜；加塑料薄膜覆盖的瓦楞纸箱可包装易吸潮食品；使用塑料薄膜衬套后在箱中可形成密封包装，可以包装液体、半液体食品。

（6）易于印刷装潢　瓦楞纸板有良好的吸墨能力，印刷装潢效果好。

2. 瓦楞纸箱的基本箱型与代号

瓦楞纸箱的型式由内装物的种类而定。瓦楞纸箱内可以使用隔板、衬垫、底座等纸箱配件。瓦楞纸箱的箱型代号由四位数字组成，前两位数字表示箱型种类，后两位数字表示同一类箱型中不同的纸箱式样。常见的瓦楞纸箱箱型种类如下：

（1）开槽型（02型）　通常由一片瓦楞纸板组成，由顶部及底部折片构成箱底和箱盖，通过钉合或黏合等方法制成纸箱。运输时可以折叠，使用时将箱盖和箱底封合。

（2）套合型（03型）　由两个以上独立部分组成，即箱体和箱盖（有时也包括箱底）分离。纸箱正放时，顶盖或底盖可以全部或部分盖住箱体。

（3）折叠型（04型）　通常由一片瓦楞纸板组成，不需钉合或胶带黏合，甚至一部分箱型不需要黏合剂黏合，只需折叠即可成型，还可设计锁口、提手和展示牌等结构。

（二）瓦楞纸箱的材料及尺寸

1. 材料

（1）制造瓦楞纸箱所使用的瓦楞纸板，各项技术指标应符合 GB/T 6544—2008《瓦楞纸板》的规定，成箱后取样进行检测的纸板强度指标允许低于标准规定值的 10%。

（2）钉合瓦楞纸箱应采用宽度 1.5mm 以上的经防锈处理的金属线，钉线不应该出现锈斑、剥层、龟裂或其他使用上的缺陷。

（3）黏合瓦楞纸箱应使用有足够黏合强度的符合有关标准规定的黏合剂。

2. 尺寸与偏差

（1）瓦楞纸箱的外尺寸应符合 GB/T 4892—2021《硬质直方体运输包装尺寸系列》的规定。瓦楞纸箱的长、宽比一般不大于 2.5:1；高、宽比一般不大于 2:1、不小于 0.15:1。

（2）瓦楞纸箱的规格通常用内尺寸、展开尺寸（或制造尺寸）或外尺寸表示（单位为 mm），其规定如下。

① 内尺寸：瓦楞纸内的净空尺寸，以长、宽、高的顺序表示；

② 展开尺寸：瓦楞纸箱展开时压线之间的尺寸，以长、宽、高的顺序表示；

③ 外尺寸：瓦楞纸箱的外形尺寸，以长、宽、高的顺序表示。

（3）瓦楞纸箱的尺寸公差为单瓦楞低箱 ±3mm，双瓦楞纸箱 ±5mm。

（三）瓦楞纸箱的技术标准和物理性能

1. 瓦楞纸箱的技术标准

通用瓦楞纸箱国家标准 GB/T 6543—2008《运输包装用单瓦楞纸箱和双瓦楞纸箱》适用于运输包装用单瓦楞纸箱和双瓦楞纸箱。

2. 瓦楞纸箱的物理性能

瓦楞纸箱的物理性能主要包括因包装强度不足引起的包装破坏和变形。

（1）包装纸箱的主要破坏方式　① 在包装箱装载、封闭、堆垛、贮存及运输过程中，箱体材料中产生垂直方向的压缩，当包装强度不足时而引起包装破坏；② 在运输及装卸过程中，产生水平方向的压缩而引起包装破坏；③ 包装过程中包装箱跌落时，由于动载荷会使包装产生轴向拉伸而引起包装破坏；④ 在使用过程中，当强行从包装箱取商品时，包装箱会发生边缘撕裂。

（2）纸箱包装的主要变形形式　① 包装在运输及使用过程中由于静载荷或动载荷产生变形；② 由于外力作用在包装件某一部位形成集中载荷，使包装破裂或产生永久变形时造成包装件的变形。

包装件变形值的大小及其所能承受的最大载荷取决于纸箱的包装强度，而纸箱的包装强度取决于纸板材料的结构性质。影响瓦楞纸箱强度的因素可分为两类：一类是瓦楞纸板自身的特性，它是决定瓦楞纸箱抗压强度的主要因素，主要包括原纸的抗压强度、瓦楞楞型、瓦楞纸板种类、瓦楞纸板的含水量等因素；另一类是在设计、制造及流通过程中产生影响的可变因素，主要包括箱体尺寸比例、印刷面积与印刷设计、纸箱的制造技术、制箱机械的缺陷和质量管理等因素，这类因素在设计或制造瓦楞纸板及瓦楞纸箱的过程中可以设法避免。

3. 瓦楞纸箱的物理性能测试

（1）压缩强度测试　通常称为抗压力试验，是纸箱测试最基本的一个项目。压缩强度是评价纸箱质量的重要指标，它反映了纸箱的内在强度质量，也是运输包装的主要评价指标，决定着瓦楞纸箱包装的实际功能。纸箱压缩强度的测定方法参考 GB/T 4857.4—2008《包装运输包件基本试验第 4 部分：采用压力试验机进行的抗压和堆码试验方法》，即将试验样品置于试验机两平面压板之间，然后均匀施加压力，直到试验纸箱发生破裂时测定最大压力，单位为 N。

（2）综合测试　指将商品装入瓦楞纸箱后，进行破坏性模拟试验、跌落试验、回转试验等，这些项目一般由专门的包装测试机构实施。

四、纸类包装材料的安全性问题

纸类材料主要是将天然纤维经过一系列处理后制成，在生产和使用过程中存在许多安全问题。为了提高纸的白度，一般常使用荧光增白剂。尽管能够改善颜色，但荧光增白剂作为一种致癌活性很强的化学物质，超标使用后可能会严重危害人体健康。此外，包装纸中的油墨污染也会对人体健康产生影响。目前，一些小型造纸厂采用回收纸作为食品包装纸的造纸原料，从而使纸张从原料开始就受到了污染。

五、纸类包装材料在肉与肉制品包装中的应用

纸类包装材料通常与塑料、铝箔等复合使用。天然聚合物可用作纸包装材料的阻隔涂层。这种可生物降解的涂层在肉与肉制品包装应用中可以替代合成纸涂层，通过使用天然的聚合物材料对纸类包装材料进行改性，并赋予其一定的功能特性，使得活性包装纸材料的制造成本降低且废弃时对环境的影响较小。用于纸类包装材料涂层的常见天然聚合物包括蛋白质（如玉米蛋白、大豆蛋白、乳清蛋白、酪蛋白酸盐、小麦蛋白）、多糖（如壳聚糖、淀粉、藻酸盐、纤维素衍生物）和脂质。

肉与肉制品包装过程中常用到一些具有良好的耐脂、耐油性能的纸，如牛皮纸、羊皮纸、防油纸、涂布纸等。其中涂布纸以其良好的隔氧性能被广泛使用，能有效地防止在运输过程中肉的脂质过氧化。瓦楞纸箱由于其强度高，非常适合肉与肉制品的长期运输，不易发生渗漏。

随着包装材料的日新月异，为更好地包装肉与肉制品，纸类包装材料逐步被一些高阻隔、抗菌性能好的复合材料所取代。其中，人们利用多层膜改性制备的抑菌纸能有效抑制微生物的生长，减缓肉制品脂质过氧化速率，降低 TVB-N，表明多层膜改性制备的抑菌纸可作为一种环保型肉与肉制品包装用纸，能够有效延长肉制品的货架期。近年来，抑菌包装用纸因其可生物降解，已经成为抑菌食品包装材料研究的热点。食品抑菌纸的应用现状详见表 3-5。

表 3-5 　　　　　　　　　　　食品抑菌纸的应用现状

方法	抑菌剂	主要效果
涂布	香芹酚	将香芹酚掺入大豆分离蛋白（100g/L）后涂布于定量为 70g/m^2 的原纸上制备出一种抑菌纸，并对抑菌纸中香芹酚的释放率进行测试，涂布纸在 50d 后香芹酚残留量介于 0.6 ~ 0.7g/m^2
		采用蒙脱石、小麦蛋白与香芹酚制备抑菌乳液。使用薄层色谱涂布器将抑菌乳液涂布在纸张上制得抑菌纸，抑菌纸对大肠杆菌有明显的抑菌作用。此外，香芹酚的抑菌效果与其释放速率有关
	野蔷薇精油、孜然精油	将石蜡乳液、野蔷薇精油与孜然精油等组成的混合液涂布于纸张上制备出抑菌包装纸，当抑菌涂层中的野蔷薇精油含量为 4% ~ 6%（质量分数）时，该抑菌纸对金黄色葡萄球菌、李斯特菌、假单胞菌、沙门氏菌均具有明显的抑菌作用

续表

方法	抑菌剂	主要效果
涂布	壳聚糖、纳米银	将壳聚糖、淀粉和纳米银乳剂组成的抑菌涂层涂布于纤维素纸上，并且测试它们的力学性能、吸水性、耐油性以及抑菌和抗真菌性，该抑菌纸对大肠杆菌、金黄色葡萄球菌、青霉均具有明显的抑制作用
	山梨酸钾、双乙酸钠	将山梨酸钾、双乙酸钠和 Nisin 溶液按一定比例复配成保鲜剂，可用于牛肉保鲜贮藏
	肉桂精油	将肉桂精油与 β-环糊精混合形成 β-环糊精肉桂精油，并使用蜡样芽孢杆菌分泌的蛋白酶水解酪蛋白，与聚氧化乙烯（PEO）含成纺丝液，可对牛肉起到抑菌保鲜作用
	葡萄糖氧化酶、溶菌酶	将葡萄糖氧化酶和溶菌酶复配（葡萄糖氧化酶和溶菌酶的用量分别为 4000、10000U/g 绝干浆）。用涂布的方法将其涂布到纸张表面，制备出一种抑菌包装纸。对大肠杆菌抑菌效果较好
	纳米羧甲基壳聚糖	通过离子交换反应制备纳米羧甲基壳聚糖，然后将其涂布于纸张表层，制备出抑菌包装纸，并且其机械强度也得到提升
	壳聚糖	将淀粉和壳聚糖涂布于纸张表面制成抑菌纸。最佳配方：涂布液中壳聚糖和淀粉的含量依次为 15g/L 和 2.25g/L；涂布量为 2.02g/m²。该抑菌纸对金黄色葡萄球菌抑菌效果明显
添加浆料	壳聚糖、蜂胶提取物	通过在浆料中添加壳聚糖和蜂胶提取物制备出一种对李斯特菌具有明显抑制作用的抑菌包装纸
	TiO₂	制备了一种 TiO₂/海藻酸钠纳米复合材料，并将其添加到未漂白的甘蔗浆中制备抑菌包装纸，当 TiO₂/海藻酸钠纳米复合材料的质量分数为 15% 时，对白色念珠菌和沙门氏菌具有明显的抑制效果
	壳聚糖–甲基异噻唑啉酮	利用离子交联法制备出一种由微纤化纤维素、壳聚糖–甲基异噻唑啉酮纳米微球组成的抑菌剂，将其添加至浆料中制备出一种对金黄色葡萄球菌和大肠杆菌都具有明显抑菌效果的抑菌包装纸
	硝酸银	以硝酸银为抑菌剂，纤维为载体，首先制备出原位负载银粒子的复合纤维悬浊液，随后制备成抑菌包装纸，当硝酸银与硼氢化钠质量比为 1:4 时，该抑菌包装纸对金黄色葡萄球菌和大肠杆菌具有明显的抑制效果
浸渍	苦配巴油	将直径为 16mm、定量为 80g/m² 的多孔纸圆片在 25℃下浸入苦配巴油 1h，并在相同温度和相对湿度为 50% 的条件下干燥 4d，制备出一种对枯草芽孢杆菌具有明显抗菌效果的浸渍抗菌纸
喷淋	纳米银	将纳米载银抑菌粉和无机载银抑菌粉组成的混合液喷在纸张表面制成抑菌包装纸，对金黄色葡萄球菌、大肠杆菌等具有较好的抑制效果
	壳聚糖	采用消毒后的喷瓶将纳米壳聚糖溶液喷淋到制备的空白纸表面直至纸张全部湿润（但无抑菌液滴落），制备出喷淋抑菌包装纸。当纳米壳聚糖质量分数为 1% 时，该方法制备的抗菌纸对大肠杆菌、金黄色葡萄球菌的抑菌圈直径分别为 8.0mm 和 6.8mm

续表

方法	抑菌剂	主要效果
接枝改性	纳米 TiO_2	采用十六烷基三甲氧基硅烷接枝改性纳米 TiO_2，并采用自组装工艺技术将壳聚糖与改性后的纳米 TiO_2 沉积在纤维表面，制得一种接枝改性的抑菌包装纸，该抑菌包装纸对金黄色葡萄球菌和大肠杆菌的抑菌率分别达到 93.3% 和 90.4%。用其包装熟牛肉可以明显减缓牛肉的腐败变质，延长其货架期
	纳米银	使用柠檬酸盐作为稳定剂，将纳米银附着在接枝丙烯酰胺的甘蔗渣浆纸上，制备出一种对金黄色葡萄球菌、假单胞菌、铜绿假单胞菌等微生物具有明显抑制作用的抑菌包装纸

第四节　金属包装材料及其在肉与肉制品包装中的应用

目前已知的元素中大部分为金属元素。食品包装常用的金属有锡、钢、铝和铬。金属包装材料具备优良的阻隔性能、独特的光泽和可回收性，同时对食品的物理保护作用强于其他材料。金属材料广泛应用于工业产品包装、运输包装和销售包装，已成为制作各种包装容器最主要的包装材料之一。常见的金属包装材料是通过利用聚对苯二甲酸乙二醇酯（PET）电解镀锡钢板（ETP）或有机镀锡钢板（TFS）新材料共挤在铝（Al）或 TFS 上制备而成的。制备工艺中，材料厚度控制是影响金属包装性能的一个关键因素。随着冶炼技术和轧钢技术的进步，铝罐和铁罐"轻量化"极大地减少了材料的使用，降低了成本。

一、金属包装材料的特点

金属容器使用历史悠久，由于其外观改动变化程度较小，且质量不断改进，因此这种包装形式在安全方面具备优越性。由于我国工业技术的快速发展，金属容器在材料生产和加工工艺方面正在不断创新和改进，使当今的金属包装材料主要有以下特点。

1. 机械强度高，阻隔性能好

金属包装材料的机械强度、力学性能要远远高于其他食品包装材料。金属容器一般使用具有良好的抗拉、抗压和抗弯曲性能的韧性金属包装材料制得，通常质地较薄，但仍具有很高的耐压强度和耐温湿度变化特性。另外，对光、气、水的阻隔性好，能有效防止内容物腐败变质，延长食品的货架期。

2. 外表美观

金属包装材料具有自己独特的金属光泽，且有良好的装潢性能，便于印刷，提高了商品的销售价值。另外，各种金属箱和镀金属薄膜也是非常理想的商标印刷材料。

3. 易成型，加工性能好

金属材料具有良好的变形性能，可根据不同的包装要求制成不同形态的制品。该工艺适于连续自动化生产，生产效率高。

4. 来源丰富

金属包装材料主要为铁和铝，来源丰富，且已形成大规模工业化生产，材料品种繁多。

5. 废弃物处理性好

金属包装容器一般可以回炉再生，便于循环使用而减少环境污染。金属包装材料的缺点是化学稳定性差，耐蚀性不如塑料和玻璃，容易发生化学反应，特别是包装一些高酸性食品时容器内壁易被腐蚀。一般钢材单独作为包装材料用途有限，大多需要在金属包装容器内壁镀覆耐蚀材料（如锡、铬、锌等），以防止来自外界和被包装物的腐蚀作用。

二、金属包装容器

包装食品用金属容器按形状及容量大小分为桶、盒、罐、管等多种，其中金属罐使用范围最广，使用量最大。

（一）金属罐的分类

食品用金属罐根据所用的材料、罐的结构和外形及制罐工艺不同进行分类，见表3-6。此外，按金属罐是否有涂层分为素铁罐和涂料罐；按食用时开罐方法不同分为罐盖切开罐、易开盖罐、罐身卷开罐等。

表 3-6　　　　　　　　　　　金属罐的分类

结构	形状	工艺特点	材料	代表性用途
三片罐	圆罐或异形罐	压接罐	马口铁、无锡薄钢板	主要用于密封要求不高的食品罐，如茶叶罐、月饼罐、糖果巧克力罐等
		黏接罐	无锡薄钢板、铝	各种饮料罐
		电阻焊罐	马口铁、无锡薄钢板	各种饮料罐、食品罐、化工罐
	三片罐、圆罐或异形罐	浅冲罐	马口铁、铝	鱼类罐头
			无锡薄钢板	水果蔬菜罐头

续表

结构	形状	工艺特点	材料	代表性用途
二片罐	圆罐或异形罐	深冲罐（DRD）	马口铁、铝	菜肴罐头
			无锡薄钢板	乳制品罐头
		变薄拉深罐（DWI）	马口铁、铝	各种饮料罐头（主要是碳酸饮料）

（二）金属罐的制造

1. 三片罐的制造

三片罐是指其罐身、罐底和罐盖由三片金属薄板（多为马口铁）组成。通常将马口铁焊接在一个圆筒上制成罐身。当金属罐在第一次制造时，罐身侧缝通常使用切角、端折、压平工艺制造或通过有机黏合剂胶合。但目前焊接已经取代了这些技术，焊接侧缝罐已成为三片罐的主要类型。

焊接罐通过将扁矩形金属体毛坯成形成圆筒，并在侧缝处重叠边缘而制成。然后，将圆柱形物体移动到焊接站，通过电极施加压力，同时向重叠部分发送电流脉冲。通过适当控制压力、电流和界面电阻，可以产生一致的高质量焊缝。焊接后重叠区域可为侧缝条纹（涂层），以防止产品与母材发生反应。

20世纪90年代初，使用压焊连接和电阻焊结合的三片罐开始出现。焊接罐与锡焊罐相比有许多优点，例如，焊接罐不使用传统含铅焊料，从而避免了重金属对内装食品的污染。焊接罐的薄侧缝比宽侧缝窄得多，节约原材料，当需要石版印刷罐时，可以装饰更多的罐。由于两块金属重叠处厚度较低，焊接罐的双面缝合更加可靠。焊接罐侧缝比锡焊罐侧缝更耐用、更坚固。

2. 二片罐的制造

二片罐的罐身和罐底为一体，没有二片罐纵向接缝和罐底卷边，其余罐形及规格尺寸的确定均同于三片罐。由于罐身成型工艺不同，目前二片罐主要包括变薄拉深罐［冲拔罐（DWI）］和拉深罐［深冲罐（DRD）］两种。

三、金属包装容器的质量检查

金属罐制造过程中，因制罐设备的磨损、调整及使用操作等多方面因素，将影响空罐的质量，而空罐质量又将影响装罐和封罐质量，进而影响罐装食品的杀菌效果及货架期。因此，对空罐的质量检测十分重要，检测的主要内容包括机械强度测试（跌落强度、耐压缩强度、耐内应强度、耐破强度、抗冲击强度等）、化学性能测试（耐锈蚀能力、耐侵蚀能力等）、密封性能测试（气密性试验、泄漏试验、封口密封性检测等）、表面质量检测（漆膜附着力、涂层耐冲击性、弯曲强度、外观等）。

（一）空罐的一般性检测

空罐的一般性检测主要有空罐尺寸、罐内壁涂料层、罐身接缝等项目，具体要求有以下几方面。

（1）罐高及容量应符合规定　罐高过大或过小影响罐与盖的卷封质量，影响灌装量和灌装后罐内顶隙留量的控制。

（2）罐内涂料层刮伤的程度及补涂质量的检查　罐内涂料层刮伤将影响罐内耐腐蚀性，必须进行补涂且要求补涂料选用合适、补涂到位、厚薄均匀。

（3）三片罐罐身接缝应有足够的强度　采用罐身接缝的撕裂试验和翻边试验检查接缝，不允许接缝有断裂、剥离现象。

（二）二重卷边封口质量检查

此项也适用于空罐二重卷边封口质量检查。具体的要求为：

（1）卷边的厚度、宽度应均匀且符合规定要求。

（2）卷边外观检查　卷边应平整、光滑，不允许出现波纹、折叠、快口、切罐、突唇、牙齿、假卷、断封、密封胶挤出等现象，以免影响罐的密封性及外观。

（3）金属罐－重卷边解剖检测　外观检查卷边质量只能剔除有明显卷封缺陷的罐，卷边内部是否合格对罐的密封性有重要影响，所以需要对金属罐一重卷边进行解剖检测，并测定卷边的叠接率、紧密度和接缝盖钩完整率，以确定卷边的密封性。

① 叠接率（OL）：　卷边盖钩和身钩相互重叠的程度。

$$OL = \frac{BH + CH + 1.1t_c - W}{W - (2.6t_c + 1.1t_b)} \times 100\%$$

BH——身钩宽度，mm；

CH——盖钩宽度，mm；

W——卷边宽，mm；

t_c——罐身厚度，mm；

t_b——罐身厚度，mm。

叠接率一般要求 >50%，叠接率越高卷边密封性越好。

② 紧密度（TR）：卷边的盖钩部分因出现皱纹而影响盖钩、身钩紧密接合的程度。盖钩出现皱纹的程度用皱纹度（WR）表示。

WH 为皱纹平均长度，皱纹度分为 4 级。

0 级—— 基本无皱纹，卷边密封性高；

1 级—— $WR<25\%$，密封一般；

2 级——$WR=25\% \sim 50\%$，卷边较松；

3 级——$WR>50\%$，卷边松，易渗漏。

卷边紧密度 $TR=1-WR$（%），一般要求 $TR>50\%$。

③ 盖钩完整率（JR）：表示外观突唇缺陷处盖钩下垂程度对卷边密封性的影响。JR 值越大，表示卷边密封性越好，一般 $JR>50\%$。

$$JR=1-\frac{d}{CH}\times100\%$$

d——内垂唇宽度，mm；

CH——盖钩宽度，mm。

（三）其他项目检查

1. 空罐耐压性检查

空罐要求在一定的气、水内压作用下和一定的真空度外压作用下不变形、不泄漏。铝质二片罐应能承受足够的轴向压力。

2. 空罐的检漏

在真空检漏试验机上，在真空度为 59985Pa 条件下，持续 10min 检查空罐是否有泄漏现象。

3. 易开盖质量检查

对易开盖进行耐压强度、盖启破力、盖全开力、开启可靠性等检查。应保证易开盖有足够的强度，同时又易于将盖开启，方便使用。

四、金属包装材料的安全性

金属材料的耐酸、耐碱性差，焊接性能差，强度低，材质较软，特别是包装酸性内容物，金属离子易析出而影响食品的风味。铝制品中的铅、锌等元素含量很高，金属离子易析出迁移至食物中。以上元素若摄入过多或长期摄入会引起中毒。铁器皿表面镀锌，锌迁移至食品，过量食用后会引起锌中毒。高温作业时，不锈钢制品中的镍元素易溶出，引起镍中毒事故。

金属包装为消费者选择方便、营养丰富的食物提供了极大便利。为了更好地应用金属包装，必须积极致力于确保所采用的材料适合与食品接触，并且容器制造符合严格的尺寸规格和卫生要求。此外，在灌装前必须控制好容器的供应和贮藏条件。

五、金属包装材料在肉与肉制品包装中的应用

金属材料在肉与肉制品包装中主要用于肉类罐头（如鱼肉罐头、牛肉罐头、

午餐肉罐头）的包装。但金属包装也存在一定缺点，如肉类罐头在贮藏过程中脂质过氧化和蛋白质氧化会导致酸价、过氧化值和羰基价升高，而氧化程度可能与原料的种类、油炸用油的新鲜度、灭菌工艺及金属离子污染等有关。另外，肉类罐头中有锌、砷和汞的残留，这些都可能是导致肉类罐头出现食品安全隐患的因素。

第五节　复合包装材料及其在肉与肉制品包装中的应用

复合包装材料是由两种或两种以上具有不同性能的物质结合起来的一种复合材料。复合包装材料充分发挥了所含物质的优点，且弥补了单一包装材料的缺陷，扩大了使用范围，提高了经济效益，使其成为一种更实用的包装材料，因此，复合包装材料凭着自身的特点，在食品包装领域具有广阔的发展前景，而且对食品包装的发展具有一定的指导作用。

一、石墨烯／聚合物纳米复合包装材料

石墨烯复合材料在工业中应用广泛，在食品工业中作为高效气体阻隔材料，在保持高光清晰度和低制造成本的同时，可有效防止食品腐败变质。随着生物科技的不断进步，人们对可持续发展有了更高的要求，这激发了人们对生物聚合物等材料的研究兴趣。与合成材料相比，这些生物可降解材料的总体性能相对较差。然而，通过石墨烯及其衍生物的分离，目前已经成功地研发了生物可降解石墨烯／聚合物纳米复合材料。

（一）作用原理

1. 食品包装用石墨烯及其衍生物

2004 年，石墨烯首次被分离，激起了学术界对石墨烯的浓厚兴趣，但它一直是一种理论模型，被认为是人类已知的最硬材料。石墨烯的高阻隔效率与其原子二维单层晶格结构有关。然而，与制备黏土纳米复合材料相比，石墨烯薄片仍无法商业化和大批量生产。目前制备石墨烯的方法尚未成熟。

氧化石墨烯（GO）是石墨烯的一种衍生物。含氧官能团的存在使得聚合物间隙扩大，而聚合物间隙在过去限制了石墨烯在纳米电子领域的应用。这些基团是连接石墨烯表面羟基和环氧树脂结构边缘羧基的桥梁。它们通过控制 GO 结构来控制其电子、光学和力学性能。还原氧化石墨烯（r-GO）是指在 GO 初始沉积

后，通过使用还原剂（如肼蒸气）或抗坏血酸使其还原为 r-GO。认识石墨烯、GO 和 r-GO 是了解它们在复合材料包装应用中的基础。GO 和 r-GO 的厚度分别为 1nm 和 0.34nm。这主要与氧官能团的存在、结构内部的缺陷和水的吸收有关。

聚合物纳米复合材料的制备方法主要有四种：乳液聚合、模板铸造、剥离吸附和熔体插层。虽然每种方法都有各自的优点，但熔体插层法在镀锡罐及镀铬罐的应用最为普遍。熔体插层法采用不使用溶剂的连续进料方式制备分散良好的纳米复合材料，这使得它成为制备石墨烯 / 聚合物纳米复合材料的工业首选方法。乳液聚合的应用是目前制备防腐石墨烯 / 聚合物纳米复合材料的潜在方法。

2. 生物可降解石墨烯 / 聚合物纳米复合材料

聚乳酸具有与 PS 和 PET 相似的力学性能和物理性能，是包装应用中最常用的生物聚合物之一。聚乳酸的制备易于产业化，成本低，具有商业可行性，但其在食品包装中应用时存在的主要问题是其阻隔性能较差。然而，石墨烯纳米薄膜的引入解决了这一问题。

将丁香精油（CLO）[15% ~ 30%（质量分数）] 和 GO 纳米片 [1%（质量分数）] 通过溶液浇铸法制备适合食品包装的聚乳酸抑菌纳米包装膜。在 PLA 基质中加入 CLO，通过降低拉伸应力、复合黏度和玻璃转化温度（T_g），改善了复合薄膜的柔韧性。GO 改善了 T_g 和复合黏度，并降低了塑化 PLA 基质的透氧性。GO 和 CLO 的掺入对薄膜的光学和抗紫外线性能均有提升。傅里叶红外光谱表明，在加入 CLO 后，塑化 PLA 薄膜的分子结构发生了变化。微观结构表明，GO 改变了塑化 PLA 薄膜表面的孔隙。经上述方法制备的复合膜对金黄色葡萄球菌和大肠杆菌显示出良好的抑菌活性，因此该膜作为抑菌活性包装材料具有很大潜力。

3. 合成石墨烯 / 聚合物纳米复合材料

近年来，石墨烯纳米复合材料作为高效阻隔材料的应用研究不断增加。一方面，未来社会的绿色发展为创造生物可降解石墨烯 / 聚合物纳米复合材料提供了动力；另一方面，目前使用的合成聚合物加工技术正在不断改进。聚苯乙烯、聚丙烯和聚对苯二甲酸乙二醇酯这些聚合物易于加工而且成本较低，目前在工业上的应用广泛。石墨烯基体系涵盖了生物基和合成聚合物，该体系的主要局限在于保证生物基和合成聚合物在基体中的最优分布。因此，可以通过改善纳米薄膜的分布和通过纳米技术制备石墨烯基聚甲基丙烯酸甲酯（PMMA）纳米复合材料来解决这一问题。由于水在聚合物的表面均匀分布，导致聚合物与水接触的表面积减小，接触面面积的吸水量逐渐减少，从而降低了对腐蚀性离子的吸收能力。

例如，采用改性 GO 原位缩聚法制备聚苯乙烯，对食品的保护效率高达 99.53%，这种高保护效率是通过对苯二胺 -4- 乙烯基苯甲酸对 GO 进行改性，生成对苯二胺 -4- 乙烯基苯甲酸修饰的 GO，从而实现对苯二胺 -4- 乙烯基苯甲酸对 GO

的高效去角质作用的结果。通过改善纳米粉体的分散性，可以显著改善常用的封装聚合物的黏着性。石墨烯除了具有优异的气体阻隔性能外，还具有高导电性和防腐功能。随着对石墨烯/聚合物复合材料不断深入的研究，石墨烯在聚合物中的应用范围必将不断扩大，在制备轻质、低成本且具有高性能的复合材料方面将进一步发挥其潜力。

（二）石墨烯/聚合物纳米复合包装材料在肉与肉制品包装中的应用

石墨烯及其衍生物在聚合物纳米复合包装中的应用可分为两类。第一类是在聚合物基底上沉积或涂覆几层超薄石墨烯及其衍生物，如 GO 和 rGO。第二类是将剥落的 GO 或 rGO 纳米片直接掺入聚合物基质。随着石墨烯及其衍生物掺入各种聚合物，可有效增强纳米复合包装材料的机械强度、遮光、防水汽和气体屏障，以及抑菌和抗氧化性，从而防止肉与肉制品的腐败变质。

石墨烯或 GO 与传统的纳米填料在气体阻隔性能方面相比，前者在提高聚合物气体阻隔性方面明显优于后者。石墨烯或 GO 与基体材料复合来提高基体材料阻隔性是一种十分有效的方法。例如，将石墨烯加入到壳聚糖中制备有机/无机复合抑菌包装膜，可以提高壳聚糖膜的抑菌性能，在肉与肉制品包装中表现出优异的抑菌作用。

二、纳米聚合物复合包装材料

当今消费者对食品的质量、新鲜度和安全性都有较高的要求，进而使得对包装的要求也越来越高。纳米技术是一个前沿研究领域，具有巨大的应用潜力。通过纳米技术使生产尺寸小于 100nm 的材料成为可能。纳米粒子的化学、物理性质及结构与包装材料的特性密切相关。随着纳米技术的普及，纳米材料的各种合成工艺也随着时间的推移而逐渐发展。近年来，人们发现纳米材料在食品工业中有着潜在的应用前景，包括纳米传感器、包装材料等。由聚合物/脂质体等组成的纳米材料，溶解性、控释性、阻隔性、机械性能和耐热性良好，且易于生物降解，非常适合用于肉与肉制品包装。

（一）作用原理

纳米复合材料是将多糖、蛋白质和脂类的混合物与纳米颗粒结合，通过层压得到可食用薄膜或通过乳液聚合而形成的新型聚合物。复合材料的微观结构由连续相和不连续相或填料组成。连续相或基质由聚合物形成，而不连续相或填料主要为活性成分，如抗氧化剂、抑菌剂等。在纳米复合材料中，其粒子分散相的尺寸在一维上要小于 100 nm。纳米颗粒的抑菌作用是由于它干扰了微生物重要的细胞生化代谢过程，破坏了其繁殖能力。同时，通过诱导氧化应激，促进了微生物细胞死亡。此外，纳米颗粒干扰了微生物细胞膜上的结合点，抑制了酶的活性。在复合膜中加入抗氧化剂可以通过封装或在纳米范围内减小活性成分的尺寸来实现。

（二）纳米聚合物复合包装材料在肉与肉制品包装中的应用

纳米技术自研发以来，迅速在生物医药、农业、食品工业等领域得到的广泛的应用。特别是在肉与肉制品领域，纳米包装技术的显著优越性得到了充分的发挥，可利用纳米材料改善肉类包装的弹性和气体阻隔性能。此外，一些新型包装技术，如纳米传感器智能包装、纳米抑菌活性包装、纳米抗氧化活性包装技术大量涌现。其中，纳米传感器智能包装用于感知和传递微生物和生化变化的信号；纳米抑菌活性包装可以释放抗生素，抑制微生物生长繁殖；纳米抗氧化活性包装通过释放抗氧化剂来抑制脂质和蛋白质的氧化，从而延长肉与肉制品的货架期。

生物可降解聚合物纳米复合材料是将黏土等无机颗粒引入生物聚合物基体中。例如，淀粉－黏土复合物加工制成的可降解纳米复合材料已被广泛研究，其主要是在淀粉中加入蒙脱土（MMT），以提高杨氏模量和拉伸强度等机械性能，目的是为了改善材料的阻隔性能，从而适用于肉与肉制品包装。也有研究发现，乳清蛋白膜中的 TiO_2 纳米颗粒赋予乳清蛋白膜更好的抑菌性能。因此，加入乳清蛋白膜的 TiO_2 纳米复合物也可用于肉与肉制品包装。抗氧化剂和抑菌剂是包装薄膜中最常用的活性成分，可防止薄膜变质，提高安全性。与抑菌剂结合的活性包装可以抑制各种天然活性化合物不受控制的迁移和相互作用。例如，使用纳米材料和有机酸（如乳酸或乙酸）制备的复合活性包装膜可减少肉与肉制品中单核细胞李斯特菌的生长。

三、壳聚糖复合包装材料

随着不可再生资源的逐渐枯竭和不可降解塑料包装材料的大量堆积，对环境造成的影响日益加重，人们把更多的注意力放在寻找和开发可再生资源。生物聚合物作为一种可降解的新型食品包装材料，人们对它的研究日益增多。基于此，从食品废料中开发出生物聚合物，既减少了资源浪费，同时又获得了许多新的食品包装材料。壳聚糖及其衍生物作为生物聚合物之一，具有较好的抑菌活性，能抑制真菌、细菌和病毒的生长繁殖。这种材料的包装性能取决于使用的壳聚糖的类型。纯壳聚糖薄膜的力学性能和阻隔性能适用于食品包装和活性包装，壳聚糖的抑菌性能和成膜能力为抑制微生物生长、提高食品安全性提供了保障。在光学性能方面，可见光范围内的纯壳聚糖薄膜光的透过率较高，是一种光学透明薄膜。此外，壳聚糖薄膜具有显著的紫外吸收能力，可以保护食品免受紫外线辐射引起的脂质过氧化。此外，将壳聚糖与增塑剂、多糖、蛋白质和脂质等组分通过不同的组合方式进行复合，并进行改性，可使最终聚合物的性能适应不同食品包装的需求，在延长食品货架期的同时，能够有效保持食品的质量特性。这些组合方式使壳聚糖对多种食源性丝状真菌、酵母、革兰阴性菌和革兰阳性菌均有抑制作用。

（一）作用原理

壳聚糖是一种碱性多糖，化学名称为聚葡萄糖胺 (1-4)-2- 氨基 -B-D 葡萄糖，是几丁质去乙酰化衍生物，是世界上产量仅次于纤维素的多糖。壳聚糖共聚物由去乙酰化和乙酰化单元组成，其去乙酰化的作用是可逆的。壳聚糖无毒、生物可降解、抑菌性能优异，在抑菌包装中具有重要的应用价值。与其他食品包装材料相比，壳聚糖的优势在于能够在弱碱性溶液中释放氨基，后者与负离子结合，进而起到抑菌作用。

壳聚糖由于带正电荷而具有比甲壳素更好的抑菌活性。壳聚糖及其衍生物的抑菌机制主要有两方面。一方面，带正电荷的氨基基团与带负电荷的微生物细胞膜相互作用，改变了微生物细胞膜的性质。另一方面，壳聚糖作为螯合剂，选择性地结合微量金属，从而抑制毒素的产生和微生物的生长。当壳聚糖分子质量在 3 万以下，其对金黄色葡萄球菌的抑制能力随壳聚糖分子质量的增大而增加，对大肠杆菌的抑制能力随壳聚糖分子质量的减小而降低。

（二）壳聚糖复合包装材料在肉与肉制品包装中的应用

壳聚糖是很好的成膜剂，冷鲜肉经过壳聚糖溶液浸泡后，壳聚糖在肉的表面形成一层薄膜，该膜具有通透性、阻水性，可以对各种气体分子增加穿透阻力，形成一种微气调环境，抑制肉质水分的蒸发，将汁液损失率降到最低。壳聚糖复合包装材料是以壳聚糖为基质，通过加入天然有机物、天然提取物或纳米粒子组合成的新型复合包装材料。例如，自然界中的一些天然物质（牛至、百里香、肉桂、桂皮、柠檬草和丁香精油）可显著抑制大肠杆菌菌株的活性。将香芹酚（牛至和百里香的主要成分）与乳酸链球菌素添加到纤维素或羟甲基纤维素膜中，发现该复合膜对结核菌和金黄色葡萄球菌具有明显抑制作用。以壳聚糖为离子凝胶，以油包水乳液制备载香芹酚的壳聚糖纳米粒子。通过抑菌试验发现表明，香芹酚提高了壳聚糖纳米颗粒对大肠杆菌、金黄色葡萄球菌、蜡样芽孢杆菌的抑制能力。目前，最常用的抑菌物质有细菌素、酶、精油、植物提取物和防腐剂。长期以来，植物精油和提取物的抑菌活性得到了充分的研究。精油是植物次生代谢产物中挥发性有机化合物的复杂混合物，它们由烃类（萜烯类和倍半萜类）和含氧化合物（醇类、酯类、醛类、酮类、内酯类、酚类和酚类酯类）组成，对多种微生物具有很强的抑制作用。最新研究指出以壳聚糖为载体，由带相反电荷的大分子间相互作用可制备出一种新型颗粒 – 壳聚糖纳米颗粒。壳聚糖纳米颗粒及其衍生物具有广泛的抑菌作用。由于壳聚糖纳米颗粒具有更高的表面积和电荷密度，能够与细菌细胞的阳离子产生更强的相互作用，使得其比壳聚糖具有更高的抑菌效果。壳聚糖复合包装材料在肉与肉制品包装中的应用及其应用效果见表 3–7。

表 3–7　　壳聚糖复合包装材料在肉与肉制品包装中的应用及其应用效果

材料	产品	应用效果
壳聚糖与葵花籽油共混制备的可食性膜	猪肉汉堡	猪肉表面的菌落生长得到很大程度的抑制，控制了营养汁液流失和脂质过氧化
壳聚糖与薄荷提取物薄膜	碎羊肉	薄荷提取物的加入有利于延缓羊肉的氧化，抑菌效果明显
添加壳聚糖、肉桂精油和溶菌酶的淀粉膜	鲜猪肉	能使鲜猪肉的一级鲜度延长 6d
使用含有 150g/L 肉桂醛、150g/L 丁香酚和 150g/L 肉桂醛 – 丁香酚（1∶1）复配物的壳聚糖可食膜	猪肉	降低了肉品在冷藏过程中 TVB–N、菌落总数和大肠菌群数的增长，有效缓解了 pH 的升高。延缓了猪肉的腐败变质，延长了货架期
姜酚壳聚糖复合膜	牛肉	对大肠杆菌、乳酸菌、酵母和霉菌的繁殖和脂质过氧化都有不同程度的抑制作用。可改善牛肉在冷藏过程中颜色、气味的变化，延长其保质期
2g/L 的茶多酚、壳聚糖薄膜	牛肉	可抑制腐败菌的生长繁殖，延长保质期
1%（体积分数）醋酸（HAC）和 1g/L 壳聚糖组成的涂膜液	冷鲜猪肉	具有明显抑制微生物生长、延长冷鲜猪肉货架期的作用
壳聚糖、乳酸链球菌素、茶多酚复合保鲜剂	冷鲜猪肉	使冷鲜猪肉的货架期达到 11d
壳聚糖、Nisin、维生素 C、茶多酚复合保鲜剂	牛肉	保鲜抑菌效果明显，有效保鲜期可达 27d，同时证明壳聚糖复合膜能够抑制微生物的生长，减少汁液流失，提高肉的系水力，防止肌红蛋白的流失，从而保持肉的色泽，减少营养的损耗
9g/L 壳聚糖、9g/L 茶多酚、0.05g/LNisin 复合保鲜剂	牦牛肉	第 16d 时菌落总数、TVB–N、TBARs，均显著低于对照组能够有效延长冷鲜牦牛肉的保质期
10 ～ 20g/L 壳聚糖薄膜	猪肉	具有良好的保鲜效果，在 10 ～ 20g/L 浓度范围内保鲜效果随着壳聚糖浓度的增大而增强
酸溶性壳聚糖［1%（体积分数）醋酸］	冷鲜猪肉	酸溶性壳聚糖［1%（体积分数）醋酸］对冷鲜猪肉的保鲜效果好于水溶性壳聚糖，能使冷鲜猪肉货架期达到 6d

续表

材料	产品	应用效果
含 6g/L 低聚壳聚糖薄膜	猪肉	对猪肉表面进行喷洒，在室温条件下，新鲜猪肉的货架期可延长至 4d，熟猪肉的货架期可延长至 6d，且在菌落超标前均可保持较好的色泽、弹性、气味
壳聚糖、海藻酸和黑孜然油薄膜	鸡胸肉	可抑制 4℃鸡胸肉中金黄色葡萄球菌和大肠杆菌的生长，还可降低嗜温需氧菌和嗜冷菌数量
含 1%（质量分数）石榴皮提取物和 2%（质量分数）百里香精油的壳聚糖 – 淀粉复合膜	牛肉	可明显抑制 4℃牛肉中的脂质过氧化和致病菌生长
含肉桂精油的壳聚糖涂膜	冷藏草鱼片	使其在（4±1）℃下货架期达到 16d
壳聚糖生物膜	鸡肉	壳聚糖生物膜具有较高的抗氧化活性，可以有效地延缓鸡肉脂质过氧化，延长鸡肉货架期，改善鸡肉品质
含 0.5%（质量分数）低聚壳聚糖的薄膜	生猪肉末	生猪肉末中微生物的生长得到显著抑制
含抗菌肽（14.25g/L）、纳他霉素（2.50g/L）、苹果多酚（4.00g/L）和壳聚糖（2.28g/L）复配保鲜剂	猪肉和羊肉	能将冷却猪肉和羊肉的货架期延长 4～6d
含 1%（质量分数）扁桃胶的低聚糖薄膜	牛肉	不仅能很好地抑制微生物的生长，还能减少牛肉脂质过氧化
掺入茶叶提取物的壳聚糖膜	火腿牛排	显著提高了火腿牛排抗单核细胞增生李斯特菌效果
壳聚糖、茶多酚和金银花提取物复合膜	酱牛肉	在提高抗氧化能力、改善酱牛肉的感官品质和抑制微生物生长方面都有协同增效的作用
壳聚糖复合膜	酱牛肉	保护酱牛肉的气味和色泽，减少黏液形成，也可有效抑制细菌的繁殖
壳聚糖薄荷提取液复合涂膜	冷鲜猪肉	有效控制冷鲜猪肉 pH 的升高，货架期延长超过 10d
葡萄籽油、壳聚糖醋酸溶液	猪肉	抑菌、抗氧化效果好
掺入茶多酚提取物的壳聚糖薄膜	火腿牛排	可以抑制单核细胞增生李斯特菌，延长货架期

四、静电纺抑菌复合垫

在肉类的加工、贮藏及运输过程中，不同来源的微生物附着到肉品表面，会引起感官和营养品质劣变。通常肉与肉制品会受到单核细胞增生李斯特菌、鼠伤寒沙门氏菌、肠炎沙门氏菌污染，这些细菌会导致食源性疾病，严重时会导致死亡。为了更好防止腐败病原微生物的侵入和传播，静电纺抑菌复合垫作为一种抑菌薄膜的潜在替代品应运而生。

（一）作用原理

静电纺抑菌复合垫是以具有更高的抗拉强度、熔点、耐水、油特性的生物可降解聚氨酯（PU）、初榨橄榄油和氧化锌经静电纺丝而成。其具有优异的力学性能，同时具有良好的阻隔性和透气性，使其成为塑料的良好替代品。该复合垫对金黄色葡萄球菌和鼠伤寒沙门氏菌具有较强的抑菌活性，在肉与肉制品包装中具有应用前景。

（二）静电纺抑菌复合垫在肉与肉制品包装中的应用

玻璃、陶瓷、金属等传统的包装材料因成本较高、不易运输而被新型包装取代。新型包装材料往往具有质量轻、成本低、易于加工等优点。例如，静电纺纳米氧化锌聚合物纤维就是以纳米分子为核心制造的一种易拉伸、质量轻的新型包装。所制备的生物可降解纳米抑菌垫是环保的，可用于替代PVC薄膜包装肉与肉制品。此外，还可以从工业应用的角度对这些材料进行改性。

参 考 文 献

［1］章建浩.食品包装学［M］.北京：中国农业出版社，2009.

［2］王建清.包装材料学［M］.北京：中国轻工业出版社，2017.

［3］任发政.食品包装学［M］.北京：中国农业出版社，2009.

［4］翁云宣.食品包装用塑料制品［M］.北京：化学工业出版社，2014.

［5］穆罡，张一敏，毛衍伟，等.高阻隔塑料包装材料在肉与肉制品中的应用进展［J］.食品研究与开发，2019，40（2）：167-172.

［6］李雪，贺稚非，李洪军.可食性膜在肉与肉制品保鲜贮藏中的应用研究进展［J］.食品与发酵工业，2019，45（2）：233-239.

［7］丛旭，刘锐，刘砚，等.小麦面筋蛋白可食膜的制备及其在调料包中的应用［J］.天津科技大学学报，2018，33（3）：9-17.

［8］殷神军. 可食性薄膜在动物性食品中的应用研究进展［J］. 中国酿造，2014，33（8）：29-32.

［9］范萌，惠腾，刘毅，等. 包装材料与方式对熟肉制品贮藏品质的影响［J］. 食品科技，2017，42（11）：126-130.

［10］周莹. 氧化石墨烯/聚乙烯醇提高聚乳酸薄膜阻隔性能的研究［D］. 杭州：浙江理工大学，2016.

［11］李昊，魏杰，张亚男，等. 石墨烯基复合材料阻隔性能的研究进展［J］. 功能材料，2020，51（12）：12036-12044.

［12］曾跃辉. 石墨烯的功能化及其与聚氨酯的复合研究［D］. 长沙：湖南大学，2017.

［13］玮婧，徐淑艳，田雯雯，等. 氧化石墨烯复合材料在包装领域应用的研究进展［J］. 包装工程，2018，39（11）：121-127.

［14］牛柏澄. 石墨烯/乙烯-乙烯醇共聚物复合膜的制备与研究［D］. 合肥工业大学，2017.

［15］Singh P, Wani A A, Langowski H C. Food packaging materials: Testing & quality assurance［M］. CRC Press, 2017.

［16］Piergiovanni L, Limbo S. Food packaging materials［M］. Springer International Publishing, 2016.

［17］Cerqueira M A P R, Pereira R N C. Edible Food Packaging［M］. Taylor & Francis Group, 2016.

［18］Aung S P S, Shein H HH, Aye K N, et al. Environment-friendly biopolymers for food packaging: Starch, protein, and poly-lactic acid (PLA)［J］. Bio-based Materials for Food Packaging: Green and Sustainable Advanced Packaging Materials, 2018: 173-195.

［19］Badawy M E I, Rabea E I. Chitosan-based edible membranes for food packaging［J］. Bio-based Materials for Food Packaging: Green and Sustainable Advanced Packaging Materials, 2018: 237-267.

［20］Cazón P, Vázquez M. Applications of chitosan as food packaging materials［J］. Sustainable agriculture reviews 36: Chitin and chitosan: Applications in food, agriculture, pharmacy, medicine and wastewater treatment, 2019: 81-123.

［21］Jafarizadeh-Malmiri H, Sayyar Z, Anarjan N, et al. Nanobiotechnology in food: Concepts, applications and perspectives［M］. Springer International Publishing, 2019.

［22］Ghosh C, Bera D, Roy L. Role of nanomaterials in food preservation［J］. Microbial Nanobionics: Volume 2, Basic Research and Applications, 2019: 181-211.

［23］Szente L, Fenyvesi É. Cyclodextrin-enabled polymer composites for packaging［J］. Molecules, 2018, 23(7): 1556.

［24］Angellier-Coussy H, Guillard V, Gastaldi E, et al. Lignocellulosic fibres-based biocomposites materials for food packaging［J］. Lignocellulosic Composite Materials, 2018: 389-413.

［25］Espitia P J P, Otoni C G. Nanotechnology and edible films for food packaging applications［J］. Bio-based Materials for Food Packaging: Green and Sustainable Advanced Packaging Materials,

2018: 125-145.

［26］Henriques M, Gomes D, Pereira C. Whey protein edible coatings: Recent developments and applications ［J］. Emerging and traditional technologies for safe, healthy and quality food, 2016: 177-196.

［27］Sani M A, Ehsani A, Hashemi M. Whey protein isolate/cellulose nanofibre/TiO_2 nanoparticle/rosemary essential oil nanocomposite film: Its effect on microbial and sensory quality of lamb meat and growth of common foodborne pathogenic bacteria during refrigeration ［J］. International journal of food microbiology, 2017, 251: 8-14.

［28］肖轲, 李高阳, 尚雪波, 等. 辣椒籽提取物对冷却肉的抗氧化性及保鲜效果［J］. 中国食品学报, 2020, 20(6): 202-208.

［29］Rad F H, Sharifan A, Asadi G. Physicochemical and antimicrobial properties of kefiran/waterborne polyurethane film incorporated with essential oils on refrigerated ostrich meat ［J］. LWT, 2018, 97: 794-801.

［30］Giteru S G, Oey I, Ali M A, et al. Effect of kafirin-based films incorporating citral and quercetin on storage of fresh chicken fillets ［J］. Food Control, 2017, 80: 37-44.

［31］Emiroğlu Z K, Yemiş G P, Coşkun B K, et al. Antimicrobial activity of soy edible films incorporated with thyme and oregano essential oils on fresh ground beef patties ［J］. Meat science, 2010, 86(2): 283-288.

［32］Arfat Y A, Ahmed J, Ejaz M, et al. Polylactide/graphene oxide nanosheets/clove essential oil composite films for potential food packaging applications ［J］. International journal of biological macromolecules, 2018, 107: 194-203.

［33］Choi I, Lee J Y, Lacroix M, et al. Intelligent pH indicator film composed of agar/potato starch and anthocyanin extracts from purple sweet potato ［J］. Food chemistry, 2017, 218: 122-128.

［34］Mehdizadeh T, Tajik H, Langroodi A M, et al. Chitosan-starch film containing pomegranate peel extract and Thymus kotschyanus essential oil can prolong the shelf life of beef ［J］. Meat science, 2020, 163: 108073.

［35］Zhao S, Li N, Li Z, et al. Shelf life of fresh chilled pork as affected by antimicrobial intervention with nisin, tea polyphenols, chitosan, and their combination ［J］. International Journal of Food Properties, 2019, 22(1): 1047-1063.

第四章 肉与肉制品现代包装技术

随着生活水平的提高，肉与肉制品的安全卫生质量越来越受到消费者重视，同时对肉与肉制品的加工体系和消费形态有了更高的要求。在肉与肉制品的流通和销售中，主要以热鲜肉、冷鲜肉、冷冻肉和肉制品为主。在我国，热鲜肉和冷鲜肉大多是以裸露或简单包裹的形式贮藏、运输和销售，上述条件使肉容易受到周围环境因素的影响，加速其腐败变质、颜色劣变和汁液流失，大大降低了其商业价值。生鲜肉中，冷冻肉的保质期一般较长，但由于冷冻肉在冷冻过程中冰晶生长，造成细胞脱水，而大冰晶的压迫又会使肌细胞破损，导致解冻时汁液大量流失，营养成分减少，肉质老化无味。肉制品是指以肉为主要原料，经调味制作的熟肉中的蛋白质、脂肪等营养物质易在微生物、光照、O_2 的作用下发生变质。目前，肉与肉制品的包装主要依赖于包装材料、包装技术的选择，材料一般为高阻隔性的多层复合膜，要求 O_2 透过率低，且对 CO_2 和 N_2 有阻隔作用。本章具体介绍肉与肉制品的包装要求和气调包装、真空包装、活性包装以及智能包装的概念及其原理，并阐述了国内外肉与肉制品现代包装技术应用及研究进展。

第一节 肉与肉制品现代包装技术要求

一、肉的品质特性及流通形式

肉含有丰富的营养成分，对秦川牛肉、甘南藏羊肉、甘南蕨麻猪肉、三都鸡肉、仙湖鸭肉、溆浦鹅肉和草鱼肉进行常规营养分析，结果如表 4-1 所示。畜禽肉中水分含量一般在 70% 左右，蛋白质含量在 20% 左右，脂肪含量因畜禽种类不同差异较大。灰分主要表征肉中矿物质的含量，一般受到动物种类、饲料及所处环境的影响，因而差异相对较大。

表 4-1　　　　　　　　　肉常规营养成分含量　　　　　　　　单位：g/100g

样品	水分	蛋白质	脂肪	灰分
秦川牛肉	72.06 ± 0.64	18.84 ± 0.21	3.45 ± 0.17	0.98 ± 0.01
甘南藏羊肉	73.59 ± 2.05	22.45 ± 0.30	2.94 ± 1.16	0.98 ± 0.14

续表

样品	水分	蛋白质	脂肪	灰分
甘南蕨麻猪肉	74.18 ± 2.47	20.66 ± 1.09	3.65 ± 1.23	1.14 ± 0.08
三都鸡肉	68.97 ± 0.05	18.71 ± 0.05	8.75 ± 0.05	1.13 ± 0.05
仙湖鸭肉	73.99 ± 1.49	20.67 ± 1.56	1.70 ± 1.02	1.42 ± 0.18
溆浦鹅肉	70.17 ± 0.05	22.64 ± 0.05	2.72 ± 0.05	2.30 ± 0.05
草鱼肉	76.10 ± 0.3	17.37 ± 1.24	4.76 ± 1.33	1.07 ± 0.28

目前市场上流通的供消费者食用的肉主要有冷鲜肉、热鲜肉、冷冻肉，不同类型的肉在贮藏和流通中的品质变化和包装技术要求如下。

1. 冷鲜肉

冷鲜肉是指按照兽医检查免疫规定要求，在良好操作规范和卫生条件下，屠宰后的畜胴体在 −20℃左右的低温下进行快速降温处理，使胴体深层温度（以后腿肉中心为测量点）在一天时间内降低至 0 ~ 4℃范围内的肉。在这种条件下可以达到抑制肉腐败的效果，其次肉中 Mb 被空气中的 O_2 不断氧化而变色，从而影响肉与肉制品的外观色泽。在一定温度范围内，随着温度的不断升高，肉和微生物体内的多种酶的活性也随之升高，并使微生物分泌到其周围的生物酶活性明显增加，因而加速相关酶促反应，从而导致肉的品质下降。

2. 热鲜肉

热鲜肉是指屠宰后不经冷却加工而直接上市的肉。热鲜肉一直被认为是最鲜的肉，但事实并非如此。热鲜肉在贮藏过程中，一旦尸僵期到来，肉质随即僵硬，此时肉的嫩度和保水性最差。随着时间延长，其组织中各种降解作用增强，其中三磷酸腺苷分解释能使肉温上升（有时温度可达 40 ~ 42℃），此时组织中酸性成分减少，pH 上升，加之肉表面潮湿，为细菌的过度繁殖提供了适宜的条件，易造成肉的腐败，形成黏液或变质。由此可见，运用包装技术抑制微生物污染，提高热鲜肉的货架期是未来热鲜肉市场的发展趋势。

3. 冷冻肉

冷冻肉是将经过前期严格控制屠宰工艺得到的畜禽胴体，经预冷排酸后在 −40℃左右速冻，继而在 −18℃条件下贮藏的肉。经过上述步骤处理，冷冻肉感染微生物的数量较少，食用过程中产生不安全因素的概率较小，但在冷冻肉贮藏运输期间与空气接触易发生"冻结烧"[1]现象或者干耗严重，降低了其食用品质。因此，防止冷冻肉食用品质下降是冷冻肉包装的技术关键。

---

1) 冻结烧是冻藏期间脂肪氧化酸败和羰氨反应所引起的结果，不仅使食品产生哈喇味，而且发生黄褐色的变化，感官、风味、营养价值都变差。

4. 肉制品

肉制品是指用畜禽肉为主要原料，经调味制作的熟肉制成品或半成品。肉制品可分为中式肉制品和西式肉制品两大类，这两大类又可细分为熏烧烤制品、腌腊制品、香肠、火腿等多种产品。我国肉制品产业链上游为牲畜、家禽的养殖及屠宰；中游就是肉制品加工，即将生肉制作成各式各样的肉制品；下游是肉制品的销售，通过餐厅、农贸市场等多销售渠道将肉制品卖到消费者手中。在销售过程中肉制品的保鲜技术是核心，因此防止肉制品发生腐败变质是肉制品包装技术的关键。

二、肉与肉制品的腐败变质

（一）感官变化

肉类腐败变质时，往往在肉的表面产生明显的感官变化。主要的感官变化如下。

1. 发黏

微生物在肉表面大量繁殖后，使肉表面产生丝状的黏液状物质，并有较强的臭味，这是微生物繁殖后所形成的菌落，以及微生物分解蛋白质及脂肪的产物。这些微生物主要是由革兰阴性菌、乳酸菌和酵母菌所组成。当肉的表面有发黏、拉丝现象时，其表面含菌数一般为 $10^7\,CFU/cm^2$。

2. 变色

肉类腐败时其表面常出现各种颜色变化。最常见的是绿色，这是由于蛋白质分解产生的硫化氢与肉中的血红蛋白结合后形成硫化氢血红蛋白（H₂S–Mb），这种化合物积蓄在肉和脂肪表面即显暗绿色。另外，黏质赛氏杆菌（*Serratiamarcescens Bizio*）在肉表面能产生红色斑点，黄杆菌（*Flarobacterium*）能产生黄色斑点，有些酵母菌能产生白色、粉红色、灰色等斑点。

3. 霉斑

肉与肉制品表面有霉菌生长时，往往形成霉斑，特别是一些干腌制肉制品，更为多见。例如，白地霉（*Geotrichum candidum*）可以产生白色霉斑，扩展青霉（*Penici llium expansum*）和草酸青霉（*Penicillium oralicum*）产生绿色霉斑，蜡叶芽枝霉（*Cladosporium herbarum*）在冷冻肉上产生黑色霉斑。

（二）理化变化

1. 脂质过氧化

脂质过氧化变质也称脂肪的酸败，氧化酸败是脂质酸败的主要途径。氧化酸败主要是指发生在不饱和脂肪酸双键相邻碳原子上的过氧化。脂质中的不饱和脂肪酸在光、热、催化剂作用下极易被氧化成过氧化物，后者进一步分解产生许多挥发性终产物（如烃、醇、醛、酮、酸和少量内酯与杂环化合物），并产生强烈的刺激性气味（俗称"哈喇味"），严重影响肉的食用品质。在适当条件下，脂质在水、高温、脂肪酶、酸或碱作用下水解生成甘油和脂肪酸，水解本身对脂质中的营养价值没有影响，但是水解产生的游离不饱和脂肪酸更容易发生氧化，对肉的品质造成影响，因此脂质水解对氧化酸败具有促进作用。对于脂质水解，可通过加热和精炼去除脂质中的水分与杂质，减缓水解反应的速度，从而降低脂质氧化酸败的速率。

2. 蛋白质降解

肉的贮藏过程中，肌肉中许多内源性蛋白酶类对某些蛋白质有一定的分解作用，从而促使肌肉中盐溶性蛋白质的浸出性增加。随着肉贮藏时间的延长，蛋白质在酶的作用下，肽链解离，使游离的氨基酸增多，分解产生三甲胺、二甲胺、组胺、氨、硫化氢、吲哚等具有腐败气味的低级产物，如钙蛋白酶（μ-Calpain）是贮藏早期降解肌原纤维蛋白进而引起肉类嫩化的主要酶。在长期贮藏过程中蛋白质降解不单单因为内源性蛋白酶，还有许多微生物会分泌出胞外蛋白酶降解肉中的蛋白质，如芽孢杆菌属细菌分泌的胞外碱性蛋白酶（枯草菌蛋白酶）可以将肉中蛋白质分解为小分子肽和氨基酸，导致肉的营养价值降低。

3. 水分流失

在冷冻贮藏过程中，由于冰晶的不断生长会导致肌肉细胞的机械性损伤。解冻以后，不易流动水含量减少，自由水含量升高，汁液开始大量流失，由此导致水分活度（A_w）升高，给微生物提供了良好的生长繁殖环境，从而加速了肉的腐败变质。通常细菌比霉菌和酵母菌所需的 A_w 要高，大多数腐败细菌的 A_w 下限为 0.95，酵母为 0.88，霉菌为 0.8。

（三）微生物变化

在屠宰和加工过程中，肉的表面易受到微生物的污染，当肉表面的微生物数量较多，肌肉受到破坏时，表面的微生物便可直接进入到肉中。

1. 冷鲜肉中的微生物

冷鲜肉表面初始污染的微生物主要来源于动物的皮毛、粪便及屠宰环境。表面初始污染的微生物大多是革兰阳性嗜温微生物，主要有葡萄球菌、小球菌和芽孢杆菌，主要来自粪便和动物皮毛；少部分是革兰阴性微生物，主要来自土壤、水和植物，也有少量来自粪便的肠道致病菌。

2. 热鲜肉中的微生物

中国大多数消费者认为热鲜肉的食用品质较佳，但是事实并非如此。由于热鲜肉从屠宰、分割、运输和销售到用户食用过程中，会受到空气中的尘埃和昆虫、运输车辆、操作人员等多方面的污染，使细菌大量繁殖，常见的有四联球菌（*Micrococcus tetragenus*）、葡萄球菌（*Staphylococcus*）、沙门氏菌（*Salmonella*）、志贺氏菌（*Shigella*）等，微生物的侵染和生长繁殖会造成肉从表面开始腐败，形成黏液并变质。由于热鲜肉独特的销售模式，造成了热鲜肉的货架期极短，不适合长期销售。当肉温为 37 ~ 40℃时，大肠杆菌（*Escherichia coli*）在肉表面完成一个生命周期仅需 17 ~ 19min。按此计算，若在夏天销售，几个小时后肉表面的细菌总数就会迅速升高，此时肉不仅极易腐败变质，而且还会造成严重的食品安全问题。再比如，肉中另一常见微生物金黄色葡萄球菌（*Staphylococcus aureus*）广泛存在于空气、水、灰尘及人和动物的排泄物中，在动物屠宰过程中易沾染于肉表面，在 37℃附近时会大量生长繁殖。如果消费者食用了金黄色葡萄球菌污染的肉，会引起伪膜性肠炎、败血症或脓毒症等急性疾病，严重威胁消费者的生命安全。

3. 冷冻肉中的微生物

冷冻肉中的细菌明显比冷鲜肉和热鲜肉少，在商业冻藏温度下（-18℃以下），可以抑制绝大部分微生物（嗜冷菌除外）的生长和增殖，让它们处于休眠状态，从而暂时停止生长繁殖。但是，冷冻不能起到有效杀菌的作用，一旦恢复室温，被抑制的微生物仍可以复苏、活跃、繁殖。例如，长期冻藏对细菌芽孢基本上没有影响，酵母菌和霉菌对冻藏的抗性也很强。而在通风不良的冻藏条件下，冷冻肉表面会有霉菌生长，形成黑点和白点，影响其商业价值。

4. 肉制品中的微生物

肉制品深受广大消费者的喜爱，其中含有多种微生物，有助于风味的形成，如发酵肉制品是以畜禽肉为原料在自然或人工控制条件下，借助微生物发酵的作用，产生典型的发酵风味，其中的微生物可以产生胞外蛋白酶和脂肪酶对蛋白质和脂肪进行分解。例如，产黄青霉（*Penicillium chrysogenum*）、圆弧青霉（*Penicillium cyclopium*）、杂色曲霉（*Aspergillus Versicolor*）和腊叶芽枝霉（*Cladosporium herbarum*）等霉菌都对脂肪和蛋白质有分解作用。霉菌可在发酵肉制品的表面生长，降低肉制品与 O_2 和光的直接接触，能起到抑制脂质氧化酸败的作用。但是，过量的霉菌会引起发酵肉制品本身霉变。此外，肉在自身或微生物蛋白酶和肽酶的作用下，蛋白质分解形成游离氨基酸，游离氨基酸是生物胺形成过程中的重要前体物质，游离氨基酸在微生物氨基酸脱羧酶催化下脱羧形成生物胺，游离氨基酸含量直接影响生物胺的积累程度。肉制品中生物胺的过度积累不仅会影响肉制品的风味，消费者食用之后还可能会导致高血压、腹泻、心脏和中枢神经系统等器官的损害，并有一定的致癌和致畸性。具有氨基酸脱羧酶活性的微生物主要来源于乳杆菌属、肠球菌属、肠杆菌属、假单胞菌属、片球菌属、乳球菌属等。因此，为了保证产品的安全性和流通性，必须根据肉制品的不同特点，选择适宜的包装，以达到延长货架期和保持肉制品品质的目的。

三、肉与肉制品包装的目的及要求

（一）肉与肉制品包装的目的

肉与肉制品富含营养物质，且大多数产品水分含量较高。在加工、贮藏、运输和销售过程中，极易被微生物污染和繁殖。为了保证肉与肉制品的品质、安全性和较长的货架期，包装在肉与肉制品行业中被广泛地使用。随着人们生活水平的提高及包装工业的发展，对食品的要求越来越高，不仅要求产品质量好、富有营养价值，而且要求包装美观、食用方便，并能有较长的货架期，因此，包装已经成为食品工业不可缺少的环节。目前，肉与制品包装的目的主要如下。

1. 保持肉与肉制品品质、延长货架期

包装虽然无法改变肉与肉制品固有的品质，但是通过正确及适当的包装可以避免微生物或者外界的污染、氧化酸败、水分的流失等造成肉与肉制品品质降低，进而保持产品的品质，延长产品的货架期。

2. 保持肉与肉制品特殊的形状和良好的外观

针对消费者的需求来选择适当的包装材料和形式，不仅可以吸引消费者，同时也能提高肉与肉制品的附加值。

3. 便于运输流通

肉与肉制品在从生产厂家到消费者的过程，需经历运输、贮藏、装卸、销售等环节，使用包装可以减少用于外部机械力引起肉与肉制品的损坏，同时也使肉与肉制品易于搬运和管理。

（二）肉与肉制品包装要求

1. 冷鲜肉

冷鲜肉的包装要求主要是保鲜，为达到相应的质量指标，包装时应达到如下要求：① 保护冷鲜肉不受微生物等外界环境污染物的污染；② 防止冷鲜肉水分蒸发，保持包装内部环境较高的相对湿度，减缓冷鲜肉的水分流失；③ 包装材料应有适当的气体透过率，可维持细胞的最低生命活动且保持生鲜肉的颜色，同时又不致使生鲜肉出现氧化酸败；④ 包装材料能隔绝外界异味的侵入。

冷鲜肉常用的包装方式是将其放入以纸浆模塑或苯乙烯发泡或聚苯乙烯薄片通过热成型制成的不透明或透明的浅盘中，表面覆盖一层透明的塑料薄膜。

2. 热鲜肉

从畜禽宰后的生理生化变化来看，畜禽胴体所处僵直前期的时间长短与畜禽宰后所处环境温度息息相关。由于热鲜肉特殊的销售模式，热鲜肉并没有充足的时间完成解僵软化，因此热鲜肉在销售阶段一直处于僵直前期或僵直期，并未进入解僵软化阶段，所以热鲜肉食用品质较差。目前，大多数企业对热鲜肉的处理是对未僵直的畜禽胴体或分割肉进行适当降温，然后通过冷链运输进入市场销售。在热鲜肉的运输和销售过程中常见的包装方式为抗氧化包装和抑菌包装。

3. 冷冻肉

冷冻肉在贮藏中常出现的问题是干耗、脂质过氧化以及色泽劣变。因此，用于冷冻肉包装的材料应具备较强的耐低温性、较低的透气性及水蒸气透过率。常用的包装方式有收缩包装、充气包装和真空包装等。

4. 肉制品

加工肉制品包括腌腊肉制品、酱卤肉制品、熏烤肉制品、干肉制品、香肠制品和罐头类肉制品等。它们对包装的共同要求是要有良好的阻氧性、较小的透湿性、阻光性及良好的包装操作便利性。除罐藏外，肉制品常用的包装方式包括活性包装、真空包装和气调包装等。

第二节　肉与肉制品现代包装技术及设备

随着肉类加工行业的逐步发展以及人们对肉类食品质量和安全问题的高度重视，现代食品包装材料和包装技术的重要性日益突出。肉与肉制品现代包装材料和技术的开发与创新是提高现代肉类质量与安全的必要前提之一。包装的主要功能是防止微生物侵入，延长货架期，保证肉与肉制品特殊的形状和良好的外观包装，并且便于运输流通。随着消费者对肉与肉制品品质要求的提高，传统的包装技术已经不能满足当下市场需求。因此，研究和开发工作的重点是为肉与肉制品包装创造新的技术，如气调包装技术、真空包装技术、活性包装技术以及智能包装技术等。

一、气调包装技术

（一）气调包装技术的概念与原理

1. 概念

气调保鲜包装（Modified Atmosphere Packaging，MAP）是一种在肉类贮藏、加工、运输、销售中可以有效防止肉类腐败变质、变色，从而达到保持肉类品质、延长货架期目的的新型保鲜包装。MAP是采用具有气体阻隔性能的包装材料包装食品，然后根据实际生产需求将气体（主要是 O_2、CO_2、N_2）按照一定比例混合充入包装内。上述气体能够调节包装内部的气体环境，破坏或改变微生物赖以生存繁殖的条件，并降低肌肉组织细胞的呼吸速度，减缓肉物理、化学、生物性状的劣变，从而达到延长肉与肉制品货架期的目的。

近年来，MAP 作为一种重要的延长肉与肉制品货架期的方法，已经成为国内外科技工作者的研究热点。肉与肉制品 MAP 中最常使用的气体为 CO_2、O_2 和 N_2。一般情况下，上述气体以不同的比例混合，每种气体对肉与肉制品所起的保鲜作用不同，混合的气体能够多方面改善肉与肉制品的品质。一氧化碳气调包装（CO-MAP）也可以延长肉与肉制品的货架期，即在上述普遍采用 3 种气体组合基础上又添加一定比例的 CO 气体来增加肉的保鲜效果，CO 在提高肉色泽方面有很好的效果。

目前 MAP 在市场大范围应用的是以 CO_2、O_2、N_2 为基质，CO-MAP 护色效果好但是抑菌效果不理想，同时关于 CO 毒性的试验研究已经进行，但采用公认的有毒物质 CO 来处理肉与肉制品，在实际应用中仍然被很多国家禁止，难以广泛应用。

2. 原理

肉与肉制品 MAP 防腐保鲜的基本原理是用保护性气体（单一或混合气体）置换包装内的空气，抑制腐败微生物繁殖，保持肉与肉制品的色泽以及减缓新鲜肉的新陈代谢活动，从而延长肉与肉制品的货架期。MAP 内保护气体的种类和组分要根据肉与肉制品保鲜要求进行适当配比后方可取得最佳的保鲜效果。例如：生鲜猪肉、羊肉、牛肉的气调保鲜包装既要保持鲜肉原有红色，又要能防止微生物生长繁殖，气调包装的气体由 O_2 和 CO_2 组成，根据肉的种类不同，气体组成各异。使用高浓度 O_2 可使鲜肉保持鲜红色，在缺氧环境下肉质则呈淡紫色，若用 CO、N_2 等保鲜气体，肉呈淡紫色，货架期可达 30d 左右。冷鲜肉类也要求使用对气体有高阻隔性的复合塑料包装材料。

目前，MAP 运用最广泛的气体为 O_2、CO_2、N_2。O_2 主要用于控制鲜红肉类的颜色，因为颜色是决定消费者选择产品的重要因素。鲜肉 MAP 通常分为高氧或低氧环境，高氧为 80% O_2+20% CO_2，低氧为 30% ~ 65% CO_2，其余为 N_2。O_2 浓度在 0.5% ~ 1% 范围内会导致不可逆褐变。因此，在高氧环境中，氧的浓度要足够高，以维持 Mb 的水平；在低氧环境中，要严格控制 O_2 残留。常见的 MAP 所使用的气体特性及其主要功能如下。

① O_2：O_2 是一种无色无味的气体，容易和其他物质反应，在水中的溶解度很低（100 kPa，20℃时 0.040 g/kg）。O_2 可以促进肉与肉制品发生生物化学反应，包括酯化反应、褐变反应、氧化变色等。O_2 也是大多数霉菌和真菌生长繁殖所需的条件。因而，要延长肉与肉制品的货架期，其包装内的 O_2 含量要低。但有些肉与肉制品中 O_2 含量低可能导致质量和安全问题（例如鲜肉变色、产生厌氧细菌等），在选择用于肉与肉制品包装的气体时必须严格考虑。

② CO_2：CO_2 能够有效抑制革兰阴性菌的生长，如假单胞菌、弯曲杆菌、肠杆菌科、沙门氏菌等，这些细菌是导致新鲜肉变质和食源性疾病的主要原因。如乳酸杆菌属可以生长并超越其他更有害细菌，形成优势菌株，从而抑制其他

有害菌种的生长。CO_2 在气调保鲜中的功能是：

　　A. 代替 O_2，减少包装环境中 O_2 的含量；

　　B. 引起微生物细胞壁的渗透，从而破坏微生物细胞的新陈代谢；

　　C. 加速微生物细胞中 pH 的降低，从而抑制微生物正常的代谢活动；

　　D. 调节微生物细胞中酶活性的变化，干扰微生物正常生长代谢。

　　但是，CO_2 在高水分、高脂肪的食物如肉中极易溶解，随着温度的降低，溶解性增加，导致包装出现瘪塌。因此，通常在包装气体环境中添加 N_2，以防止包装瘪塌。此外，如果包装中 CO_2 过量，导致托盘包装产品的盖子出现凹形。当 CO_2 溶解在肉中的水分中时，高浓度的 CO_2 形成碳酸，引起肉的 pH 降低，导致肌浆蛋白变性沉淀，使鲜肉呈现灰白色，肉汁和渗出物增多，最终影响肉的质地和风味。

　　③ N_2：N_2 是一种无色、无味的惰性气体，密度比空气低，不可燃，在水和其他食品成分中的溶解度很低（100 kPa，20℃时 0.018 g/kg），通常在 MAP 中用作填充气体。N_2 能够有效抑制嗜氧菌的生长，但它不能阻止厌氧菌的生长。在 MAP 中加入充足的 N_2，其在食物中的低溶解量可以平衡 CO_2 溶解而引起的包装瘪塌。

　　④ CO：CO 气体主要用于除鲜肉之外其他肉与肉制品的保鲜，CO 是一种无色无味的气体，具有很高的化学活性，易燃，水溶性差，易溶于某些有机溶液。目前对是否能在肉与肉制品 MAP 中加入 CO 还存在争议。由于 CO 有毒，与空气混合有潜在的爆炸危险，所以在商业上的应用仍在探究阶段。

　　⑤ 氩气（Ar）：Ar 无色、无味，在水和油中的溶解度比 N_2 高。Ar 分子结构比 N_2 分子更致密，可以更有效地隔绝 O_2，也可以与氧化酶相互作用，能够有效防止肉与肉制品的腐败变质。Ar 可通过控制氧化反应和抑制微生物，从而延长肉与肉制品的货架期。例如，82% Ar+18% CO_2 混合气体包装显著延缓了肉的品质劣变。在 15% Ar+60% O_2+25% CO_2 包装中，能够使肉色呈鲜红色，有利于促进销售。

（二）肉与肉制品气调包装技术

　　该技术根据实际需求将一定比例 O_2、CO_2 和 N_2 等混合气体充入包装材料内，被充入的气体在包装袋中稳定存在，从而达到良好的保鲜效果。肉与肉制品的 MAP 主要分为有氧包装和无氧包装，有氧包装气体组成中含有 O_2，其他为 N_2、CO_2 的 1 种或 2 种；无氧包装气体组成为 N_2、CO_2、CO 中的 1 种、2 种或 3 种。有氧包装按其 O_2 含量高低又分为高氧包装和低氧包装，高氧包装中 O_2 的含量一般为 70% ~ 80%，低氧包装中 O_2 的含量大部分为 40% ~ 60%。

　　1. 有氧气调包装

　　有氧气调包装分为高氧气调包装（HiOx–MAP）和低氧气调包装（LOx–MAP）。

　　HiOx–MAP 的气体比例为 70% ~ 80% 的 O_2 配合 20% ~ 30% 的 CO_2，是目前最普遍的一种气调包装方式。HiOx–MAP 最大的优势在于其优良的护色性，肉色主要取决于 DeoxyMb、OxyMb 和 MetMb 这三种蛋白质的相对含量。高氧分压能够促进 DeoxyMb 的血红素与 O_2 共价结合氧化生成 OxyMb，使肉色呈现鲜红色。一般情况下，55% ~ 80% 的 O_2 含量有利于肉色保持良好的稳定性。但是，HiOx–MAP 内的高氧环境可以促进肉中脂质过氧化和蛋白质氧化，导致肉产生氧化异味、汁液损失加剧、嫩度降低等缺陷。此外，经高氧贮藏的肉在煮制过程中温度达到 60℃左右时提早发生褐变（62℃），进而造成肉已被煮熟的假象，误导消费者烹饪时熟制不彻底，存在一定的安全风险。

由于 HiOx–MAP 中肉与肉制品容易被氧化，通过采用 LOx–MAP 适当降低 O_2 浓度来改善肉的品质正成为包装领域研究的一大热点。近年来随着人们对降氧研究的不断深入，出现了一种新型商业低氧包装方式，其气体比例多为 50% O_2+30% CO_2+20% N_2。50% O_2 LOx–MAP 是针对 80% O_2 HiOx–MAP 的氧化问题而设计出的降氧包装，其主要目的是在保证良好肉色的前提下，尽量降低肉的氧化程度。尽管 HiOx–MAP 有助于维持鲜红的肉色，但使用 40% ~ 50% 氧含量即可达到和 70% ~ 80% 氧含量类似的护色效果。目前，LOx–MAP 中多采用 50% 的 O_2 含量。

2. 无氧气调包装

肉的无氧气调包装通过 CO_2 使肉保持较好的色泽，CO_2 能够抑制需氧菌的生长繁殖，从而使肉的货架期更长。用 0.5% CO+60.4% CO_2+39.1% N_2 的气体组成包装冷却牛肉，在 1℃下贮藏，可以保证肉鲜红色，且鲜度仍在国家标准规定的范围内。将 MAP 中 69.6% N_2+30% CO_2+0.4% CO 的气调环境与真空包装对碎牛肉的色泽稳定性进行比较，发现气调包装的碎牛肉比真空包装的碎牛肉具有更好的色泽稳定性。由此可见，无氧 MAP 能够更好地保持牛肉的色泽，延长牛肉的货架期。

（三）肉与肉制品气调包装的特点

① MAP 能保持肉与肉制品的原本风味，减少汁液损失和颜色变化，对肉与肉制品的品质有一定的改善。一定温度条件下，将一定比例的混合气体充入具有一定阻隔性和密封性的包装材料中，改变肉与肉制品所处的气体环境，利用气体的不同作用来抑制引起肉与肉制品变质的生理生化过程，从而达到延长货架期的目的。

② MAP 中不同气体组成的环境产生不同的保鲜作用，因此在肉与肉制品贮藏过程中对气体组分和比例进行研究以达到最佳的贮藏效果尤其重要。

③ MAP 可以隔离外界微生物，防止二次污染，也可以抑制肉与肉制品中细菌、真菌和霉菌的生长繁殖，降低酶促反应速率，减缓脂质过氧化、蛋白质氧化和防止产品颜色劣变，从而保证肉与肉制品的卫生质量和良好的感官品质。

④ MAP 可以减少防腐剂的使用，在保持肉与肉制品新鲜度和色泽度的同时，安全性和营养价值也得到保护，明显延长其货架期。目前，MAP 已经成为部分发达国家消费者所青睐的一种包装方式。

（四）气调包装技术在肉与肉制品包装中的应用

肉类产品具有营养全面、水分含量高以及易腐败、难以长时间贮藏的特点，因而延长肉与肉制品的货架期尤为重要。MAP 既能保证肉与肉制品的鲜度，同时能够达到延长保质期的作用，应用前景广阔。例如，调查丹麦、挪威、瑞典 3 个国家共 1072 位消费者对有氧 MAP（80% O_2+ 20% CO_2）、无氧 MAP（69.6% N_2+30% CO_2+0.04% CO 和 70% N_2+ 30% CO_2）包装牛肉的喜爱程度，发现 3 个国家的消费者都比较喜欢无氧包装的牛肉。由此可见，消费者倾向于购买能够为消费者提供具有更好感官品质和食用品质的商品。

MAP 能够很好地保持冷鲜肉与肉制品的食用品质并延长其货架期，具有很好的社会价值和经济效益。此外，MAP 与其他保鲜技术如真空预处理技术、保鲜剂处理技术、紫外线、超声波等处理技术联合进行肉与肉制品的保鲜，取得了较好的效果。

1. 有氧气调包装的应用

肉的有氧气调包装中，O_2 对肉保持鲜红色泽和抑制厌氧微生物的生长繁殖等有较好的效果，但是 O_2 存在时也会使肉的氧化速度加快。有氧 MAP 通过降低 O_2 的比例，充入一定比例 CO_2、N_2，可以减少氧化速度，并使肉保持良好的色泽。不同的有氧气调包装对肉品质及货架期的影响见表 4-2。

表 4-2　　　　　　　　　有氧气调包装在肉与肉制品中的应用

气体比例	温度	应用对象	应用效果
40%O_2+25% CO_2	4℃	牛肉	牛肉 MAP 保鲜效果较佳，可使牛肉货架期延长至 14 d 以上
45% O_2+45% O_2+10% N_2	4℃	新鲜牛臀肉	有效延长牛臀肉的货架期，MAP 下牛臀肉贮藏期可以达到 20 d，并保持色泽稳定
50% O_2+20% CO_2+30% N_2	4℃	新鲜牛肉	通过对脂质过氧化、多汁性、嫩度等指标进行检测，该 MAP 牛肉具有较好的感官品质
80%O_2+20% CO_2	4℃	新鲜牛肉	气体与牛肉的体积比为 2∶1、1∶1 时，感官品质和可接受性最高
75%O_2+25%CO_2	−1℃	新鲜羊肉	−1℃冰温条件结合 MAP 可以使羊肉有效保鲜 42 d，极显著地延长羊肉的货架期
60%O_2+40% CO_2	4℃	新鲜牛肉	O_2 含量为 60% 的气调包装组中牦牛肉的肉色稳定性最好
65%O_2+35% CO_2	4℃	新鲜牛肉	该 MAP 能够明显减少菌落的生长，气调包装中 CO_2 对假单胞菌（Pseudomonas）等细菌起到一定的抑制作用

续表

气体比例	温度	应用对象	应用效果
45% O_2+35% CO_2+25% N_2	4℃	新鲜牛肉	高氧或高 CO_2 浓度的气调包装对牛肉保鲜效果都不理想，而适合的气体组合 45%O_2+30%CO_2+25%N_2 的气调包装牛肉货架期最长
75%O_2+20%CO_2+5%N_2	0～4℃	猪肉	气调包装对延长猪肉的货架期有很好的效果，可使冷鲜猪肉的货架期延长至 18 d
80%O_2+20% CO_2	4℃	猪肉	高氧气调包装能够显著提高宰后猪肉蛋白质的氧化程度，抑制钙蛋白酶活性发挥及其底物蛋白质的降解
60%O_2+40% CO_2	–2℃	猪肉	微冻条件下，猪肉的货架期可达 15 d，并能保持较好的品质
15%O_2+30%CO_2+55%N_2	–2℃	鸡肉	气调包装能有效延长鸡肉的货架期和保持其品质
53%O_2+47%CO_2	4℃	鸭肉	气调包装使冷鲜鸭肉在第 10 d 时保持二级鲜度，并能有效抑制微生物生长繁殖，减少 TVB–N 的生成并提高感官品质，有助于延长冷鲜鸭肉的货架期

HiOx–MAP 和 LOx–MAP 对牛肉感官品质的影响一般通过检测贮藏过程中微生物指标、生化指标、感官指标的变化进行评价。当牛肉采用有氧 MAP 时，至少可使牛肉的货架期延长至 14 d。对新的鲜切碎的牛肉在 HiOx–MAP 下贮藏货架期建立动力学模型，发现新鲜的切碎的牛肉在 4℃下能贮藏 9 d，在 8℃下能贮藏 3～4 d，在 15℃下能贮藏 2 d。鲜肉 HiOx–MAP 包装中添加 CO_2，有效地保持了鲜肉的色泽，延长了鲜肉的货架期。但是，贮藏时间过长会形成棕褐色 MetMb，发生脂质过氧化，并且好氧腐败菌的繁殖加速了腐败。LOx–MAP 的货架期较长，为 25～35 d，但由于 O_2 浓度低，它在零售时不会出现鲜红色。由此可见，当牛肉采用有氧 MAP 时，至少可使牛肉的货架期延长至 7 d。

2. 无氧气调包装的应用

肉的无氧 MAP 中通过 CO 使肉保持较好的色泽，CO_2 的存在抑制需氧菌的生长繁殖，由于没有 O_2 的存在使得肉的货架期更长。例如，用 0.5% CO+60.4% CO_2+39.1% N_2 的气体组成包装冷鲜牛肉，在 1℃下贮藏，通过检测挥发性盐基氮（TVB–N）及细菌总数、乳酸菌数、热死环丝菌、假单胞菌在贮藏过程中的变化，检测结果表明在贮藏 28 d 时牛肉在保持鲜红颜色的同时，鲜度仍在国标规定的范围内。此外，比较 MAP 69.6% N_2+30% CO_2+0.4% CO 和真空包装对碎牛肉色泽稳定性的影响，通过对肉色指标的测定，MAP 比真空包装碎牛肉具有更好的色泽稳定性。如使用 100% CO_2 在 4℃下对羊肉进行无氧气调包装，100% CO_2 气调包装不仅抑制了冷鲜羊肉腐败微生物的数量，也改善了羊肉的理化品质，将冷鲜羊肉的货架期延长了约 7 d。由此可见，无氧 MAP 能够更好地保持肉色泽的稳定性并且延长肉品的货架期。

（五）肉与肉制品的气调包装联合其他包装技术

肉与肉制品若采用单一的 MAP 保鲜包装会存在保鲜效果欠佳等问题，达不到理想的保鲜效果。采用 MAP 与其他保鲜方法复合的方式来对肉进行保鲜包装是当下最受欢迎的新型包装技术。

1. 气调包装技术联合真空预处理技术

真空预处理技术具有冷却速度快、冷却均匀、干净卫生、处理量大、经济性好等优点，已成为冷链循环中首选的现代化预处理方式。此外，真空预处理技术可以有效抑制微生物生长、延长肉与肉制品货架期。因此，采用 MAP 结合真空预处理技术对肉与肉制品保鲜具有重要意义。选用不同的预处理终温和预处理压力来研究其对牛肉的保鲜效果，在 4℃、预处理压力为 1.2 kPa 的真空预处理条件下，采用 40% O_2+ 25% CO_2 气体组分气调包装时，牛肉的保鲜效果较好，其货架期可延长到 14 d 以上，该研究为复合 MAP 技术在牛肉保鲜包装方面的应用提供了技术依据。

2. 气调包装技术联合抗氧化活性包装技术

抗氧化物质可以抑制肉中微生物生长繁殖、蛋白质氧化等过程，从而延长肉的货架期。常用的抗氧化成分主要分为化学抗氧化成分、天然抗氧化成分和生物抗氧化成分 3 类。通过单一 MAP 来延长肉的货架周期具有一定的局限性，而采用将 MAP 与抗氧化成分复合使用的方式往往可提高肉的保鲜效果（表 4-3），具体做法可先将肉经保鲜剂处理后，再对其进行 MAP，发挥两者的协同效应可大大提高肉的保鲜效果。

表 4-3　　　　气调包装技术复合抗氧化成分在肉与其制品中的应用

气体比例	抗氧化成分	应用对象	应用效果
70%O_2+20%CO_2+10%N_2	1% 壳聚糖与 0.2% 茶多酚	冷鲜牛肉	保鲜效果最好，可使牛肉的货架期延长至 20d 以上
40%O_2+15% CO_2	0.1g/d L 乳酸，2.0g/d L 山梨酸钾，3.0g/d L 抗坏血酸	冷鲜牛肉	牛肉具有较好的保鲜效果，可使新鲜牛肉的货架期维持至 7d
50%CO_2+35%O_2+15%N_2	肉桂精油 - 壳聚糖涂膜	冷鲜牛肉	肉桂精油 - 壳聚糖涂膜可明显改善牛肉贮藏品质，延长其货架期约 4d
75%CO_2+25%N_2	迷迭香提取物	冷鲜羊肉	使用迷迭香提取物结合高浓度 CO_2 MAP，可以显著延长冷鲜羊肉的货架期
80%O_2+20% CO_2	生姜提取物、维生素 C 和维生素 E	冷鲜猪肉	生姜提取物、维生素 C、维生素 E 三者的协同抗氧化作用最强，可使肉块在第 21d 时仍呈现良好的色泽
60%CO_2+40%N_2	壳聚糖、蜂胶、溶菌酶和茶多酚等复配保鲜液	鱼肉	保鲜液可抑制鲶鱼片微生物生长、蛋白质降解、脂质和蛋白质氧化，较好地保持鲶鱼肉的新鲜度，延缓腐败变质的发生

3. 气调包装技术联合超声波技术

超声波对微生物有破坏作用，能使微生物细胞内容物受到强烈的震荡而使细胞破坏。一般认为在水溶液内，由于超声波的作用能产生 H_2O_2，后者具有杀菌能力。冷鲜牛肉通过超声波处理，可以很好地促进肉中蛋白质分解酶的游离和分泌，使游离氨基酸量得到增加，促进组织结构变化，从而达到改善肉质嫩度的目的。采用紫外线处理、超声波处理与 50% CO_2+ 25% O_2+ 25% N_2 联合的方式，通过对牛肉色泽、汁液渗出率、pH、熟肉率、嫩度、TVB-N 值、细菌总数和大肠菌群等指标进行综合评价，货架期可达到 22 d。

4. 气调包装技术联合辐照技术

近年来，MAP 与辐照相结合的包装技术是研究的新趋势，多年来一直用辐射控制肉制品中致病菌，如大肠杆菌、单增李斯特菌、空肠弯曲杆菌和沙门氏菌。但是，辐射也可导致脂质过氧化，从而降低肉的品质。为了消除上述不利影响，MAP 已被用于增加肉中微生物对辐射的敏感性，以达到用较低的辐照剂量最大程度杀灭微生物的目的，例如，与 100% CO_2 或真空包装环境中的碎牛肉相比，用 30% CO_2+60% O_2+10% N_2 处理的碎牛肉表现出对大肠杆菌和鼠伤寒沙门氏菌的辐照敏感性增加。然而，大气中的高氧含量会导致脂质过氧化，用 100% CO_2 气体环境作为更可行的方法，但问题是高 CO_2 水平会导致肉的颜色发生劣变。为了解决这个问题，已经研发了具有高 CO_2 与 CO 混合的 MAP，以实现辐照对微生物的敏感性，同时保持肉的新鲜颜色。

（六）肉与肉制品气调包装设备

1. 气调包装盒

目前我国鲜肉消费市场上常见的是气调包装盒包装。气调包装盒是由聚丙烯（PP）、氟化乙烯丙烯（PEP）等硬脂塑料制成的托盘，并在开口处用薄膜进行封盖包装。包装原理为将鲜肉放入包装盒内，在盒中充入所需气体，对冷鲜肉进行气调保鲜，气调包装盒可以显著延长冷鲜肉货架期，并且可以根据冷鲜肉的销售周期选择透氧率不同的薄膜材料进行封盖包装：对于即销的冷鲜肉，可以选择透氧率比较高的薄膜以节省成本；而在销售周期较长的地区，可以选择透氧率低的薄膜材料以延长冷鲜肉的货架期。常见的气调包装盒如下。

（1）美国希悦尔公司研发的 DarfreshBloom 盒　该包装盒由托盘和封盖薄膜组成，其中包含所需的气体。在运输和销售过程中，渗透膜可以防止肉与外部屏障膜接触（图 4-1）。

（2）美国希悦尔公司研制的 MirabellaMAP 包装盒　该包装盒由两种共挤收缩膜组成，在包装盒内部垫衬一种可渗透性密封膜，在封盖处用一种刚性聚丙烯高阻隔膜进行密封，如图 4-2 所示。在置入密封改性托盘之后，包装机合盖之前，在辊上分离双层膜，使改性后的气体混合物渗透到两层膜之间。这种气

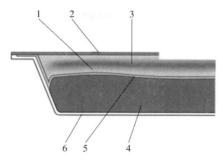

1—惰性气体　2—隔膜　3—改良气体　4—膜1，镉刚性底部

5—膜2，可渗透的柔性顶部膜　6—冷鲜肉

图4-1　DarfreshBloomMAP包装盒示意图

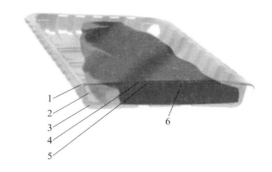

1—防漏密封区域　2—真空和气体再注入　3—屏障刚性托盘

4—屏障密封层　5—渗透层　6—肉、薄膜接触层

图4-2　MirabellaMAP包装盒示意图

体空间允许渗透膜接触肉类表面而不会造成冷鲜肉变色。

（3）瑞士Ilapak公司开发的一种MAP包装盒　该包装盒使用内联腔对包装进行真空处理，然后引入CO_2，使残余O_2减少到百万分之一，并允许连续添加其他气体，在真空室完成了气调气体的配比和密封机的空气清除，之后形成薄膜腔，用于气体的填充与密封，这种包装盒要求使用更薄的成型薄膜，从而节省成本。

2. 气调包装充气形式及设备

（1）气调包装形式　气调包装机机型众多，功能各异。气调包装充气方式有两种，分别为气体冲洗式（Gas Flush Type）和真空补偿式（Vacuum Compensation Type）。现将其原理分述如下。

① 气体冲洗式：气体冲洗式充气原理是连续充入混合气体将包装容器内空气驱出，袋口构成正压并立即封口。这种气调包装方式可使包装容器内含氧量从21%降低至2%～5%。

以枕式包装机充气设备为例（图4-3），其原理是混合气体从充气管经喷嘴喷出，此时包装袋的纵向和前端横向已封口，混合气体气流将空气从薄膜成型

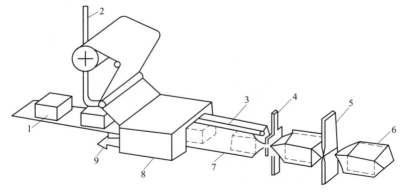

1—食品输送带　2—充气管　3—喷嘴　4—横封装置　5—切断刀具
6—枕式包装件　7—包装薄膜袋　8—薄膜成型模箱　9—排气孔
图4-3　气体冲洗式气调包装充气包装设备示意图

模箱前端排气口驱除出，随即横封装置和切断刀具将袋口热封并切断为单件包
装品。气体冲洗式包装内残氧量较高，不适用于对氧敏感的食品的包装，但因
不抽真空并连续充气，机器生产效率高。

　　② 真空补偿式：真空补偿式充气原理是先将包装容器中的空气抽出构成一
定真空度，然后充入混合气体恢复至常压并热封封口。

　　以热成型自动真空包装机为例（图4-4），气调包装盒的底膜在热成型模内
加热并吸塑成型，随后将食品放入塑料盒与盖膜同时进入轴真空 – 充气 – 热封
室内。塑料盒在密闭的热封室内先排出盒内空气，随后从充气管充入混合气体，
热封膜将盖膜与盒的周边热封，热封后的气调包装件被刀具分割成单件。

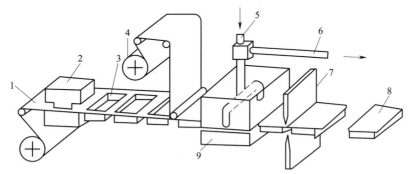

1—底膜　2—热成型模　3—塑料盒　4—盖膜　5—充气管　6—轴真空 – 充气 – 热封室
7—分割刀具　8—盒室气调包装单件　9—抽真空 – 充气 – 热封室
图4-4　真空补偿式气调包装充气包装设备示意图

（2）常见的气调包装设备

　　气调包装机一般是将原有的包装盒内空气抽真空，按一定配比充入混合的
气体（N_2、O_2、CO_2）对被包装食品进行有效的保鲜保护措施。气调包装设备按

包装形式分类有：盒式气调包装机、袋装式气调包装机、置换式气调包装机、真空式气调包装机等。气调包装机为满足食品包装生产线作业要求，还应具有称重、打码、贴标等流水线功能。

①盒式连续式气调包装机：根据盒式连续气调包装机的设计参数和功能要求，通过对其工作方式、封合方式、气体置换方式、工艺路线和工作循环图的分析研究，将各功能执行机构进行合理布局，其构造如图4-5所示。该设备主要由包装盒输送机构、包装膜输送机构、气调包装模具和机架组成。其中包装盒输送机构由步进电机、带推杆输送链条、安装在机架上的链轮和盒输送导锁组成；包装膜输送机构由放膜轴、收膜轴、打码装置和膜走向引导装置组成；气调包装模具由上模具、下模具和下模具驱动气缸组成；储气罐存有混合好的保护气体；考虑到控制要求安装了触摸屏和电控箱。

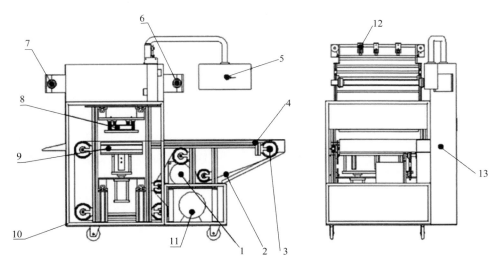

1—步进电机　2—带推杆输送链条　3—链轮　4—盒输送导锁　5—触摸屏　6—放膜轴　7—收膜轴
8—上模具　9—下模具　10—机架　11—储气罐　12—打码装置　13—电控箱

图4-5　盒式连续式气调包装机结构示意图

②枕型袋式气调包装机：图4-6为枕型式气调包装机整体结构示意图。整机主要组成装置包括：物料供送装置，包装薄膜供送装置，制袋成型器，拉膜牵引机构，气体置换装置，配气系统，纵封机构，横封切断装置和成品输出装置。由图4-6可知，气调包装机成卧式布局，水平输送带即送料装置位于设备前端，包装袋成型系统由送膜装置、制袋成型器、纵封机构与横封切断装置构成。其中送膜装置位于设备上方，制袋成型器、纵封机构与横封横切装置从左到右依次布置于设备的水平操作台上。气体置换系统由配气系统、气管连接器、气管固定装置以及气管组成。其中气管固定装置可以实现气管位置在上下、左右与前后3个方向上的调整。

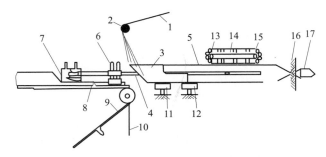

1—热封膜　2—热封膜导辊　3—成型器　4—抽气管　5—充气管　6—气管固定装置

7—气管连接器　8—推杆　9—链条　10—机架　11—拉膜辊　12—纵封器

13—毛刷　14—皮带　15—带轮　16—横封器　17—成品

图4-6　枕型袋式气调包装机结构示意图

③ 置换式气调包装机：该设备主要包括上模组件、下模组件及机架（图4-7）。在上模具组件与下模具组件间是热封薄膜。上模组件由上模具、切刀、导柱、弹簧及压模架组成，通过气缸推动压模升降；下模具抽、充气接口通过阀门分别与真空泵和充气装置相连接。上模具向下运动与下模具形成密封腔后，上下抽气孔同时抽气，保证热封膜的两侧压力相等，压力传感器检测压力，当压力达到设定的真空压力时，停止抽气，抽气口管路转换阀至配气状态，随即开始上下同时充配制好的气体。当配气压力达到大气压时，停止配气，同时，上抽气口接通空气直接回压，气缸推动上模具进行热封、切膜。该包装机不仅气体置换充分，配气效率高，而且可以确保配气精度，保证准确的配气量，防止气体胀袋或配气基不足，以提高保鲜效果。

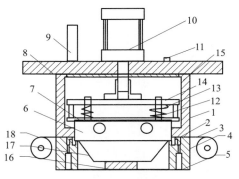

1—真空罩　2—密封条　3—薄膜　4—下磨具　5—下抽、充气接口　6—上模具　7—切刀

8—密封圈　9—压力变送器　10—气缸　11—上抽、充气接口　12—导柱　13—弹簧

14—压模架　15—上顶板　16—推盒板　17—包装盒　18—滑轮

图4-7　置换式气调包装机结构示意图

④ 真空式气调包装机：真空式气调包装机是在抽真空后再充入按一定比例混合的2～3种气体，适用范围远远大于真空包装，除包装后需要高温杀菌

的食品或需要减少包装体积必须采用真空包装外，其余采用真空包装的食品均可以采用真空充气包装替代，而许多不宜采用真空包装的食品也可采用真空充气包装。图4-8所示为真空式气调包装机结构示意图，推袋器的作用是将袋口压住，以保证充气后的封口质量。目前国内各企业的保鲜真空充气包装机虽然外形各不相同，但工作原理只有两种，一种是半密封状态下工作的冲洗补偿式，另一种是全密封状态下工作的真空置换式。

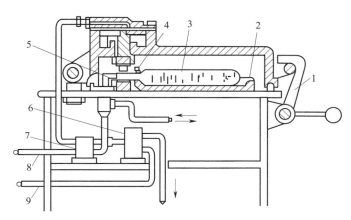

1—锁紧钩 2—盛物盘 3—包装制品 4—推袋器 5—充气嘴 6—阀
7—充气转换阀 8—惰性气体进气管 9—压缩气体进气管
图4-8 真空式气调包装机结构示意图

⑤ 新型节能型气调包装机：该气调包装机适合于畜禽肉包装，其特征在于，包装机本体的两侧均固定安装有固定板，两个固定板相互靠近的一侧均开设有固定孔，两个固定孔内均滑动安装有连接板，两个连接板相互靠近的一侧固定安装有同一个下料箱，下料箱的底部内壁上开设有下料孔，所述下料箱的两侧均固定安装有固定块，两个固定块上均转动安装有下料板，两个下料板适配，两个固定块的一侧均转动安装有齿轮，两个齿轮的一侧均固定安装有转动杆的一端，转动杆的另一端固定安装在对应的下料板上，包装机本体的顶部固定安装有第一齿条，第一齿条与对应的齿轮相适配，固定板上设有驱动机构，驱动机构与连接板相适配。驱动机构包括连接杆、控制板和伺服电机，连接杆固定安装在连接板的底部，连接杆的底端固定安装在控制板的顶部，控制板的一侧开设有通孔，通孔的两侧内壁上均固定安装有第二齿条。

固定板的一侧开设有电机槽，伺服电机固定安装在电机槽内，伺服电机的输出轴延伸至通孔内并传动连接有半边轮，半边轮与两个第二齿条啮合。包装机本体的一侧固定安装有侧板，侧板的顶部开设有转动槽，下料箱的顶部卡装有顶板，顶板的顶部开设有滑孔，滑孔内滑动安装有螺杆，螺杆的顶端转动安装在转动槽内，螺杆上安装有安装块，安装块固定安装在顶板的底部，螺杆上固定安装有搅拌片。连接板的顶部开设有方形孔，方形孔内滑动安装有方形杆，方形杆的两端分别固定安装在固定孔的两侧内壁上。固定块的底部开设有凹槽，下料板转动安装在凹槽内，凹槽的内壁上开设有转动孔，转动杆转动安装在转动孔内。

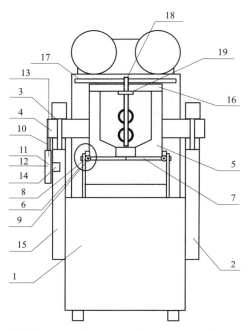

1—包装机本体　2—固定板　3—固定孔　4—连接板　5—下料箱　6—固定块　7—下料板
8—齿轮　9—齿条　10—连接杆　11—控制板　12—通孔　13—齿条　14—电机
15—半边轮　16—顶板　17—侧板　18—螺杆　19—安装块

图 4-9　新型节能型气调包装机结构示意图

二、真空包装技术

（一）真空包装的概念与原理

1. 概念

真空包装（Vacuum Packaging，VP）是抽出包装容器内的空气并密封，降低氧含量，并维持包装容器内的高度负压状态，食品处于低氧甚至无氧的环境，以延长肉与肉制品的货架期。真空包装在肉与肉制品的包装中已经得到广泛应用，真空包装一般需要结合其他保鲜方法，如冷藏、冰温、高温杀菌、腌制等技术改善肉与肉制品的品质。

2. 原理

在真空状态下，好氧微生物的生长减缓或受到抑制，减少了蛋白质的降解和脂质的氧化酸败。另外包装袋内的低氧环境有利于肉中厌氧菌如乳酸菌的繁殖，使 pH 降低至 5.6 ~ 5.8，较低的 pH 进一步抑制了其他菌的生长，对酶活性也有一定的抑制作用。同时，还可以减少肉与肉制品水分的损失，保持其质量，从而延长了肉与肉制品的货架期。此外，真空包装有利于提升肉与肉制品的清洁度，有效降低其在贮藏、运输及销售过程中受到污染的几率。真空包装由真空袋或真空包装膜组成，其中透气性低的薄膜紧密贴在产品表面，通过在包装内形成厌氧环境来实现防腐效果。包装环境中残留的 O_2（包括溶解在产品中的 O_2）时通过肌肉组织内的酶促反应和与组织成分的其他化学反应除去，且肉的呼吸也会迅速消耗绝大部分残余的 O_2。但肉自身去除 O_2 的能力是有限的，必须采取其他辅助贮藏措施，降低包装时产品中剩余的 O_2 量（在良好的真空条件下，O_2 含量降低至整体容量 1% 以下），使包装致密，防止外部 O_2 进入。

真空包装的冷鲜肉颜色是深紫红色而不是鲜红色，因此此类肉在销售环节一般将真空包装打开，并切成较小的肉块，使肉充分接触 O_2，从而变成鲜红色，以提高肉的感官品质。因传统的真空包装工序较多，现在开发了一种将真空和透氧包装结合起来的新型零售包装方法。其原理是将冷鲜肉真空包装在多层膜中，外层真空膜可剥去，剥去后内层透氧膜暴露于有氧环境中，由于含氧量增加，使肉在零售展示时肉色迅速变为鲜红色。

（二）真空包装的材料与方式

1. 真空包装材料的选择

包装材料应该具有良好的安全性能，不会污染产品和影响人体健康。常用于真空包装的塑料薄膜主要有尼龙、聚酯、玻璃纸、聚乙烯醇（PAV）等，其相关物理性能见表 4-4。再选用性能优良的高分子材料，与塑料薄膜进行复合，复合后拥有更优良包装效果，同时在两者的复合层之间进行印刷，不接触食品，可防止油墨的磨损剥落。聚偏二氯乙烯具有良好的气体阻隔性，与聚酯塑料薄膜进行复合，因聚酯塑料薄膜具有坚韧的性能，两者复合使包装材料同时拥有隔气性和坚韧性等优良的性能。另外，部分金属包装材料也可与塑料材料组成复合材料用于真空包装。

表 4-4　　　　　　　　　常见真空包装材料的物理性能

材料名称	物理性能							
	拉伸率	拉伸强度	自黏性	韧性	弹性	热封性	耐水性	透明度
线性低密度聚乙烯	优	优	优	优	优	优	优	一般
乙烯醋酸乙烯共聚物	一般	良	优	优	优	优	优	差
聚氯乙烯	良	良	优	一般	一般	良	优	良

2. 真空包装方式

（1）软管式真空包装　软管是用一片或两片薄膜通过一个圆管成型器热封合而成的。薄膜逐渐进入圆管成型器，先封纵缝再封一道横缝，然后充填物料，再进行抽真空并封第二道横缝，最后将软管切下，成为一个包装件。这种软管可以用于真空包装，但多用于充气包装。

（2）装袋式真空包装　用真空充气法包装小袋时，最常发生的问题就是封口处褶皱，导致封口不严，原因是制袋时很难将封口部分的两片材料做得一样大。因此，在封口时必须将较短的一片拉长，这一措施是保证袋口不发生褶皱，得到良好密封所必须进行的操作。

近期开发了一种新的真空装袋方法。在封袋口之前，用热蒸汽处理袋口部分，然后进行热封，这样做的作用是使袋内的空气被蒸汽吹走，封口后留在袋口的少量蒸汽冷凝，使袋内产生真空，这种方法适合用来包装肉与肉制品，因为蒸汽冷凝后的少量水分对肉与肉制品不会产生影响。该种方法所得到的真空度能满足很多产品的包装要求，也可用于蒸煮袋包装食品。

（3）半刚性容器式真空包装　通常是用硬质塑料片与铝箔的复合材料压制成杯形容器，充填食物后在真空腔室内抽真空，用平整的同类材料覆盖后再热封，通过这种包装方式得到的包装件外观平整光滑无皱纹。

3. 真空包装的优点

真空包装的主要优势在于防护性好，密封性可靠，真空度高，残留空气少，能有效抑制细菌等微生物繁殖，避免内装物氧化、霉变和腐败。对于冷鲜肉类来说，真空包装还有以下优点。

（1）防止干耗　包装材料把水蒸气屏蔽，防止肉的干耗，使肉表面保持柔软。

（2）防止氧化　抽真空时，O_2 和空气一起被排出，包装材料将外界气体阻隔，使 O_2 不能进入包装袋中，彻底阻止氧化的发生。

（3）防止肉香味的损失　包装材料能有效地阻隔易挥发性的芳香物质的溢出，同时也能防止不同产品之间的串味。

（4）避免冷冻损失　包装材料将产品与外界隔绝，使得冷冻时冰的形成和水分损失减少到最小的程度。

一般来说，对肉与肉制品进行真空包装时，真空度越高，包装效果越好；包装材料气密性越好，密封越牢固；肉与肉制品的含气率越低，可保持的真空状态也越久；贮藏温度越低，真空包装越有效。但是，真空包装中由于被包装的肉与肉制品一般含有大量水分，包装材料也具有一定的透气性，所以要使包装容器或包装袋内达到完全的真空是不可能的。真空包装基本上会去除所有 O_2，从而抑制细菌的生长，同时还要保持冷鲜肉打开包装并暴露在 O_2 中时形成鲜红色。真空包装冷鲜肉的颜色是深紫红色而不是鲜红色，因为肉具有代谢活性，密封后残留在包装中的少量 O_2 会被代谢转化为 CO_2，这有助于延长肉的货架期。

尽管零售商努力推广真空包装冷鲜肉，但传统的真空系统从未被消费者广泛接受。因此，真空包装的冷鲜肉通常先打开，切成更小块状并重新包装，重新达到鲜红色，实现真空包装的长货架期优势。

在冷鲜肉包装中应用真空包装技术的优点是可以延长货架期，真空包装冷鲜肉的货架期受到贮藏温度、肉块大小、初始微生物水平以及包装材料 O_2 通透性等因素的影响。

（三）真空包装应在肉与肉制品包装中的应用

真空包装技术目前被广泛应用在肉与肉制品的包装中，对肉与肉制品进行真空包装，通过汁液流失率、pH、TVB-N、色泽、菌落总数和感官评价等指标进行分析（表4-5），总体上可以看出，真空包装能够很好地延长肉的货架期。

表 4-5　　　　　　　　　真空包装技术在肉与肉制品中的应用

包装方式	温度	应用对象	应用效果
真空包装	4℃	酱牛肉	真空包装比普通包装能更好地保持酱牛肉的贮藏品质，可有效抑制微生物生长，延缓脂质过氧化，将酱牛肉货架期延长 4d 左右
真空包装	4℃	牦牛背最长肌	真空包装在 10d 后能够很好地减缓肌原纤维蛋白小片化和表面疏水性，能够有效增加牛背最长肌的货架期
真空包装	4℃	冷却羊肉	真空包装组中在贮藏过程中汁液流失率最低，真空包装可以有效延长冷鲜肉的货架期
真空包装	-2℃	羊肉	真空包装能使羊肉保持良好的色泽，在贮藏末期，真空包装色泽显著优于非真空包装，且真空包装中微生物数量明显少于非真空包装，能使羊肉货架期延长 3d
真空包装	4℃	牛肉香肠制品	真空包装能够有效地减缓样品理化指标、微生物指标和感官品质的变化，能够有效延长牛肉香肠的保质期
真空包装	4℃	猪肉	真空包装冷鲜猪肉的嫩度、风味、多汁性、喜好程度和总体评价都优于普通冷鲜猪肉，并且真空包装显著延长了猪肉保质期
真空包装	4℃	鱼肉	感官评定和微生物检测结果表明真空包装可延缓菌落总数的增加和感官品质的下降，真空包装处理在一定程度上可以有效降低鱼体腥味及不良挥发性物质的产生
真空包装	4℃	鸭肉	真空包装可以有效地抑制腐败菌的生长，将真空包装鸭肉的货架期延长到 24 d

（四）肉与肉制品真空包装设备

1. 真空包装主要包装方式

真空包装对肉与肉制品有很好的保鲜效果，已经得到广泛认可，并且已经在市场上广泛应用。目前肉与肉制品真空包装设备按包装方式分类主要有挤压式、插管式、腔室式、热成型式真空包装机，使用最多的是腔室式真空包装机。

（1）机械挤压式　挤压式真空包装是指将产品放置于柔性包装材料的包装袋内，从袋的两边抽完气后用海绵类物品对包装袋进行机械挤压，将袋内的空气排除干净，然后再进行密封的一种方法。此方法操作简单，应用范围较广，但脱气除氧的效果差，只限于对真空度要求不高的包装。就蒸煮熟制的肉制品而言，当温度在60℃以上时，若采用机械挤压法，则袋内将充满水蒸气，无法得到真空度较高的真空包装。

图4-10所示为机械挤压式真空包装原理示意图。包装袋充气结束后，在两侧用海绵垫等弹性物品将袋内的空气排除，然后进行封口，完成包装。这种方法最简单，但真空度低，用于要求真空度不高的场合。

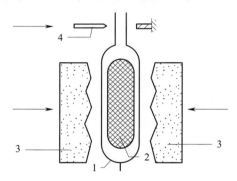

1—包装袋　2—被包装物　3—海绵垫　4—热风器

图4-10　机械挤压真空包装工作原理示意图

（2）插管式　插管式是将产品放置于柔性包装袋内，从袋内的开口处设置吸气口，插入吸管后通过真空泵抽出袋内的空气，最后用热封器将袋口密封。真空泵与抽真空口连接，在大气压力下，保证外部气体不能进入袋内。此法达到的真空度较低，对对真空度要求不高的产品较适宜。插管式对袋内抽真空后同时也可以通过吸气口向柔性包装袋内充入惰性混合气体完成一个简易的气调包装形式。

图4-11所示为无真空室的插管式真空包装工作原理示意图。从包装袋的袋口插入排气管，开启阀门，真空泵进行抽真空，在包装袋口两侧用海绵垫将袋内的空气排除，达到预定真空度后进行封口，完成真空包装。若需充气，则在抽真空后，关闭阀门，开启阀进行充气。

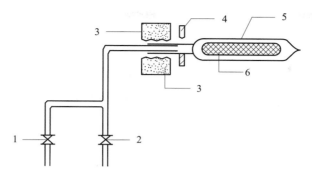

1、2—阀门 3—海绵垫 4—热封器 5—包装袋 6—被包装物

图 4-11 插管式真空包装工作原理示意图

（3）腔室式 腔室法真空包装是将装有产品的包装袋放置于真空腔室内，随即关闭腔室盖，腔室内形成密闭环境，用真空泵对该容器抽真空，抽完真空后即进行封口，再进气消除腔室的内外压力差，抬起腔室盖，取出真空包装产品。腔室法生产效率比较低，为了提高生产效率，可以采用双真空腔室轮流操作，或采用多工位多腔室的自动连接真空包装机。用腔室法可以得到较高的真空度，真空效果好，适合包装高质量的产品，广泛应用于充填即食肉制品的金属罐、盒、桶等刚性容器以及复合材料制作的软包装袋填空操作。

图 4-12 所示为腔室式真空充气包装工作原理示意图。将充填好的包装袋定向放入腔室内，使袋口置于加热装置上并压紧；关上真空室盖，由于真空室内外存在压力差，使真空室盖上的密封圈密封更加紧密；然后控制系统工作，按工作程序自动完成抽真空、封口、冷却、真空室解除真空，抬起真空室盖等动作。若进行充气，则在封口前打开充气阀充入所需气体。

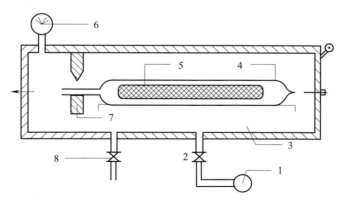

1—真空泵 2、8—阀门 3—真空腔室 4—包装袋 5—被包装物 6—真空表 7—热封器

图 4-12 腔室式真空包装机原理图

（4）热成型 热成型是当前香肠、切片午餐肉、切片培根、熏制香肠的主要包装工艺。该方法使用两卷复合塑料膜（通常为高阻隔材料）分别作为

149

底膜和上膜，通过将薄膜边缘夹紧而将底膜递送到机器中，并将其牵引到连续移动的热成型模具（凹穴）或热成型工位上。首先通过对底膜进行加热，在真空或压力等外力下形成包装空间。然后将包装产品手动或自动装载到热成型的空间中。最后，上膜通过牵引来到底膜上方，真空密封腔室关闭抽真空，当达到所需的真空水平时，上膜与底膜被热封在一起形成真空包装。

2. 真空包装的主要设备

真空包装机机型众多，功能各异，按真空腔结构来分类，可分为台式、传送带式和热成型式等。

（1）台式真空包装机　台式真空包装机外形及工作原理示意图如图4-13和图4-14所示，台式真空包装机有单室式、双室式和多室式，常用单室式和双室式。其中双室式真空包装机的两个真空室共用一套抽真空系统，可交替工作，即一个真空室抽真空、封口，另一个真空室同时放置包装袋，使辅助时间与抽真空时间重合，大大提高了包装效率。

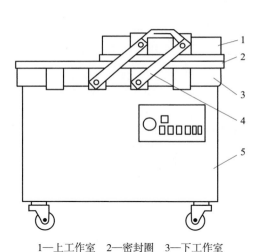

1—上工作室　2—密封圈　3—下工作室
4—摇杆　5—控制面板

图4-13　台式真空包装机外形示意图

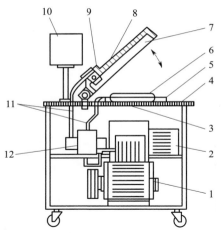

1—真空泵　2—变压器　3—加热器　4—台板
5—盛物盘　6—包装制品　7—真空室盖
8—压紧器　9—小器室　10—控制系统
11—管道　12—装换阀

图4-14　真空包装机结构示意图

台式真空包装机的特点是结构紧凑、外形美观、安装方便、真空度较高，绝大多数真空包装机都采用双室式，双室式是真空包装机取袋。作为行业的主导产品，这种包装机需要人工充填装袋，大多也靠人工计量，生产率不高。

（2）传送带式真空包装机　传送带式真空包装机是一种自动化程度和生产效率较高的机型，由传动系统、真空室、充气系统、电气系统、水冷及水洗装置、输送带、机身等组成，真空泵安装在机外，传动系统和电气系统安装在机身两侧的箱体内。操作时只需将被包装物品按袋排放在输送带上，便可自动完成循环。抽气、充气、封口、冷却时间、封口温度均可预选，既可以按程序自动操作，又可以单循环操作。其输送带可作一定角度的调整，使被包装物品在倾斜状态下完成包装工作，所以特别适用于粉状、糊状及有汁液的包装物品，在倾斜状态下包装物品不易溢出袋外。带式真空包装机只有一个真空室，但其真空室可以做得较大，热封条尺寸也较长，因此可以用来包装尺寸较大的物品，也适用于小袋大批量的包装作业。带式真空包装机可同时放入几个包装袋抽真空并热封，其封口装置内采用水冷却，封口平整牢固，冷却快，设有喷淋水管，便于清洗，其热封质量通常优于台式真空包装机。

如图 4-15 所示为传送带式真空包装机的结构，它利用传送带作为包装机的工作台和传送装置。传送带可做步进运动，包装袋置于传送带的托架上，随传送带进入真空室盖位置停止，真空室盖在传送带上方，活动平台在传送带下方，真空室盖自动放下，活动平台在凸轮作用下抬起，与真空室盖合拢形成真空室，随后进行抽真空和热封操作，操作完毕，活动平台降下而真空室盖升起，传送带步进将包装袋送出机外。传送带上有使包装袋定位的托架，只要将盛有包装物品的包装袋排放在传送带上，便可自动完成以上循环。

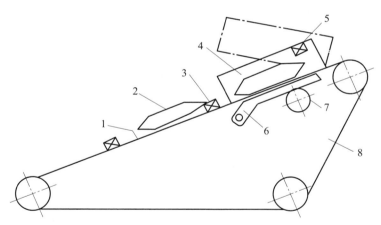

1—托架　2—包装袋　3—耐热橡胶垫　4—真空室盖
5—热封杆　6—活动平台　7—凸轮　8—输送带
图 4-15　传送带式真空包装机结构示意图

（3）热成型式真空包装机　热成型真空包装机是将"热成型 / 充填封口机"与"真空 / 充气包装机"二者结合起来而形成的一种高效、自动、连续生产的多功能真空包装机，简称热成型拉伸膜真空包装机。热成型拉伸膜真空贴体包装设备集底膜热成型制盒、真空贴体、分盒功能于一体，主要部件如图 4-16 所示。底膜经拉膜轴拉出后，夹膜链对其两侧夹持进入输送装置。底膜进入热成型工位后,热成型下模具在推动杆作用下与上模具合模,进行底膜的热成型制盒。完成制盒后人工放入物料,贴体膜对其上部进行覆膜,进入真空贴体工序。真空贴体下模具在推动杆作用下与上模具合模,进行真空贴体包装。完成包装后再进行横切、纵切分盒,随后输出包装成品,同时对废膜进行回收。

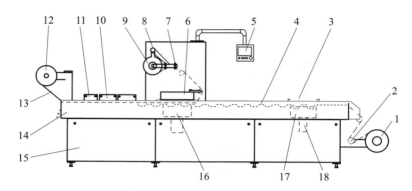

1—地膜放膜轴　2—底膜拉膜轴　3—热成型上模具　4—成型底膜　5—操作面板
6—真空贴体包装上模具　7—导膜轴　8—贴体膜拉膜轴　9—贴体膜放膜轴
10—横向切刀　11—纵向切刀　12—收膜轴　13—废膜卷收轴　14—机架
15—侧板　16—真空贴体下模具　17—热成型下模具　18—推动杆
图4-16　全自动热成型拉伸膜真空贴体包装机结构示意图

三、活性包装技术

(一)活性包装的概念及原理

1. 概念

活性包装(Active Packaging, AP)是通过改变包装内部环境条件,从而改善食品生理生化特性,提升安全性或感官特性,最终延长食品货架期的包装技术。活性包装中所定义的食品生理生化特性包括可能影响食品货架期的各类因素,如生理作用、化学变化(如脂质的氧化)、物理变化(色度)、微生物活动(如由微生物引起的腐败)等。通过适宜活性包装系统的应用(可以根据包装食品的具体要求,通过大量不同的方式调节上述不良因素发生的环境条件),可以明显延缓食品品质的降低。

活性包装是一种除为肉与肉制品提供惰性环境外,还能在其他方面发挥某种特定作用的包装技术。预计未来几年,随着消费者对优质肉与肉制品包装的要求不断提高,活性包装能更加有效地减少不必要的肉品包装浪费及提高肉与肉制品的品质,将促使活性包装技术的应用显著增长。

2. 原理

活性包装主要包括两个系统，即去除系统和释放系统。实际上，这两个系统也都是针对植物性食品收获后或者动物屠宰后新鲜组织仍在进行的活性代谢过程而设计的。采用去除系统或释放系统可以去除包装内新鲜食品因组织代谢产生的不良代谢产物，从而达到贮藏保鲜的目的。活性包装一般是通过加入一些具有特殊作用的添加剂到包装膜或容器中维持并延长食品货架期。目前大多数活性包装技术仍处于研发阶段，世界上许多食品科研机构正不惜财力、物力研发更多的活性包装技术，加快商业化步伐，以造福于人类。在使用活性包装技术时需要考虑它能否满足所包装食品的需要，最好是将几种活性包装技术联用，从而达到最佳效果。除考虑技术可行性外，还必须考虑环境保护等因素，只有这样活性包装技术才有广阔的发展前景。

（二）活性包装材料

迄今为止，在商业上主要使用抑菌剂、抗氧化剂等活性物质加入包装材料来达到延长食品货架期的目的。目前，各国研究者在以塑料薄膜为基材开发活性包装材料方面投入了大量精力，活性包装的最新进展主要是利用抗氧化剂（如酚类物质、槲皮素、抗氧化肽等）和抑菌剂（如金属基纳米材料、壳聚糖、酶类、抗菌素等）与生物可降解的包装材料复合，制备出绿色环保无公害的包装材料。其中涂膜型活性包装研究最多，该材料是通过抑菌材料与食品的直接接触来抑制微生物生长繁殖。

在未来一段时间，活性包装新材料的研究将考虑抑菌、抗氧化、高机械强度等综合性能指标，研制具有抗氧化、抑菌等复合化活性功能的包装材料，同时结合辐照、气调等常用的保鲜包装技术，力求达到全面抑制食品腐败变质，延长食品货架期，维持食品安全的目的。

（三）肉与肉制品活性包装

1. 抑菌活性包装

抑菌活性包装是将抑菌剂添加在包装材料内部或附着在包装材料表面的新型包装。在食品货架期内，抑菌物质可从包装材料释放到食品表面，发挥抑菌效果。抑菌活性包装通过抑制微生物的生长繁殖而达到杀菌、抑菌等作用，可确保食品质量的安全性和完整性，延长食品的货架期，是未来最有发展前景的活性包装之一。

（1）抑菌剂保鲜原理、作用方式与添加方法

① 保鲜原理：抑菌活性包装能杀死或抑制加工、储运和处理过程中肉与肉制品表面沾染的微生物，增加安全性。将包装材料和抑菌剂组合，对其进行辐射或气流喷射等处理，使包装具有抑菌活性。抑菌剂通常被涂在包装材料上、

合成于包装材料内、固定在包装材料表面或改良成包装原料使用。

② 作用方式：抑菌活性包装根据抑菌剂的作用方式可分为释放型、固化型、吸收型 3 种类型。释放型抑菌包装中的抑菌剂通过扩散作用到达食品或包装顶部空间而抑制微生物的生长；固定型抑菌活性包装不释放抑菌剂，只抑制与包装接触的食品表面微生物的生长；吸收型抑菌活性包装主要是通过吸收作用，消除利于微生物生长的因素以阻止其生长。

③ 添加方法：除用于抑菌剂与包装材料结合的技术外，抑菌活性包装系统分为两大类：抑菌剂从包装中进入食品的包装系统；抑菌剂在包装中保持固定的包装系统。具体添加方法如下。

a. 独立包装小袋：将精油中的挥发性化合物提取出来加入小袋，这样不会与食品发生直接的表面接触，挥发性抑菌剂会释放到包装的顶部空间，阻碍病原菌的生长；

b. 在包装聚合物中分散抑菌剂：抑菌剂可通过挤压、热压或浇铸加入包装材料中，耐热的抑菌剂如乳酸链球菌素和抑霉唑适用于这些包装；

c. 涂布或浸渍：在涂料和浸渍剂中加入抑菌剂并涂于包装材料表面，使其包装材料直接与食品表面接触，这种方法的优点是抑菌剂不会暴露在过高的温度下，可以应用于食品供应链的任何阶段。

d. 膜中加入具有成膜特性的抑菌大分子，如聚合物壳聚糖等。

（2）肉与肉制品抑菌活性包装系统及主要材料

① 包装系统：抑菌活性包装作为活性包装的重要分支形式之一，是将抑菌物质添加至包装中形成的一种新的包装系统。二者结合方式如下：一是将抑菌剂直接加入包装材料中，在包装表面包覆或吸附抑菌剂；二是采用本身具有抑菌作用的包装材料；三是通过离子键/共价键将抑菌剂固化在包材表面；四是采用抑菌独立小包等形式，上述方式均能达到延长微生物停滞期、减缓微生物生长速度、减少微生物成活数量的抑菌防腐作用。抑菌活性包装的发展，为肉与肉制品保鲜提供了新的方法，在一定程度上降低了对食品防腐剂的依赖。

② 主要材料

i. 金属基纳米材料：某些重金属以盐、氧化物和胶体的形式发挥抑菌作用。这些金属化合物可与肉与肉制品表面接触的包装材料聚合物结合，以增强机械性能和屏障性能，并延长肉与肉制品的货架期。最常用的金属和金属氧化物纳米材料有银（Ag）、金（Au）、铜（Cu）、氧化锌（ZnO）、二氧化钛（TiO_2）、二氧化硅（SiO_2）、氧化铝（Al_2O_3）和氧化铁（Fe_3O_4、Fe_2O_3）等。金属微纳米复合材料代表了新一代抑菌活性材料，有望在未来发展成为更经济、更安全的食品包装技术。

Ag：已知 Ag^+ 有优异的抑菌能力，对细菌和霉菌的抑菌效果显著。它具有长期抑菌剂的特性和对真核细胞的低毒性。Ag^+ 干扰微生物呼吸和电子传递系统的代谢功能以及跨细胞膜的物质转运。Ag^+ 可以取代沸石作为肉与肉制品包装行业应用最广泛的聚合物添加剂，存在于沸石中的 Na^+ 被 Ag^+ 取代，Ag^+ 以 $1\% \sim 3\%$（质量分数）的水平加入肉与肉制品包装材料聚合物如聚乙烯、聚丙烯、尼龙和丁二烯苯乙烯中，发现采用 Ag^+ 制备抑菌包装材料具有高效抗菌性能，可满足人们对公共卫生安全、环保健康、功能型包装材料的使用需求。在有 Ag^+ 加入制作的包装材料中显示出对大肠杆菌（*Escherichia coli*）和金黄色葡萄球菌（*Staphylococcus aureus*）的抑菌活性。此外，在不锈钢表面镀 Ag 涂层对肉中的食源性细菌有很好的抑菌作用，Na^+ 被 Ag^+ 取代，形成抑菌纳米复合材料。但是，Ag^+ 会影响包装机械性能并可能降低聚合物降解速率。

Cu：Cu 具有抑菌活性的发现可以追溯到五百年前，因为 Cu 具有抑菌作用，古埃及人使用铜管来输送水以抑制水中细菌、病毒、藻类和传染性寄生虫的生长繁殖。2008 年美国环境保护局（EPA）批准了将铜和铜合金作为抑菌剂使用，有学者研究发现 Cu 可以显著抑制水中大肠杆菌（*Escherichia coli*）O157：H7 的生长。目前，Cu 在食品包装行业的应用主要是以离子的形式加入抑菌剂溶液中并涂于包装材料上，其对肉与肉制品中的微生物具有良好的抑制作用。近些年也有不少学者研究 Cu 的抑菌纳米复合包装材料。例如，纳米 Cu 能激活水或空气中的 O_2，产生羟基自由基·OH 或超氧阴离子 O_2^-，加入到柔性包装薄膜中，能够破坏金黄色葡萄球菌（*Staphylococcus aureus*）细胞膜的完整性并破坏其细胞的增殖能力，从而抑制肉中金黄色葡萄球菌的生长繁殖。

ZnO：ZnO 陶瓷粉末是有效的抑菌剂。使用无机氧化物作为抑菌剂有很多优势，它们具有较强的稳定性，且具有有效抑菌期长、毒性低、安全性高的特点，即使在少量使用时也表现出很强的抑菌活性。ZnO 被美国食品和药物管理局（Food and Drug Administration，FDA）列为公认的安全材料。例如，将纳米氧化锌应用于粉体、薄膜、聚乙烯吡咯烷酮（PVP）和涂料中，对鸡蛋液和培养基中的单增李斯特菌和沙门氏菌均有抑菌作用。ZnO 纳米粒子包覆聚氯乙烯薄膜对大肠杆菌和金黄色葡萄球菌具有抑菌作用。此外，在含有 Ag^+ 和 ZnO 纳米颗粒的低密度聚乙烯（LDPE）包装的橙汁中，典型的腐败微生物的数量显著降低。由于 ZnO 纳米颗粒的积累，释放与微生物膜结合的 Zn^{2+}，导致细菌膜被破坏，从而起到抑制细菌生长繁殖的作用。

TiO_2：TiO_2 是一种无毒的抑菌剂，在肉与肉制品接触的包装表面具有潜在的抑菌作用。在光照条件下，TiO_2 的抑菌效果更高。在紫外（UV）反应器中，TiO_2 涂层在石英玻璃上明显降低了卷心莴苣中大肠杆菌、单增李斯特菌、金黄色葡萄球菌和伤寒沙门氏菌的生长。美国 PDA 认为，当火腿、糖果和其他食品中的 TiO_2 含量低于 0.5% 时，其安全性是可靠的。

ⅱ．酶：酶在食品工业中有广泛的应用，如催化剂、生物变压器、O_2 清除剂和抑菌剂。酶通常用作佐剂，在最终的食品中不以活性形式出现。其中的一些如转化酶和溶菌酶等，被批准作为食品添加剂，但需在食品中标明。在食品包装中，酶以化学键或物理包埋在包装膜或小袋中，根据作用机理，酶被完全固定在包装材料中或释放到食物基质中。

聚合物和酶之间通过包装表面的化学活化物质和蛋白质亲核基团的连接而发生共价结合，因此酶不会迁移到食物中。在某些情况下，特定的交联剂如乙二醛、戊二醛、甲醛或谷氨酰胺转氨酶被用来将酶固定在包装上。酶与交联剂的比例决定了抑菌活性。例如，葡萄糖氧化酶被固定在氨基和羧基等离子体活化聚丙烯上，抑制肉中枯草芽孢杆菌和大肠杆菌的生长。其抑菌机制依赖于葡萄糖氧化酶在水存在下将葡萄糖氧化成葡萄糖酸和过氧化氢的能力。过氧化物的细胞毒性与 D-葡萄糖酸降低 pH 有关，通过这种机制达到抑制或减少某些微生物生长的目的。这种抑菌效果可以通过加入过氧化氢酶来改善，它还可以降低包装中的 O_2 含量。

酶可通过氢键、离子键或疏水基团相互作用，以范德华力等微弱的次级力吸附在包装材料中。这些次级力不仅将酶，还可以将其他抑菌素纳入包装体系。这种结合是可逆的，抑菌素会向食物基质中迁移，如在乳清蛋白膜中加入乳过氧化物酶可以减少单增李斯特菌的数量，延长肉与肉制品的货架期。此外，酶还可以融入多孔聚合物（如海藻酸盐、凝胶蛋白、卡拉胶等），通过迁移到肉与肉制品中并发挥抑菌作用。

酶也可以封装在小颗粒或液滴中，并被化学特性相容的载体材料包覆形成微胶囊。在某些应用中，微胶囊的两亲性使得疏水化合物能够与亲水性包体结合，反之亦然。该方法被广泛应用于食品加工中，但其在肉与肉制品包装中的应用仍处于研究阶段。

乳过氧化物酶是一种在食品工业中具有应用潜力的酶，当在肉与肉制品中加入乳过氧化物酶时，与对照组（没有加乳过氧化物酶）相比，在储存 35 d 后，冷鲜肉中单增李斯特菌的数量显著减少了 10^3 CFU/g。包装中的酶作为 O_2 清除剂和抑菌剂具有不可估量的价值，它们具有底物特异性，不可降解，并且固定在薄膜中时具有活性。然而，成本高、稳定性和对基材的要求限制了其应用。

ⅲ. 细菌素：细菌素是由一些乳酸菌菌株产生的肽或小分子蛋白质。细菌素主要抑制食物中革兰阳性菌的生长繁殖，因为革兰阴性菌受到脂质外膜的保护，单一的细菌素处理无法抑制革兰阴性菌的生长繁殖，只有通过与其他抑菌剂联合使用才能实现对革兰阴性菌的抑制。尽管科学证据表明许多细菌素具有抑菌特性，但只有乳酸链球菌素被批准用作食品防腐剂，联合国粮农组织、世界卫生组织、食品添加剂专家委员会认定细菌素是安全物质。目前，乳酸链球菌素主要是被作为防腐剂直接加入肉与肉制品中与肉的表面接触以达到抑菌效果。但是，绝大多数消费者对防腐剂认可度很低。因此，有学者尝试将乳酸链球菌素包埋在高聚物的细微凝胶网格中或高分子半透膜内，然后装入包装小袋中，将其完全固定在包装材料中并缓慢释放到肉中。

ⅳ. 多酚类化合物：来自葡萄籽、葡萄柚种子和绿茶的植物提取物富含多酚化合物和酚酸，是具有显著抑菌和抗氧化活性的天然物质。这些化合物对革兰阳性菌具有抑制作用。多酚可以穿透半透性细菌膜并与细胞质中的蛋白质反应，破坏微生物细胞的稳定性，并且多酚化合物中的丙烯类侧链等结构有利于其跨细胞膜的转运。

ⅴ. 精油：精油是由大量的疏水性和挥发性化合物组成的天然提取物，包括萜烯、萜类化合物和芳香成分。它们的抑菌活性不能用单一的具体机制来解释，只能用不同物质的综合作用来解释。精油对革兰阳性菌抑制作用比对革兰阴性菌抑制作用效果更为显著。精油的抑菌效果依赖于其疏水性，这种油可能会分离细菌细胞膜上的脂质，使其更具有渗透性。精油还可以抑制细菌代谢酶的产生或影响细菌遗传物质。

ⅵ. 异硫氰酸烯丙酯（AIT）

AIT 是一种天然存在于十字花科植物中的挥发性和脂肪族含硫化合物。它是芥末和辣根中的主要风味化合物，对革兰阳性菌、革兰阴性菌和真菌具有很强的抑制能力。AIT 可以掺入标签黏合剂中并通过多孔表面释放到包装中，显著抑制了大肠杆菌 O157∶H7 的生长，并延长了冷藏或冷冻新鲜碎牛肉的货架期。AIT 作为芥子油的天然成分，美国 FDA 认为其为安全物质。但因为这种物质的强烈气味，AIT 在肉与肉制品包装中的应用很少。

ⅶ. 酸酐和弱酸

弱有机酸是最常用的防腐剂，例如乙酸、苯甲酸、乳酸、柠檬酸、苹果酸、酒石酸、丙酸和山梨酸。弱有机酸存在于未解离和解离状态之间的 pH 依赖性平衡体系中，当微生物细胞膜不带电时，低 pH 能够提升弱有机酸的抑菌性能，酸以解离形式自由地扩散穿过细胞膜，导致细胞质酸化。有机酸的 pKa 和环境的 pH 决定了酸的抑菌性能。弱有机酸是针对细菌和真菌的非特异性抑菌剂，革兰阴性菌的外膜起到屏障的作用，不易受弱有机酸的影响。通常将弱有机酸浸渍或喷洒到食品基质上来使用，但是可能与食品组分反应，被稀释或蒸发，这种机制导致其抑菌能力随时间延长而迅速减弱，因此不适合单独用于包装。如果将其掺入包装材料中可产生更长期的抑菌效果。

ⅷ. 乙二胺四乙酸

金属螯合剂乙二胺四乙酸（EDTA）是最常用的抑菌剂之一，因为 EDTA 能够通过螯合 Ca^{2+} 和 Mg^{2+} 盐来破坏革兰阴性细菌的脂多糖结构。EDTA 通常用于增强其他试剂如溶菌酶、乳酸链球菌素和精油的抑菌活性。例如，海藻酸钙涂层中乳酸链球菌素和 EDTA 的组合抑制了嗜冷菌的生长。同样，在包装膜中复合使用加入 EDTA、溶菌酶和迷迭香的组合物，可以显著延长冷鲜肉的货架期，检测发现假单胞菌属、酵母菌和霉菌的总体数量明显减少。

ⅸ. 抑菌分子

壳聚糖：壳聚糖是天然几丁质脱乙酰化衍生物，天然几丁质是自然界中仅次于纤维素的多糖。壳聚糖是由 $\beta-$（1，4）$-2-$ 氨基 $-2-$ 脱氧 $-D-$ 葡聚糖单元组成的多糖，是无毒和生物可降解的。此外，壳聚糖及其衍生产物具有广谱抑菌特性，已作为食品防腐剂广泛应用。壳聚糖的抑菌活性随着 pH 降低而增强，当 pH 低于 6.3 时氨基的正电荷允许与带负电的细胞膜相互作用，而且由于较高的质子化和溶解度，显著增强了壳聚糖的抑菌能力。此外，其他因素也能够影响其抑菌能力，如壳聚糖的分子质量、乙酰化程度、溶解性、质子化程度等。

壳聚糖不溶于水，可用作可食用薄膜和涂层的抑菌成分。壳聚糖的抑菌活性很大程度上取决于膜的水分含量和溶解度。在加工时，温度也是一个限制因素，薄膜挤出后的抑菌活性会因加工温度过高而降低。到目前为止，壳聚糖活性包装材料可合成聚合物（如 LDPE 或乙烯 – 乙烯醇共聚物）可作为抑菌剂添加在生物降解的聚合物（如淀粉、明胶或聚乙烯醇）中使用。在许多情况下，壳聚糖增强了生物聚合物中的水蒸气透过率，并有助于延长食品的货架期。但是，由于多数壳聚糖来自于甲壳类几丁质，具有一定的致敏性因此将壳聚糖作为食用抑菌剂，应标记低过敏性物质。

$\varepsilon-$ 多聚赖氨酸：$\varepsilon-$ 多聚赖氨酸是一种天然抑菌多肽，具有 25 ~ 35 个 L- 赖氨酸残基。$\varepsilon-$ 多聚赖氨酸是一种广谱抑菌剂，可有效抵抗革兰阳性菌和革兰阴性菌。其抑菌活性是由于其聚集阳离子的性质，使其能够与细菌膜广泛相互作用。$\varepsilon-$ 多聚赖氨酸被美国 FDA 公认为安全物质。例如，含有聚赖氨酸的乳清蛋白薄膜能够控制猪肉中与腐败有关的微生物的生长繁殖，400mg/L 聚赖氨酸单独使用时能显著抑制猪肉感官品质的下降、单增李斯特菌以及部分腐败微生物的生长繁殖、pH 的上升和 TVB–N 的积累。

2. 肉与肉制品抗氧化活性包装

抗氧化活性包装材料是一种能够将具有抗氧化作用的成分与包装材料复合而成，将抗氧化剂添加在包装材料上或附着在包装材料表面，能够显著抑制肉中由于脂质过氧化和蛋白质氧化造成品质劣变。抗氧化活性包装可以通过独立包装以及与包装材料复合的形式组成。近年来，利用天然化合物的抗氧化活性包装在肉与肉制品中受到广泛的关注。

（1）抗氧化活性机制　抗氧化物质在肉与肉制品中可以分解过氧化物、吸收或清除自由基、吸收紫外线、清除氧、螯合金属离子等。在肉与肉制品中，不同的抗氧化作用机制有多种途径，主要有以下几种：一是破坏或减弱肉与肉制品中氧化酶的活性，使其缺少能催化氧化反应的催化剂；二是利用抗氧化剂的还原作用来降低肉与肉制品体系中 O_2 的含量；三是封闭能催化及引起氧化反应的物质，如封闭金属离子中的络合反应等；四是通过这中断氧化过程中的链式反应来阻止更进一步的氧化程度和过程。例如，葡萄籽精油中的主要抗氧化活性成分是花青素，其抗氧化功能主要是原花青素分子结构上有多个酚羟基，其能够与自由基交换一个氢原子或电子，生成稳定的自由基。

（2）抗氧化活性物质的种类及应用　抗氧化活性物质是抗氧化包装中的一些活性物质可以通过与基体发生交联反应提高材料的致密性，降低聚合物孔隙率，进而增强其阻氧性。根据活性物质的作用方式可将抗氧化包装分为释放型抗氧化包装和吸收型抗氧化包装。

① 释放型抗氧化活性包装：释放型抗氧化活性包装是将抗氧化物质包埋在包装基体中或固定在其表面，抗氧化物质在基体中迁移并释放到食品或包装顶隙中，通过淬灭自由基和单线态氧、螯合金属离子、中断过氧化物的形成来防止氧化。根据释放性抗氧化物质的亲和性可将其分为水溶性抗氧化物质和脂溶性抗氧化物质。

a. 水溶性抗氧化物质

酚类化合物：酚类化合物中的苯环属于供电基团，可以为羟基提供电子，加快羟基质子的转移并与环境中的自由基结合，终止自由基链式反应。此外，酚类化合物还可以作为金属螯合剂，阻碍金属离子的催化氧化作用，提高抗氧化效果。通常酚类化合物的抗氧化活性随羟基数量的增加而增加，同时还受羟基的位置、还原电位以及相邻基团供电性的影响。酚类化合物在抗氧化包装中的应用常以植物提取物形式添加到包装基体中，多种酚类物质协同作用使抗氧化效果更加明显。

抗氧化肽：抗氧化肽因具有清除自由基、提供氢离子、螯合金属离子等作用，被广泛应用于食品抗氧化领域。其抗氧化活性与相对分子质量、氨基酸组成及侧链基团相关，通常短肽或当肽链中存在酪氨酸、色氨酸、蛋氨酸、赖氨酸和组氨酸时，其抗氧化活性较高，芳香残基或巯基可为自由基提供电子从而将其清除，脂肪烃侧链可与多不饱和脂肪酸作用抑制脂质过氧化反应。常用于抗氧化包装的抗氧化肽属于外源性天然抗氧化肽，需从目标蛋白质中水解得到，但过程中可能存在促氧化剂，因此使用前需进一步纯化。

b. 脂溶性抗氧化剂

槲皮素：槲皮素作为黄酮类化合物中最有效的酚类化合物常以糖基化形式存在于植物中。槲皮素中的双键和羟基能够有效清除 1，1- 二苯基 -2- 三硝基苯肼（DPPH）自由基和 2，2- 联氮 – 二（3- 乙基 – 苯并噻唑 -6- 磺酸）二铵盐（ABTS）自由基，并将 Fe^{3+} 还原成 Fe^{2+}，将槲皮素加入到羧甲基壳聚糖薄膜中，在薄膜向食品模拟液中释放的黄酮含量评价其抗氧化活性与缓释能力。与纯羧甲基壳聚糖膜相比，添加质量分数为 7% 槲皮素的复合膜体系向蒸馏水和 95% 乙醇模拟液中释放的黄酮量分别增加了 14.51 mg/g 和 8.17 mg/g。但当槲皮素添加量达到 7% 时，其在体系内易形成晶体，降低复合膜的均匀性、拉伸性与透氧性，因此，适量添加槲皮素可提高抗氧化活性包装的抗氧化性能。

植物精油：植物精油是一类含有单萜、脂、醛、酮等100多种成分且具有特殊气味的抗氧化物质，其抗氧化活性来源于内部的酚类物质和黄酮类物质，在抗氧化活性包装领域可单独使用或与其他活性物质联用，在抗氧化的同时还可降低包装基体的水蒸气和氧气透过率。在肉与肉制品抗氧化活性包装中，植物精油已经有很广泛的应用，能够有效抑制由于氧化引起的肉与肉制品的腐败变质。

② 吸收型抗氧化活性包装：与释放型抗氧化活性包装不同，吸收型抗氧化活性包装主要是通过在包装内部以小袋或衬垫的形式封装 O_2 清除剂（又称除氧剂）。O_2 清除剂可以通过生物（酶）或化学的方式与游离氧分子反应清除 O_2，进而抑制自由基反应的链引发过程。肉与肉制品吸收型抗氧化活性包装中常用的 O_2 清除剂包括无机类 O_2 清除剂和有机类 O_2 清除剂。

a. 无机类 O_2 清除剂

金属基 O_2 清除剂：金属基 O_2 清除剂通过与 O_2、水之间发生一系列反应，最后生成络合物，稳定存在于包装环境中，如 Fe 络合成 $Fe(OH)_3$ 沉淀，达到清除 O_2 的效果。除了 Fe 之外，一些铂族金属如铂和钯也适用于食品抗氧化包装领域，这类金属基 O_2 清除剂不仅毒性低，而且可以作为催化剂将氢和氧转化为水分子。

纳米基 O_2 清除剂：将金属除氧剂处理到纳米级别可增大其在包装基体中的表面积，增加除氧效率。纳米 Fe 颗粒是通过还原铁离子溶液中的 Fe^{2+} 或 Fe^{3+} 而制得的，同时其表面的 FeO 薄层会提高抗氧化能力。除金属或金属氧化物的纳米颗粒外，纳米黏土（如蒙脱土）和生物基聚合物纳米颗粒（如壳聚糖、聚乳酸）等也都被用作吸收型抗氧化活性包装的除氧剂，但是在使用过程中需要对纳米粒子表面进行改性，防止其因团聚导致包装基体出现裂痕，进而削弱其 O_2 清除能力。

b. 有机类 O_2 清除剂

α - 生育酚：α - 生育酚是维生素 E 中生物活性最强的生育酚异构体，可以通过捕捉自由基来淬灭自由基链式反应达到抗氧化作用。氧分子在一些过渡金属如 Cu、Mu 和 Co 等的催化下活化生成的单线态氧能够与 α - 生育酚发生不可逆反应，抑制自由基链引发反应的进行，生成生育酚氢过氧二烯酮、生育酚醌和奎宁环氧化物。此外，α - 生育酚可以提供氢原子来清除脂质自由基，同时生成产物可以进一步防止脂质过氧化。

抗坏血酸：抗坏血酸是食品抗氧化领域应用较为广泛的 O_2 清除剂。抗坏血酸可以与铜、铁等金属形成络合物，该络合物通过与 O_2 反应生成脱氢抗坏血酸达到除氧目的。抗坏血酸的除氧速率随络合物形成速率的增加而增加。同时，O_2 浓度、pH 和水分活度也影响抗坏血酸的除氧能力。在酸性条件下，抗坏血酸被质子化，对 O_2 的敏感度大幅降低。然而在碱性条件下，抗坏血酸以除氧能力较强的阴离子形式存在，且除氧速率随水分活度的增加而显著提高。

抗氧化酶：用于抗氧化活性包装中的抗氧化酶通常是在一些特定物质存在下与 O_2 发生酶促反应，达到除氧的效果。此类抗氧化酶以葡萄糖氧化酶（GOX）和过氧化氢酶（CAT）联用为主，并广泛用于冷藏食品的保鲜。GOX 在 O_2 与水存在的条件下催化葡萄糖形成 D– 葡萄糖酸与葡萄糖酸，并生成过氧化氢，而 CAT 会除去过氧化氢使葡萄糖氧化反应持续进行，以清除 O_2。

微生物 O_2 清除系统：某些微生物能够分泌超氧化物歧化酶（SOD）、CAT 和过氧化物酶（POD）等抗氧化酶，以及低分子质量抗氧化剂如谷胱甘肽等，这些抗氧化酶和小分子肽具有很强的自由基清除能力，可抵抗外界 O_2 胁迫。此外，此类微生物还可通过氧化应激反应或呼吸作用清除 O_2，放线菌、细菌和真菌等都可作为生物氧气清除剂，但在食品中的应用较少。

3. 控水活性包装

肉与肉制品在包装过程中对水分是很敏感的，一般包装材料会散失过多的水分，过高的 A_w 会加速微生物生长繁殖，造成肉与肉制品快速腐败，缩短其货架期，降低其食用价值。干燥剂有降低 A_w、抑制霉菌和酵母菌生长的作用。目前，可通过选择水分透过率适当的包装材料或放入装有水分控制剂的小袋，达到控制肉与肉制品表面 A_w 的目的。除此之外，也通过在包装材料中添加吸水物质来控制肉与肉制品包装环境中的 A_w。

4. 除异味活性包装

食品的气味与包装之间的相互作用非常重要，但是一般的包装材料会使部分风味物质透过包装材料散失，导致肉与肉制品的香味、口感和外观发生改变。而且肉与肉制品还可能会产生难闻的异味，如肉与肉制品中蛋白质分解形成的胺类物质脂质过氧化反应形成的醛、酮等化合物，这些异味严重影响肉与肉制品的感官品质。除异味活性包装则能除去胺类、醛类产生的异味。目前，含铁盐和有机酸的包装已得到使用，这些物质能够通过氧化胺类物质缓解异味物质的积累，从而使肉与肉制品保持良好的气味和风味，延长其货架期。

5. 涂膜型活性包装

涂膜型活性包装通常具有抑菌功能，抑菌材料与食品表面直接接触可以抑制甚至杀死微生物。天然抑菌剂大多来自植物，如丁香、百里香、迷迭香等。目前，涂膜型活性包装中应用比较广泛的抑菌剂有纳他霉素（Natamycin）和乳酸链球菌素（Nisin）。

6. 其他类型的活性包装

（1）CO_2 释放活性包装 CO_2 通常对肉与肉制品表面微生物的生长有一定的抑制作用。因为 CO_2 对食品包装塑料薄膜的穿透性大于 O_2，所以包装内的大部分 CO_2 会穿透膜而流失。因此，对于那些对 CO_2 有高度渗透性的包装来说，应用 CO_2 释放剂就显得十分必要。每一种食品对包装中气体组分的需求不同，对于高度易腐的肉与肉制品，要同时应用 O_2 脱除剂和 CO_2 释放剂才可延长其货架期。MAP 基于这样的原理而应用，在产品包装过程中，针对被包装产品的理化特性，选择性地调节包装袋内气体组成以获得最佳的保鲜效果，延长肉与肉制品的货架期。但是，MAP 不能控制整个销售环节中肉与肉制品周围气体含量的变化。因此，在肉与肉制品中应用 CO_2 释放剂来保持产品质量是很有必要的。

（2）乙醇释放活性包装　乙醇可用作抑菌剂，它能够特别有效地抑制霉菌，同时又能阻止酵母菌和细菌的生长。在食品包装前，乙醇可直接喷雾于食品的表面。但是更为安全有效的方法是使用乙醇释放薄膜，可以避免乙醇和食品的直接接触。

（四）活性包装的优缺点

现将市场常见的活性包装的主要优缺点分析如下（具体见表4-6）。

1. 抑菌活性包装

肉与肉制品的表面易受微生物的侵染，直接将抑菌剂涂于肉与肉制品表面容易影响肉的感官及食用品质，同时抑菌剂会快速向肉品内部扩散而被中和进而失去作用。使用抑菌活性包装能够克服这些缺点，从而在肉与肉制品的贮藏中取得更好的效果。抑菌活性包装与其他抑菌技术结合使用，能增强抑菌效果。例如，抑菌活性包装和辐照杀菌结合，食品表面的微生物在辐照作用下对抑菌剂的敏感性增强，采用较低剂量射线的照射即可起到杀菌作用。

2. 抗氧化活性包装

抗氧化物质能够通过清除 O_2 达到减弱新陈代谢、降低氧化变质速率、抑制色素和维生素氧化、控制酶促褐变以及抑制需氧微生物生长的目的，从而保持肉与肉制品的品质。例如，在肉与肉制品的 MAP 包装中，通过充入 CO_2 来抑制肉表面需氧微生物的生长繁殖，但是由于 CO_2 容易透过包装膜流失而引起包装的塌陷。如果在上述包装中添加一定量的抗氧化物质或脱氧剂，则可以大大减少 CO_2 的使用量，在保证有效的抗氧化功能的同时，能够避免 CO_2 流失引起包装坍塌情况的发生。

3. 控水活性包装

肉与肉制品中 A_w 过高会促进微生物的生长繁殖，进而导致产品腐败变质。因此，需要控水活性包装来降低肉产品中的 A_w，此类活性包装大多以干燥剂为主要吸湿材料，干燥剂分为无机干燥剂和有机干燥剂两类。把控水材料复配到包装材料中能够防止传统的干燥袋破裂带来的食物中毒风险。同时，新型控水活性包装可避免传统干燥剂造成的吸湿速度过快引起的肉与肉制品严重脱水的缺陷。

4. 除异味活性包装

除异味活性包装能够去除包装袋中由于肉与肉制品发生生理失调现象产生的不良风味或与包装环境相互作用而产生的具有挥发性刺激气味，提升了消费者在打开包装袋时对其中肉与肉制品的感官印象。目前，大量研究人员也在寻找可以除异味增香且对人体无害，并能保持肉与肉制品品质的香料。但是，这种活性包装在肉的保鲜方面应用还较少。

5. 乙醇释放型活性包装

乙醇能抑制霉菌和病原体生长，用含乙醇释放剂的乙醇释放型活性包装包装肉与肉制品时，乙醇蒸气可抑制霉菌、细菌的生长，使货架期延长 5 ~ 20 倍。但是，乙醇释放剂可能给肉与肉制品带来异味，从而影响其风味。

表 4-6　　　　　　　　　活性包装的优缺点

	抑菌活性包装	抗氧化活性包装	控水活性包装	除异味活性包装	乙醇释放型活性包装
优点	克服了传统抑菌方法的局限性 无机：耐热性好，广谱抑菌，有效期长，毒效低，不产生耐药性 有机：抑菌作用速度快，添加时可操作性好，颜色稳定性好，具有一定的特异性 天然：广谱抑菌，具有很好的生物相容性，资源丰富	脱氧：设备简单、操作方便、效率高、使用灵活、克服真空包装和充气包装脱氧不彻底的缺点 抑氧：灵活性强、针对性强	可防止因传统干燥剂造成的吸湿速度过快，而造成食品的严重脱水	能够去除包装袋中肉与肉制品产生的不良风味；灵活性强、针对性强	抑制霉菌和病原体生长
缺点	无机：银系抗菌剂易变色，制造困难，在塑料中使用工艺较复杂 有机：耐热性差，易分解，分解产物有毒 天然：耐热性差，加工困难	脱氧可能会使一些容易发生形变的包装塌陷；水分活度高的食品包装内有可能有异味。而抑氧促进毒素的产生及厌氧菌的生长	技术品种少、大多是无机干燥剂，而有机干燥剂制造成本较高，在我国未广泛应用	对人体无害，并具有保持食品品质的天然香料物质，提取纯化成本较高	易给食品带来异味，影响食品风味

（五）活性包装在肉与肉制品包装中的应用

活性包装具有优越的技术先进性和良好的操作性，近年来在日本、美国以及一些西欧国家得到了广泛的研究和应用，我国相关学者和企业也在着手该领域的技术研发和推广应用工作。

1. 抗菌活性包装

早期一般直接将抑菌剂添加到肉与肉制品中，这样不仅效果不佳，抑菌活性也会快速降低，而且可能会导致肉中营养成分的变化和某些活性物质的丧失。

如表 4-7 所示，目前研究中发现，在肉与肉制品的包装中，使用含有抑菌剂的包装膜或涂层更为有效，既可减缓抑菌剂从包装材料向肉表面的迁移，还可使其维持所需的浓度。

表 4-7　　　　　　　　　　抗菌活性包装在肉与肉制品中的应用

薄膜基材	温度	应用对象	应用效果
酯化马铃薯淀粉、沙棘渣提取物	4℃	牛肉干	薄膜能够显著抑制复合牛肉干菌落总数的增加
酯化玉米淀粉、纳米银、壳聚糖	4℃	牛肉	可将牛肉的货架期延长至 24d
壳聚糖-明胶-壳寡糖	4℃	牛肉	对大肠杆菌及金黄色葡萄球菌的抑制效果最好，有效抑制了微生物的生长，延缓了牛肉的腐败变质
壳聚糖、茶多酚、纳他霉素以及香辛料（百里香和丁香）	4℃	羊肉	显著抑制羊肉中微生物生长，复合保鲜剂可使冷却羊肉的货架期延长至 15d 以上
壳聚糖涂膜	4℃	羊肉香肠	能够抑制羊肉香肠菌落总数的生长，有效维持羊肉香肠的品质稳定性，对羊肉香肠起到良好的保鲜效果
乳源抑菌肽、纳他霉素、苹果多酚、壳聚糖复合保鲜剂	2～4℃	羊肉	能够显著抑制腐败菌的生长繁殖，提高感官评定分值，可延长羊肉的货架期 4～6d
聚乳酸、纤维垫	4℃	羊肉	能够使羊肉的货架期延长 12d
纳米 TiO_2、聚乳酸	4℃	冷鲜猪肉	能够有效地抑制冷鲜肉表面微生物的生长繁殖，延缓蛋白质和脂肪过氧化，延长冷鲜肉的货架期
甘油二酯、壳聚糖	4℃	猪肉糜	能够延缓猪肉糜冷藏期间细菌的繁殖，具有抑制脂质过氧化的作用，可提高猪肉糜的氧化稳定性，延长猪肉糜的货架期
肉桂精油、壳聚糖	4℃	鱼肉	对冷藏草鱼片均具有很好的抑菌保鲜效果，货架期达到 16d 以上
竹叶提取抗氧化物、壳聚糖	4℃	鱼肉	对鱼肉有很好的抑菌保鲜作用，货架期可由 6～8d 延长至 12～14d

2. 抗氧化活性包装

包装内的 O_2 能加速肉中蛋白质或脂质过氧化，同时有利于好氧微生物的生长繁殖进而加速肉类腐败变质。抗氧化活性包装有效解决了上述问题，并且弥补了机械除氧（气体置换或真空包装等）不彻底的缺陷，使包装内 O_2 体积分数降至 0.01%，保证了肉与肉制品的品质，有效延长了其货架期。如表 4-8 所示，抗氧化活性包装能够有效提升肉与肉制品的色泽稳定性，延长货架期。

表 4-8　　　　　　　　　抗氧化活性包装在肉与肉制品中的应用

抗氧化剂	温度	应用对象	应用效果
亚硫酸盐脱氧剂与碳酸氢钠混合的二氧化碳释放剂	4℃	牛羊肉	可以同时起到除氧和抗氧化的作用，可用于新鲜肉产品贮藏保鲜
钯除氧催化剂	4℃	冷鲜牛肉	包装后的冷鲜牛肉在连续 21d 光照下仍能保持原有色泽
玉米淀粉、丁香和肉桂精油	4℃	冷鲜羊肉	显著减少了冷藏牛肉的微生物生长和颜色劣变
野菜精油及其纳米乳液	4℃	碎牛肉	能够减缓初始氧化速率与过氧化物的积累，能够有效延长牛羊肉的货架期
葡萄酒糟多酚	4℃	水煮羊肉	能有效地延长水煮羊肉的保质期
猕猴桃疏果多酚	4℃	山羊肉	能够抑制冷藏山羊肉中的脂质过氧化，减缓多不饱和脂肪酸的氧化，从而延长货架期并改善山羊肉的品质
孜然精油	-3℃	羊肉	能显著发挥其抗氧化作用，延缓脂质过氧化、肌原纤维蛋白的结构和功能特性的变化，延长羊肉的保质期
丁香精油微胶囊	-1 ~ 0℃	猪肉	可将冰温贮藏猪肉的货架期延长至 27d
鼠尾草精油	4℃	腊肉	可以明显提高抗氧化能力，同时还保持较高的感官品质
β-环糊精为壁材、佛手柑精油与山苍子精油为芯材的微胶囊	4℃	草鱼肉	可有效延缓草鱼的腐败变质，将草鱼肉的货架期延长 2 ~ 3d
生姜精油、壳聚糖和魔芋葡甘聚糖	4℃	鸡肉	0.9% 肉桂精油和 0.9% 生姜精油配合 1.0% 的壳聚糖溶液和 0.9% 魔芋葡甘聚糖溶液制成的涂膜保鲜剂对冰鲜鸡的保鲜效果最好，能将冰鲜鸡肉的货架期由原来的 3 d 延长至 16d

3. 控水型活性包装

在贮藏及销售过程中，各种生理生化反应会使肉与肉制品内部的水分流失，进而造成营养物质流失、表面微生物生长繁殖，最终导致产品腐败变质、感官变劣。可以在肉与肉制品包装中放入装有干燥剂的小包，来去除包装内部过量的水分。在早期，在肉与肉制品包装中添加装有胶体的小袋，利用胶体特有的理化性质，来逐步吸收肉与肉制品中渗透出的水分，目前，在单层或双层聚乙烯醇（PVA）薄膜中融入吸湿材料已成为肉与肉制品控水活性包装的主要形式。例如，日本 Showa Denko 公司开发了一种可重复使用的薄膜，在两层 PAV 薄膜中镶嵌一层丙二醇，丙二醇具有极佳的吸湿性能，当与新鲜的肉接触时，它能很快地吸收肉表面的水分，避免微生物繁殖，再经 PAV 薄膜排出水分或水汽，这种活性包装可使鱼类的货架期延长 3 ~ 4 d。

4. 除异味型活性包装

除异味型活性包装主要是吸除肉与肉制品包装中对产品不利的气体，包括肉本身产生的异味或与包装环境相互作用所产生的不良挥发物质、肉的营养成分分解及氧化产生的异味等。例如，日本 Anico 公司在包装袋内放入铁盐和有机酸的除异味小袋，这种混合物能够将肉中难闻的胺类物质氧化，从而保持产品的良好感官品质。除此之外，环糊精因其特有的结构在肉与肉制品除异味活性包装中应用也较广泛，用环糊精来包合 D- 柠檬烯、$\alpha -$ 蒎烯等香料，并将其加入到包装材料中从而使其持久释放香气，改善肉与肉制品的整体风味。

5. 其他活性包装

在肉与肉制品领域，可食用膜通常需具有一定的功能特性，如抑菌特性和抗氧化特性，同时具有良好的阻隔性。除了上述几种功能的活性包装之外，常见的还有氧气消除型和温度 / 鲜度控制型的活性包装。由于活性包装技术的迅速发展，有效减少了外源环境对肉与肉制品品质的影响，从而延长了产品货架期并保证了产品的品质。

随着肉与肉制品包装研究的不断深入，智能包装和活性包装联合的包装方式逐渐被应用，将活性物质添加到可食用膜，用于监测肉与肉制品在贮藏过程中的品质变化情况。例如，以花青素为新鲜度指示剂，制备紫薯花青素智能指示膜，其中紫薯花青素添加量为 0.2%，成膜基质由 3% 的马铃薯粉和 0.6% 的羧甲基纤维素钠复配而成。上述智能指示膜能指示肉在贮藏过程中新鲜度的改变，其膜的颜色由暗红色变为浅蓝色的过程指示肉的新鲜度逐渐降低。

随着食品包装的不断发展，一些具有其他功能特性的可食用膜也不断在食品中应用。油炸肉制品含有大量的油脂，且过度油炸会产生丙烯酰胺等致癌物质。当今在倡导低脂饮食的情况下，油炸肉制品无疑会引起消费者对健康饮食的疑虑，而在肉油炸之前涂上一层多糖 / 蛋白可食用膜可以减少在油炸过程中水分的散失，进而降低油在肉制品表面的吸附程度，减少油的摄入量，从而减少丙烯酰胺等致癌物质的含量。

紫外线是 Mb 自氧化成 MetMb 的强催化剂，能使冷鲜肉的颜色变成不受欢迎的褐色，为改善冷鲜肉的色泽，可以在冷鲜肉包装膜中加入紫外线阻滞剂以提高冷鲜肉颜色的稳定性。然而，这些薄膜也阻挡了一些可见光。目前，处理紫外线照射和氧化问题最常采用的是铝箔包装与消除残余氧相结合的形式。

综上所述，活性包装是适应当今社会发展趋势、迎合消费者需求的包装技术，国内外都在活性包装技术领域做了大量研究。尽管传统肉与肉制品包装技术仍在广泛使用，但肉与肉制品包装行业的未来无疑将更加重视活性包装等创新性包装技术的研发和应用。目前而言，活性包装仍存在一些问题，必须依赖于不断改进的生产技术和愈加高效的运作机制，将活性包装技术推向规模化应用。基于此，活性包装技术还需要更多的研究以满足肉与肉制品不同的包装需求。

四、智能包装技术

（一）智能包装的概念及原理

1. 概念

智能包装（Smart Packaging，SP）是一种能够自动检测、传感、记录和溯源食品在流通环节内外界环境变化，并通过复印、印刷或粘贴于包装上的标签以视觉上可感知的物理变化来告知和警告消费者食品安全信息的新技术。尽管欧盟的法律定义是关于监测食品或其环境条件的材料和物品，但更普遍接受的概念是包装系统，该包装系统可以实现智能功能，以增强关于货架期、安全性、质量和食品信息的体现。目前，常见的智能包装形式主要为通过收集和整合从条形码标签、射频识别标签（Radio Frequency Identification，RFID）、时间 - 温度指示器（Time-Temperature Indicators，TTI）、气体指示器和生物传感器等识别和传感设备获得的数据，改善物流链中产品的可追溯性、跟踪和记录保存。

2. 原理

智能包装系统是在传统包装的基础上结合物理、化学、生物学及互联网等最新技术，检测被包装产品特性或其周围环境的变化，并与外界进行交流，智能包装中使用的标签包括条形码、RFID、TTI、气体指示器、新鲜度或微生物生长指示器以及病原体指示器等。智能包装与智能标签是一个多元学科交叉的应用领域，随着各领域的技术进步与发展，智能包装与其标签将会得到更广泛的应用与发展。每一种智能标签都依赖于不同的科学技术原理，可以反映出包装内食品现阶段的状况，给消费者一个直观的感受。

传感器和指示器用于智能包装系统，如基于荧光的 O_2 测量、气体检测、温度监控、有毒化合物检测、基于特定成分的新鲜度检测、包装完整性的识别。智能包装的其他技术包括通过 O_2 荧光传感器远程测量顶部空间气体、微孔支持材料允许使用在一定温度范围内工作的传感器来检测许多不同的化合物、通过专门的指示器来检测包装泄漏或完整性的破坏、指示新鲜度的目标代谢物或指示物质等。

（二）智能包装产品质量指示装置

食品在生产加工过程中的质量可以通过化学分析或仪器分析来进行检测，

而食品经过包装进入销售环节后其品质仍在不断地变化，智能包装能够便捷地协助消费者判断不易察觉的品质变化。目前应用于食品领域的智能包装形式主要可分为 RFID 标签、指示器型和传感器型。

1. RFID 标签

RFID 标签是一种可远程操作的、非接触式的高级数据载体，利用电磁场同时存储和传递多个产品的实时信息，RFID 系统主要由 3 部分组成：具有微芯片的标签，可发射无线电信号并接受标签数据的读取器，信息数据库传输器。目前有一种集成 RFID 标签、无线传感器网络（Wireless Sensor Networks，WSN）和数据挖掘技术的食品可追溯系统，能够保证产品的可追溯性，并实时提供食品完整的温度和湿度。另外一种基于 RFID 标签的肉与肉制品新鲜度和贮藏日期监测系统，该系统同时集成了温度传感器、湿度传感器和气体传感器，可以对肉与肉制品的新鲜度进行高、中、低和变质 4 个等级的评价。

2. 指示器型智能包装

指示器型智能包装利用视觉上颜色的变化直观反映包装食品中特定物质浓度或环境的改变，可分为气体指示器型、新鲜度指示器型和 TTI。

（1）气体指示器型　气体指示型智能包装是基于氧化还原反应或酸碱反应的颜色变化来监测包装内部特定气体的浓度。包装内部气体环境与食品的保质期密切相关，气体环境的改变通常是由于包装泄漏、微生物代谢或食品自身发生化学反应引起的。例如，以漆酶、愈创木酚和半胱氨酸为主要材料的改进型氧指示剂，使用时可手动破坏组分间的屏障，不同组分接触后即可发挥指示功能，指示剂响应时间和颜色变化速率与 O_2 浓度成正比。此外，以甲基红和溴百里酚蓝为指示剂的 CO_2 敏感型指示标签，将指示剂、甘油和甲基纤维素混合得到气敏性凝胶，再结合到棉质纤维纸上制得，对不同浓度的 CO_2 颜色有显著变化，可用于肉与肉制品中 CO_2 浓度的监测。

（2）新鲜度指示器型　新鲜度指示型智能包装是通过监测新鲜食品中微生物的代谢产物来反映食品的质量状况，常作为检测对象的微生物代谢产物有乙醇、葡萄糖、CO_2、有机酸、生物胺和挥发性含氮化合物等。为了能与这些物质有效接触，新鲜度指示剂一般放在包装内部。例如，以琼脂和马铃薯粉作为固定花青素的基质的智能 pH 指示膜，新鲜肉在变质过程中染料会从红色变成绿色。又如以淀粉、PAV 和花青素为主要材料的比色薄膜，基于比色膜颜色变化与 TVB-N 值变化的相关性，监测肉与肉制品在冷藏条件下新鲜度的变化。

（3）TTI 型　TTI 智能包装可以持续监测冷藏或冷冻产品的温度，其原理是时间和温度会反映出食品产生的理化变化。肉与肉制品在冷冻或冷藏期间发生频繁的温度波动或反复冻融会导致蛋白质变性和脂质过氧化，导致肉的品质急剧下降。TTI 智能包装主要有 3 种功能：一是确定产品所处温度是否在规定范围内；二是显示产品是否受温度影响而产生了质量变化；三是记录食品在供应链中的温度数据。目前，一种基于电化学伪晶体管的新型 TTI 不仅可以通过化学变色程度表示时间温度变化历程，还可以与 RFID 标签联用，为易腐食品的质量监测提供双重保护。

3. 传感器型智能包装

传感器型智能包装能够快速无损地检测包装食品中的化合物，是分析仪器的最佳替代品，如气相色谱 – 质谱联用仪等。传感器型智能包装可分为比色传感器型、气体传感器型和生物传感器型。

（1）比色传感器型　比色传感器的原理是基于挥发性成分和化学染料之间的配体结合反应，通过颜色变化对特定的化学成分进行定性或定量分析。该包装成本较低、结构简单、安全可靠，越来越多的天然色素被应用于比色传感器的开发。例如，将姜黄素整合到塔拉胶或 PAV 薄膜中制备一种比色传感器，通过感应 NH_3 的浓度反映室温条件下虾肉的腐败程度，在 1 ~ 3 min 内即可看到颜色的变化。又如基于 4 种天然色素（分别提取于菠菜、黑米、茉莉和萝卜）的比色传感器，通过检测肉与肉制品在腐败过程中产生的生物胺来反映其新鲜度，传感器颜色的变化与生物胺含量具有良好的相关性。

（2）气体传感器型　气体传感器型是智能包装中最具实际应用前景的类型之一，这种智能包装能够以相对较低的成本可靠地检测某些气体，而食品的腐败情况可通过特定气体（如 CO_2 和 H_2S）的浓度来确定。例如，以醋酸铜印刷纸为原料，利用商用柔性印制电路板工艺，在塑料基板上制成一种用于监测 MAP 中肉腐败产生的 H_2S 的气体传感器，醋酸铜薄膜对 H_2S 有良好的敏感性。大多数气体传感器属于化学传感器范畴，也有部分属于光学传感器，如荧光 O_2 传感器，其原理是特定的染料分子（荧光或磷光）吸收光能后转变为激发态并发出相应波长的光，这种激发态发光染料在与氧分子碰撞时会发生猝灭，发光强度随时间降低，猝灭程度与系统内的 O_2 浓度成正比。

（3）生物传感器型　生物传感器用于检测、记录和传输与生物反应有关的信息，包括生物受体（酶、抗原、激素或核酸等）、信号转换器以及数据采集和处理系统，其中酶是最常用的生物识别元件，这类生物传感器对底物有高度的特异性和选择性。例如，加拿大 TOXIN A-LERT 公司开发的一种基于抗体—抗原反应的视觉生物传感器，抗体被固定在聚乙烯薄膜上，通过与靶病原体反应引起其形状或颜色的变化，从而显示致病菌（如沙门氏菌、弯曲杆菌、大肠杆菌和李斯特菌）的水平。

（三）肉与肉制品的智能包装技术

智能包装运用生物学、材料科学、人工智能、化学、物理和电子信息等多元学科知识，来识别、判断、控制环境和包装内装物的变化，目的是保障食品的质量，防范运输过程中可能遇到的损坏，提高食品安全性以及延长食品的货架期。与活性包装相比，智能包装则强调对有关产品的质量及整个食品供应链的信息进行检测、传感、记录、跟踪或沟通的能力，并将信息数据通过一定的方式传达给消费者。智能包装技术在我国尚处在起步阶段，目前肉与肉制品智能包装主要有指示器、数据载体和传感器三种形式，指示器功能是提供更多信息以及告知消费者食品质量；数据载体（如条形码和 RFID），可用于仓储管理和产品追溯；传感器能够快速和明确地量化食品中的特定物质。

1. 指示器型智能包装

指示器向消费者传达某种物质存在与否及其浓度有关的信息。目前，开发了一种多用途的微生物 TTI 型智能包装，其基于紫罗兰素的形成，紫罗兰素是由紫色杆菌属（*Janthinobacterium*）在早期生长过程中产生的一种紫色色素。该微生物 TTI 可通过调整其输入参数来显示产品变质动力学，从而适用于多种肉与肉制品新鲜度的监测。

包装中气体成分的变化直接关系到包装系统中肉与肉制品的货架期、质量和安全性。气体指示器能用于监测由于食品中理化反应以及包装材料的渗透引起的内部气体变化，还用于评估活性包装组件的效果。将新鲜度指示器放置在包装内，通过葡萄糖、有机酸、乙醇、TVB–N 和生物胺等来表征肉的新鲜程度。

2. 传感器型智能包装

传感器型智能包装是分析仪器的替代品，能够快速、无损地检测包装食品中化合物的变化，在肉与肉制品保鲜监测方面有广阔的应用前景。目前研究主要集中于化学传感器、生物传感器、印刷电子传感器、光学信号传感器等方面。其中，生物传感器在肉与肉制品智能包装中的应用较多。

生物传感器是通过纳米技术与光学检测技术相结合而开发的一种新型生物传感器，其中的敏感元件包含用于检测化学分析物的生物成分。例如，通过模拟磁场特性，并建立免疫磁珠捕获细菌进行磁分离的数学模型，传感器可同时进行分离和定量检测大肠杆菌 O157：H7、单增李斯特菌、鼠伤寒沙门氏菌和金黄色葡萄球菌等 4 种主要的食源性致病菌。目前，采用酪胺氧化酶固定柱和氧电极组成的生物传感器，经过测定分别存放在 0、5、10℃条件下的真空包装牛肉中生物胺和嫩度随时间的变化，证实了该生物传感器可用于评估牛肉的品质。与传统检测方法相比较，生物传感器具有方便快捷、特异性强、灵敏度高、响应快、可用于复杂体系等特点，除了应用在产品包装中，还广泛应用于医学领域、环境监测、食品分析、发酵工业等，具有极大的发展潜力。

3. RFID 智能包装

RFID 标签是先进的数据载体设备，与条形码相比，RFID 标签更昂贵，需要更强大的电子信息网络。其采用无线射频进行非接触双向通信的识别方式，对食品的温度、湿度等实时信息进行采集、存储、传输，数据存储容量高达1 MB。射频识别技术的应用可以实现对肉与肉制品"生产—运输—消费"全过程的追踪，对标签有溯源性，可以帮助消费者判断肉与肉制品的新鲜度。此外，有利于不合格产品的精确回收。RFID 标签在包装行业已经广泛使用，通过单独或与条形码数据载体结合用于肉与肉制品包装是一种可期的新方法。目前，已经开发了一种基于智能 RFID 标签的肉与肉制品新鲜度监测系统，该系统由 RFID 标签、温度传感器、湿度传感器、气体传感器组成，通过比较贮藏环境的温度、湿度和气体浓度，得到肉类新鲜度与传感器信号的关系，可以对肉与肉制品的新鲜度进行优、中、差和变质 4 个等级的评判。

智能包装可以利用肉与肉制品腐败变质相关的生化代谢产物以及 pH 的变化来判定产品的品质状况。肉与肉制品腐败变质的主要特征为生物胺的形成和 pH 的升高，上述变化是由于储藏期间发生了不同程度的生化反应和微生物生长繁殖，导致蛋白质、脂质和碳水化合物被酶和细菌分解，同时产生 NH_3、H_2S、CO_2 以及醛酮类挥发性物质。

（四）智能包装技术在肉与肉制品包装中的应用

1. 指示器型智能包装的应用

目前指示器智能标签在肉与肉制品保鲜中应用广泛，主要有糖化酶型 TTI、纳米指示标签、天然抗氧化物提取物指示标签、脂肪酶型温度时间指示卡等，如表 4-9 所示，指示器型智能包装可以准确预测冷鲜肉的货架期。

表 4-9　　　　　　　　　指示器型智能包装在肉与肉制品中的应用

指示标签名称	温度	应用对象	应用效果
糖化酶型时间－温度指示器	3、4、12、15℃	牛肉	加酶量为 50 μL 的糖化酶型 TTI 可以准确预测冷鲜肉的货架期
双发射型硅量子点－银纳米簇指示标签	4℃	牛肉	在应用于牛肉新鲜度监测过程中，复合薄膜能够选择性地与硫化氢和甲硫醇反应，呈现出由红至蓝的颜色变化
花青素基纳米纤维标签	10℃	羊肉	随着羊肉的腐败，纤维膜的颜色从粉红色（新鲜）逐渐变为无色（腐败）
脂肪酶型温度－时间指示卡	4℃	羊肉	指示卡的颜色可以判定羊肉的新鲜程度，羊肉为一级鲜肉时，混合指示剂的 pH 大于 7.5，颜色为紫色、蓝色、青绿色；羊肉为二级鲜肉时，混合指示剂的 pH 介于 6.5 ~ 7.5，颜色为淡绿色、黄绿色；羊肉为腐败肉时，混合指示剂的 pH 小于 6.8，颜色为黄色、浅黄色
碱性脂肪酶型时间－温度指示器（TTI）	0、3、10、15、20℃	猪肉	该 TTI 在恒温和变温条件下可有效指示冷鲜猪肉在贮藏过程中基于 TVB-N 的品质变化

2. 传感器型智能包装的应用

传感器型智能标签在肉与肉制品包装中应用广泛，主要应用于化学发光传感器、氨基酸分子印迹传感器、温敏型生物传感器、光学信息检测技术传感器等，如表4-10所示，传感器型智能包装技术能够检测出肉与肉制品中需检出的特定成分。

表4-10　　　　　　　　传感器型智能包装在肉与肉制品中的应用

传感器类型	温度	应用对象	应用效果
化学发光传感器	4℃	牛肉	以分子印迹作为识别体，制成高灵敏度和高选择性的化学发光传感器，在线检测牛肉组织中残留的磺胺嘧啶，该传感器能够用于检测肉类产品中残留的磺胺嘧啶
选择性化学发光传感器	4℃	牛肉	本传感器样品前处理简单，能够快速、准确地检测食品中莱克多巴胺的残留
鲜味氨基酸定量检测传感器	4℃	牛肉	传感器可作为定量检测牛肉中谷氨酸和天冬氨酸的快速检测方法
温敏型生物传感器	4℃	牛血	制备了一种基于分子印迹量子点的温敏型生物传感器，可以准确且快速地检测牛血红蛋白含量
光学信息检测技术传感器	4℃	羊肉	光学信息检测技术传感器能更加全面、准确地反映羊肉新鲜程度
电子鼻技术	4℃	猪肉	电子鼻技术对猪肉脯品质的判别具有一定可行性

3. RFID智能包装的应用

目前，RFID技术在牛、羊、猪等养殖过程中应用得较多，现有的应用是将RFID技术与产品电子代码技术相结合，该系统基于RFID技术，融合了产品电子标签技术（Electronic Product Code，EPC）和数据库技术，构建了一个牛肉信息共享系统，消费者可以通过该系统实现对牛肉信息的查询。例如，养殖期间的生长状况、生产日期、生产商等信息。在养殖场，利用无线传感器技术、紫蜂无线通信技术（ZigBee）技术及视频编码压缩技术，对牛的养殖环境及体征行为进行实时的监测，为牛营造舒适环境，同时也把牛生长过程中的一些重要信息（出生日期、病史等）记录下来，存放在后台数据库和每头牛所佩戴的RFID标签中。RFID标签中还会存储一些牛屠宰后的信息，例如屠宰场、加工工厂、经销商等。工作人员通过阅读器对RFID标签进行信息的读取、写入等操作。消费者利用产品上的追溯码可以上网查询到产品的相关信息，如加工厂信息、生前病史等。

（五）智能包装的发展趋势

智能包装将朝着标准化、低廉化、网络化、交互化的方向发展。

1. 标准化

技术标准是行业发展的指导性文件。因此，政府及相关行业人员应积极做出调整，建立体系化的智能包装标准来指导和监管智能包装行业的健康快速发展。

2. 低廉化

高成本已成为影响智能包装发展的主要因素之一。智能包装急需实现低成本生产。通过技术的提升、人才的引入等手段从源头不断降低成本是智能包装未来发展的必然趋势。

3. 网络化

智能包装的目的是监测包装内容物的各种信息。伴随着 RFID、NFC、TTI、二维码、智能传感器等技术的进一步发展，智能包装将由智能组件、互联网及包装件三要素构成。智能包装将更准确及时地反馈产品信息，并传递给后台大数据库进行分析与管理，从而实现产品与数据的交互管理，真正实现智能化、网络化。

4. 交互化

利用增强现实（AR）技术、虚拟现实（VR）技术，近场通讯（NFC）等技术手段，使用户通过手机等终端设备可以随时了解产品声音、动画等立体信息或通过虚拟动画体验产品，这样不仅提高了产品价值，还提升了包装的多元化特性。交互化包装是提高用户体验，提升品牌影响力的重要手段，必将成为智能包装研究的重要方向。

第三节　肉与肉制品现代包装技术发展前景

肉与肉制品因其成分复杂极易腐败变质而难以长时间贮藏。目前，肉与肉制品贮藏保鲜常采用冷冻的方式，也有通过将超高压、气调贮藏以及冷冻法结合使用，或加入抗氧化剂和抑菌剂来延长货架期。为了降低成本、提升保鲜效果以及满足环保要求，肉与肉制品包装技术需要不断创新升级。随着目前新技术和新材料的发展，食品包装增添了很多新的功能特性，创新肉与肉制品包装材料和技术不仅对于保障其质量至关重要，而且能够避免对人体健康产生的负面影响。从现有的趋势看，肉与肉制品现代包装技术表现出以下发展前景。

1. 包装方式多样化

今后，肉与肉制品包装方式将呈现多样化的发展。例如，生物可降解包装膜因其高效、稳定、安全、环保等优势具有很大的应用前景。未来大力研发天然高分子型生物可降解材料，并将其应用于食品包装中，将成为可持续发展的重点。活性包装材料是食品包装的发展方向，高新材料的抑菌、抗氧化包装将具有更大的发展空间。另外，将可食性膜与活性包装相结合也是肉与肉制品包装未来发展的一个方向。智能包装是包装科学和技术的一个新兴的分支，有利于食品安全性、质量稳定性和便利性的提升。引入质量和新鲜度指标（如温度指标、温度 – 时间指示器和气体水平控制）等智能包装方法，将有助于最大限度地提高安全性和食品质量。因此，可以将新型智能包装与真空包装技术、气调包装技术结合起来，为肉与肉制品质量安全提供更好的保障。

2. 护色包装技术越来越重视

肉色是消费者判断肉与肉制品新鲜度最直接的感官指标之一。肉色的好坏直接决定了消费者的购买欲望，所以对肉与肉制品采取护色措施至关重要。特别是冷鲜肉长时间暴露在空气中，由于 Mb 长时间与 O_2 接触而转变为 MetMb，肉色将会呈现消费者难以接受的深褐色，对肉与肉制品的销售是极为不利的。在这种情况下，包装的首要任务是消除或减少肉与肉制品与 O_2 的接触，以尽可能长时间地保持颜色稳定、风味稳定和抑制微生物生长。

3. 复合薄膜包装逐渐成为主流

肉与肉制品包装经过长时间的发展，已经从零售用的纸类包装和简单的薄膜外包装发展到多层柔性薄膜包装，后者具有一定的机械强度、较好的气体和水蒸气阻隔性能、印刷性和良好的热密封性能。由于多层柔性薄膜包装技术的不断创新，延长了肉与肉制品的货架期，减少了由于腐败变质而造成的损失，为商家节省了大量的经济成本。目前没有性能全面的薄膜，因此大多数包装薄膜通常是由多种薄膜材料复合而成，以便根据不同产品的特性创造最佳的性能组合。强度、阻隔性和密封性是复合薄膜包装材料必备的性能。

4. 智能包装技术不断创新升级

未来的食品包装将更加轻便，所需材料更少，但会具有更好的阻隔性能。NFC 是一种短程无线技术，允许在两个设备之间进行信息通信。例如，利用膜孔控制透气性的智能包装，使包装内、外部环境具有互动性。生物可降解包装也值得关注，但由于成本和维持卫生屏障能力的问题，目前还不能用于食品。软包装在食品行业应用广泛，其主要耗材为塑料。塑料软包装具有很多优点，不仅耐冲击性能和阻隔性能好，而且成本较低。此外，在包装中增加能够实时显示肉与肉制品新鲜度的活性标签，可以给消费者传达肉与肉制品的货架期信息。目前，还研发了能够在烹饪过程中控制肉色褐变和可以从冷冻状态直接加热的智能包装。最常见的智能活性包装标签为墨迹标签，这种智能标签在产品过期后会褪色，可以通过使用条形码、快速响应码（QSR）以及移动条形码将信息传递给消费者。

5. 包装功能更加突出

肉与肉制品对包装要求不同。例如，冷鲜肉在零售时必须保持诱人的红色，这可以用透氧薄膜、含有高浓度 O_2 或 CO_2 气体的 MAP 或使用含有亚硝酸盐的真空包装来实现。肉制品中亚硝酸盐腌制品和未腌制品，都需要将包装中 O_2 去除，因此高阻隔性的真空包装在此类产品中较为常见。此外，主动包装系统已经被研发出来，该包装系统可以根据产品特性和外部环境变化，实时调控包装性能，从而达到动态可调控的包装效果。智能包装系统可以随时间的推移，监测并提供关于肉与肉制品和周围环境的信息，这些系统正在被研究和完善，并有可能在未来发挥更大的作用。

参 考 文 献

[1] 姚倩儒，陈历水，李慧，等.冷鲜肉保鲜包装技术现状和发展趋势［J］.包装工程，2021，42（9）：194-200.

[2] 袁树枝，李晓菲，左进华，等.穿孔薄膜包装在果蔬保鲜中的应用研究进展［J］.包装工程，2021，42（7）:131-141.

[3] Kaur M, Williams M, Bissett A, et al. Effect of abattoir, livestock species and storage temperature on bacterial community dynamics and sensory properties of vacuum packaged red meat［J］. Food microbiology, 2021, 94: 103648.

[4] 刘金铭，孔保华，王辉.抗氧化活性包装阻氧性与活性剂应用研究进展［J］.包装工程，2021，42（5）:8.

[5] 陈茹，李洪军，王俊鹏，等.抗氧化活性包装膜的制备及其在肉类食品中的应用研究进展［J］.食品与发酵工业，2021，47（11）:8.

[6] 薛佳祺，王颖，周辉，等.包装技术在肉制品保鲜中的研究进展［J］.食品工业科技，2021，42（16）:7.

[7] 鞠晓晨，周晓东，张宇佳.等.酱牛肉在抽真空包装冰箱贮藏的保鲜效果测评［J］.家电科技，2020（S01）:4.

[8] As A, Em B, Mc C. Eco-friendly active packaging consisting of nanostructured biopolymer matrix reinforced with TiO$_2$ and essential oil: Application for preservation of refrigerated meat Science Direct［J］. Food Chemistry, 2020，322:126782.

[9] 类红梅，罗欣，毛衍伟，等.天然抗氧化剂的功能及其在肉与肉制品中的应用研究进展［J］.食品科学，2020，41（21）:11.

[10] Kalpana S, Priyadarshini S R, Leena M M, et al. Intelligent packaging: Trends and applications in food systems［J］. Trends in Food Science & Technology, 2019, 93: 145-157.

[11] 李洪军，王俊鹏，贺稚非，等.智能包装在动物源性食品质量与安全监控中应用的研究进展［J］.食品与发酵工业，2019，45（21）：272-279.

[12] 彭润玲，谢元华，张志军，等.真空包装的现状及发展趋势［J］.真空，2019，56（2）：1-15.

[13] Wang H H, Chen J, Bai J, et al. Meat packaging, preservation, and marketing implications: Consumer preferences in an emerging economy［J］. Meat Science, 2018, 145: 300-307.

[14] 骆双灵，张萍，高德.肉类食品保鲜包装材料与技术的研究进展［J］.食品与发酵工业，

2019, 45（4）: 220–228.

[15] Holman B, Kerry J P, Hopkins D L. Meat packaging solutions to current industry challenges: A review［J］. Meat Science, 2018, 144: 159–168.

[16] Holman B, Kerry J P, Hopkins D L. A Review of Patents for the Smart Packaging of Meat and Muscle-based Food Products［J］. Recent Patents on Food Nutrition & Agriculture, 2017, 9（1）:3–13.

[17] Ahmed I, Lin H, Zou L, et al. An overview of smart packaging technologies for monitoring safety and quality of meat and meat products［J］. Packaging Technology and Science, 2018, 31（7）:449–471.

[18] Schumann B, Schmid M. Packaging concepts for fresh and processed meat Recent progresses［J］. Innovative Food ence & Emerging Technologies, 2018, 47: 88–100.

[19] Mcmillin K W, Advancements in meat packaging［J］. Meat Science, 2017, 132: 153–162.

[20] Fang Z, Zhao Y, Warner R D, et al. Active and intelligent packaging in meat industry［J］. Trends in Food Science & Technology, 2017, 61: 60–71.

[21] Regiane, Ribeiro-Santos, Mariana, et al. Use of essential oils in active food packaging: Recent advances and future trends［J］. Trends in Food Science & Technology, 2017, 61: 132–140.

[22] 黄小林, 陈秀, 徐贞, 等. 新型袋式气调包装机的设计［J］. 包装与食品机械, 2016,34(1): 34–37.

[23] Wezemael L V, Oydis Ueland, Verbeke W. European consumer response to packaging technologies for improved beef safety［J］. Meat Science, 2011, 89（1）: 45–51.

[24] Mcmillin K W. Where is MAP Going? A review and future potential of modified atmosphere packaging for meat［J］. Meat Science, 2008, 80（1）: 43–65.

[25] Grobbel J P, Dikeman M E, Milliken G A, et al. Packaging atmospheres alter beef tenderness, fresh color stability, and internal cooked color［J］. Kansas Agricultural Experiment Station Research Reports, 2008（1）: 14–18.

[26] Kerry J P, O'Grady M N, Hogan S A. Past, current and potential utilisation of active and intelligent packaging systems for meat and muscle-based products: A review［J］. Meat Science, 2006, 74（1）: 113–130.

[27] Babji Y, Murthy T, Anjaneyulu A. Microbial and sensory quality changes in refrigerated minced goat meat stored under vacuum and in air［J］. Small Ruminant Research, 2000, 36（1）: 75–84.

[28] Oddvin Sørheim, Nissen H, Nesbakken T. The storage life of beef and pork packaged in an atmosphere with low carbon monoxide and high carbon dioxide［J］. Meat Science, 1999, 52(2): 157–164.

[29] Gill C O, Jones T. The display life of retail-packaged beef steaks after their storage in master packs under various atmospheres［J］. Meat Science, 1994, 38（3）: 385.

［30］Gill, C. O. Packaging Meat for Prolonged Chilled Storage: The CAPTECH Process ［J］. British Food Journal, 1989, 91（7）:11-15.

［31］王雪锋,涂行浩,吴佳佳,等.草鱼的营养评价及关键风味成分分析［J］.中国食品学报,2014, 14（12）:182-189.

［32］茹志莹,陈芷雯,吴少福,等.冰温气调保鲜对鸡肉保鲜的影响［J］.江西农业大学学报,2020, 42（6）:1213-1221.

［33］孙艳文,邵京,马蕊,等.丁香精油微胶囊工艺优化及其对冰温猪肉保鲜效果的影响［J］.食品工业科技,2018,39（19）:134-141.

［34］杨梦达,伍军.高氧气调包装对冷鲜猪肉保鲜效果的影响［J］.北京农学院学报,2017, 32（2）:71-74.

［35］赵宇鹏,卜坚珍,于立梅,等.鸡肉的营养成分和质构特性研究［J］.食品安全质量检测学报,2016, 7（10）:4096-4100.

［36］张福娟,孙成行,韩玲,等.蕨麻猪猪肉营养成分研究［J］.辽宁师专学报（自然科学版）,2014, 16（2）:98-101.

［37］张毅,欧阳何一,雷飞飞,等.冷鲜鸭肉气调包装微环境优化及其对品质的影响［J］.食品工业科技,2021, 42（11）:268-274.

［38］陆宽,张孝刚,陈育涛等.柳源香鸡营养成分分析与评价［J］.肉类研究,2012,26（1）:41-44.

［39］付丽,夏秀芳,孔保华.生姜乙醇提取物对气调包装冷却猪肉的护色效果［J］.肉类工业,2005,（8）:23-26.

［40］李玉郡,王维坚,杨柳,等.鼠尾草精油对腊肉感官品质和抗氧化性能的影响［J］.中国调味品,2017, 42（6）:57-60.

［41］于辉,李华,苏伟岳,等.仙湖3号鸭肉营养成分分析［J］.黑龙江畜牧兽医,2005,（9）:82-83.

［42］孙宇,王宝维,王茜,等.鸭油甘油二酯与壳聚糖协同对猪肉糜的防腐作用［J］.现代食品科技,2020, 36（5）:122-128、184.

［43］林顿.猪肉微冻气调包装保鲜技术的研究［D］.浙江大学,2015.

［44］王正云,曹凌月,陈芷莹,等.竹叶抗氧化物结合壳聚糖对青鱼片贮藏品质的影响［J］.食品研究与开发,2020,41（14）:91-97.

［45］何静娴,张文元,赵国虎,等.氨基酸分子印迹传感器的制备及其在手性识别中的应用［J］.甘肃农业大学学报,2020, 55（2）:183-189.

［46］叶青青.壳聚糖/聚赖氨酸复合膜的制备表征及其保鲜性研究［D］.武汉轻工大学,2017.

［47］罗娟.纳米Ag-Cu基抗菌材料的制备及其性能研究［D］.昆明理工大学,2022.

［48］Shi Y J, Wrona M, Hu C Y, et al. Copper release from nano-copper/polypropylene composite films to food and the forms of copper in food simulants ［J］. Innovative Food Science & Emerging Technologies, 2021,67:102581.

第五章　肉与肉制品包装标准与法规

随着社会的发展和生活质量的不断提高，消费者对食品质量安全的要求越来越高，食品安全成为当今世界关注的焦点问题之一。科学合理、先进实用的食品标准是保证食品安全的前提，直接关系到人们的身体健康。苏丹红、三聚氰胺、地沟油等一系列食品安全事件的发生，反映了食品标准在食品安全监管中的重要作用，也暴露出我国现行食品标准中存在的一些亟待解决的突出问题。《中华人民共和国食品安全法》（以下简称《食品安全法》）的颁布实施是中国食品标准体系建设的一个转折点，以食品安全风险评估为基础，借鉴国际经验，加快我国食品标准整合，完善符合我国国情的以食品安全标准为核心的中国食品标准体系，是保障人民身体健康、保证食品安全的基础工作。

肉与肉制品是人类重要的食品之一，具有蛋白质含量高、风味独特等特点，对人体的新陈代谢、生长发育非常重要。肉与肉制品包装对产品优良品质的保持起到至关重要的作用。包装是外部环境与产品之间的屏障，可使产品免受日晒、杂质污染等自然因素的损害，防止挥发、渗漏、碰撞、挤压、散失等损失，维护食品的质量和安全。随着社会经济的迅速发展，包装行业在我国呈蓬勃发展的趋势，然而近几年包装行业的不断发展也产生了一系列问题。目前，包装容器一般都是来源于废塑料的再利用，这些废弃物本身含有细菌或化学类污染源，对人体有很大的危害；另外，包装印刷也是食品污染的一个重要因素，由于印刷油墨的溶剂是苯类，在食品包装的过程中，苯类溶剂挥发不完全就会残留在包装材料上，进而影响人体健康。活性包装由于添加了很多活性物质，在实际运用中，活性物质的选择、剂量和添加方式需要进行严谨的毒理学研究，以防止由于物质迁移而引起食品的质量和安全问题。

目前，专门针对肉与肉制品包装的法规较少，为此肉与肉制品包装的法规主要参考食品包装的法规、国际性标准化组织的食品包装标准及欧盟、美国等发达国家和地区制定的标准。

第一节 国际食品包装标准与法规

一、国际性标准化组织食品包装标准

（一）国际标准化组织（ISO）

1. ISO 概述

国际标准化组织（International Standards Organization，ISO）是世界上最大、最具权威性的标准化机构，成立于 1946 年 10 月 14 日，现有 157 个成员国。我国于 1978 年申请恢复加入国际标准化组织，同年 8 月被接纳为 ISO 成员国。

ISO 的宗旨是在全球范围内促进标准化工作的开展，以便于国际资源的交流和合理配置，扩大各国科技和经济领域的合作。国际标准化组织制定国际标准的工作步骤和顺序一般可分为 7 个阶段：提出项目；形成建议草案；转国际标准草案处登记；ISO 成员团体投票通过；提交 ISO 理事会批准；形成国际标准；公布出版。

2. ISO 有关食品包装的标准机构

（1）食品技术委员会（ISO/TC 34）

（2）薄壁金属容器技术委员会（ISO/TC 52）

（3）玻璃容器技术委员会（ISO/TC 63）

（4）集装箱技术委员会（ISO/TC 104）

（5）包装技术委员会（ISO/TC 122）

（6）接触食品的陶瓷器皿、玻璃器皿和玻璃陶瓷器皿技术委员会（ISO/TC 166）

（二）国际食品法典委员会（CAC）

国际食品法典委员会（Codex Alimentarius Commission，CAC）是 1963 年正式由联合国粮农组织（FAO）和世界卫生组织（WHO）共同创立的政府间协调食品标准的国际组织，其制定的标准是 WTO 认可的唯一向世界各国政府推荐的国际食品法典标准，也是 WTO 在国际食品贸易领域的仲裁标准。目前 CAC 已拥有 173 个成员国家和 1 个成员国组织（欧盟），覆盖世界人口的 99%。中国于 1986 年正式加入 CAC。

食品法典是一系列关于食品安全与质量的国际标准、食品加工规范和准则，旨在保护消费者的健康并消除国际贸易中不平等的行为，共分为 13 卷。截至 2001 年年底，CAC 共制定了 314 项食品标准。

CAC 食品安全标准体系由两大类标准构成：一类是由一般专题分委员会制定的各种通用的技术标准、法规和良好规范；另一类是由各商品分委员会制定的某特定食品或某类别食品的商品标准。其中，食品标签及包装、食品添加剂标准由一般专题分委员会制定。

二、欧盟食品包装法令与法规

尽管欧洲国家没有可简称为"包装法"的单独法令，但其他法规对包装均有涉及，欧洲经济共同体（简称欧共体，现为欧盟）的建立，使与包装有关的法规范围也为之扩大，有关商品的销售、贸易运输、食品和药品环境必需的法规与包装密切相关，而有关药品包装的法规也更加严格。

由于欧盟继续朝着建立一个更广泛的共同市场而发展，越来越多的成员国的国家法令正在适应欧盟模式或被欧盟法令所代替。这样可以消除成员国对诸如食品成分、生产条件、搬运、包装和标签等法律条款规定的差异，形成真正意义上的市场一体化。

（一）欧盟有关包装法令和法规的运作模式

欧洲标准化委员会（Comité Européen de Normalisation, CEN）成立于 1961 年，1975 年总部迁至比利时布鲁塞尔。成员国包括：奥地利、比利时、瑞士、丹麦、西班牙、芬兰、英国、希腊、爱尔兰、意大利、荷兰、挪威、葡萄牙、瑞典。这些国家都是 ISO 的正式成员。欧盟和欧洲自由贸易区与 CEN 关系密切，欧盟和欧洲自由贸易区已接受了参照欧洲标准制定的法规中规定技术要求的原则。欧洲标准一旦被称为欧盟指令，则这项标准在所有欧盟国家中就成了强制性标准。CEN 与 ISO 不同，它要求所有批准欧洲标准的国家不得做任何修改而发表为该国国家标准。

1. 欧盟主要机构及操作方式

欧盟的主要机构是欧盟部长理事会和执行委员会，其他机构还有欧洲议会、经济和社会委员会、欧洲法院。部长理事会由每个成员国各派一名代表组成，有关食品法规事务通常由各成员国农业和卫生部长参加部长理事会，颁布的法规通常要求理事会一致通过。执行委员会负责起草法规并保证法规的正确实施。部长理事会和执行委员会均有欧盟其他机构协助工作，最主要的是欧洲议会及经济和社会委员会。

欧盟对食品的协调工作通常通过横向和垂直指令来完成。横向指令影响所有食品，全面涉及诸如标签、添加剂、包装材料以及按质量或容量包装等问题，目前即将或已实施的指令包括酸、碱、盐、调味品、食品包装材料等方面。垂直指令处理特殊问题，现行垂直指令涉及巧克力制品、蜂蜜、食糖、罐头、咖啡、果汁等，其他还有软饮料、婴儿牛奶、番茄制品、酪蛋白等食品指令。

2. 欧盟食品科学委员会

食品科学委员会（Food Science Commision，FSC）是欧盟较重要的机构之一，它向执行委员会提供有关因食品引起的消费者健康和安全问题，尤其是有关食品的成分、可能改变食品的加工方法、食品添加剂、加工辅助手段的使用及存在污染物质等问题。

用于食品包装的材料极少是对食品完全惰性的，而这些对食品非完全惰性的材料又常常复合使用，要确保食品及生产的卫生与安全，必须注意盛放和保护食品的包装生产。包装材料是否适合它们的用途，取决于食品对包装材料的性质和质量要求，任何包装材料在对食品的味道和卫生没有不利影响的条件下都允许使用。

3. 欧盟食品接触材料标准及法规

欧盟对食品接触材料的多个方面做了具体要求，包括包装材料允许使用物质名单、迁移量标准、渗透量标准、成型品质量规格标准、检验和分析方法规定等。欧盟食品接触材料及制品的法规包括框架法规、专项法规和单独法规三类。

（1）第一类框架法规包括 EC No1935/2004《关于拟与食品接触的材料和制品暨废除 80/590EEC 和 89/109/EEC 指令》和 EC No2023/2006《关于拟与食品接触的材料和制品的良好生产规范》，为欧盟现有与食品接触材料有关的主导性规章。EC No1935/2004 确定了适用于所有食品接触材料的总原则和规定，包括适用范围、安全要求、标签、可追溯性和管理规定条款等内容。EC No2023/2006 是针对良好操作规范（GMP）的法规。

（2）第二类专项指令规定了框架法规中列举的每一类物质的特殊要求。目前，在欧盟规定的必须制定专门管理要求的 17 类物质中，仅有活性和智能材料（2009/450/EC）、再生纤维素薄膜（2007/42/EC）、陶瓷（84/500/EEC）、塑料（EU，No 10/2011）4 类物质颁布了专项指令。在陶瓷材料的指令中，规定了与食品接触的陶瓷制品中的铅（Pb）和镉（Cd）的溶出限量分别为 0.2 mg/L 和 0.02 mg/L。塑料材料的指令 2002/72/EC 经历了多次修订，最终形成了欧盟食品接触塑料材料和制品的最新法规 No 10/2011 及其修订 No 1282/2011。No 10/2011 中增加了 15 种可用于制造食品接触材料的单体和助剂的限量要求，对已有的 8 种单体和助剂的限量要求进行了修改，其中三聚氰胺单体的特定允许迁移量为 2.5 mg/kg。

（3）第三类单独法规是针对单独的某一种物质所作的特殊规定，具有强烈的针对性。目前，欧盟针对氯乙烯单体（78/142/EEC）、亚硝基胺类（93/11/EEC）、环氧衍生物（2005/1895/EC）和食品接触垫圈中增塑剂（2007/372/EC）分别制定了单独法规。

4. 欧盟食品包装有关法令

现代食品几乎都需包装，了解食品与包装材料之间发生相互作用的程度显然非常重要。包装与食品的任何相互作用都必须很小，否则包装就会失效。如含水食品不使用未加涂层保护的纸包装，酸性食品不使用不施保护涂层的金属罐。挥发性或非挥发性物质的迁移可以是双向的，即从包装到食品或从食品到包装，并可导致相互作用而影响食品的卫生和安全。这种相互迁移及其作用影响可以被专门的研究机构分析检测，但对一般的食品制造厂商而言却无能为力。因此，欧盟有关食品的法令规定包装材料只能使用许可名单上的材料。

目前欧盟使用的食品包装材料法是 89/109/EEC，基本要求是所有包装材料的制造必须符合良好操作规范（GMP）的要求，避免其成分转移到食品中，对人类的健康造成危害。另外，对特殊材料（如塑胶）则遵循《化学单体法》（编号 90/128/EEC，已经过 4 次修订）。该化学单体法涵盖的范围很小，只应用于全部由塑胶制成的包装材料或只以一般安全标准规范为基准的包装材料。法规以表格的方式列出可以使用的单体及其他起始元素，另外可用来制备塑胶包装材料的添加剂也一并列出。其他食品包装材料，如纸或纸板、玻璃等，在短期内不会有新法出现。

（二）欧盟部分国家现有包装材料法规实施情况

1. 匈牙利

匈牙利是目前欧盟国家中唯一引用"化学单体法"及其修正案作为国家法案中独立章节的国家，任何符合欧盟法规的包装材料可在匈牙利境内自由买卖。但地方市场上使用的包装材料仍需经过匈牙利国家食品安全卫生部（HNIFSH）的检测认可后才可以使用；对于新的包装材料，HNIFSH 有合法的权力及责任来确认它的适用性，而它所发布的证书是被广为认可的。

2. 保加利亚

目前没有明确的规定可供参考。包装材料上市前必须向卫生署提出申请，并附产品安全性说明书、样品、成分说明及其他可供参考的文件，如符合欧盟或会员国规定的证明书，所有文件必须以保加利亚文书写。

3. 波兰

在波兰食品包装材料并不受任何单位的控制，只要有该包装的食品进口许可证即可。包装材料上市前，必须由地区申请人向波兰国家卫生院提出申请，并附样本及波兰语申请书，最好能附上符合欧盟或会员国包装材料法规的证明书。申请审理需时约 2 个月。

4. 罗马尼亚

罗马尼亚法规以食品卫生的政府命令（编号 611/1995）为依据，对食品包装材料的消毒要求也有所说明。对于一些印刷用颜色，含镉、硫、汞、铅或铬的染料有详细列举，可以使用的化学单体也依不同聚合物形态分别列出。食品包装材料上市前必须向预防医学及保健局提出申请，并附样品、制造商保证书及成分鉴定书，其中如有符合任何国家法规的证明书，对申请亦有帮助。

（三）食品接触指令

食品接触材料涉及食品包装、餐具、厨具、食品加工机械、食品用小家电等产品，包括这些产品中能与食品接触的材料，如塑料、橡胶、金属、纸和纸板、玻璃、陶瓷、竹木和纺织品等，以及用于这些产品和材料的着色剂、印刷油墨、黏结剂等辅助材料。在与食品接触的过程中，材料中的某些化学成分可能迁移到食品中，人们食用后会影响到健康。因此，控制食品接触材料的安全和卫生质量，是保证食品安全的一项重要内容。欧盟等经济发达国家和地区已对食品安全建立了较为全面而严密的法规体系和市场准入制度，还专门为与食品接触的各类材料和制品发布了一系列《政策综述》。目前有 7 个食品接触指令在欧盟国家中实施。

1.　指令 76/893/EEC

该指令为总的基本指令，像一个"框架"法令。其主要条款为：它适用于与食品接触或可能与食品接触的材料和物品，这些材料不应危害人类健康，在食品中不应发生不能被接受的质量变化；用于接触食品的容器上必须有某些标记，如用英文表明"用于食品"，或者使用一种符号；当包装不直接出售给零售商使用时，可以附上文件。

2.　指令 78/142/EEC

用于控制塑料材料和食品中氯乙烯单体的数量，要求包装容器中氯乙烯单体的极限含量为 1mg/kg，食品中为 10 μg/kg。

3.　指令 80/766/EEC

规定了测试塑料材料中氯乙烯单体含量的分析方法。

4.　指令 80/432/EEC

规定了测试食品中氯乙烯单体含量的分析方法。

5.　指令 80/590/EEC

规定了用于食品包装上的标识符号。

6.　指令 82/711/EEC

关于塑料包装材料的指令，是欧盟所有食品包装指令中最引起争议的指令。这一指令最初包括以下方面：可使用的塑料名单、特殊物质的迁移和食品质量。与美国 FDA 法规比较，其工作任务范围巨大，执行困难，于是后来公布了修正指令，删去了所有涉及全部迁移的内容。

7.　指令 82/229/EEC

关于再生纤维素薄膜的指令，包括两个肯定的名单：涂布薄膜名单和不涂布薄膜名单，名单中批准的大部分包装材料没有规定具体的迁移限量。

（四）食品标签指令

欧盟指令 79/112/EEC 中"向最终消费者出售的食品标签、展示和广告"的基本原则：所用标签必须使购买者对食品的本性、特性、性质、成分、数量、耐久性、来源或出处、制造方法或生产不发生误解，禁止把食品不具有的性质说成具有，或将所有类似食品具有的特性说成是这种食品所持有的。标签指令要求在食品标签上表明下列项目：产品的名称；生产者或销售者的名称，或企业名称和地址；如不提供信息会使消费者对食品来源发生误解时，需注明产地；如不提供情况就不能正确使用食品时，需要说明用途。欧盟成员国可以保留国内要求，即表明国内生产的工厂或包装中心；成员国对度量方面也可以制定更多的条款，而大部分成员国有这种要求。

1. 产品名称

产品必须遵照规定的方式命名，对国家立法团体或行政规章已经规定的名称，必须使用该名称。如果没有规定则可使用惯用名称，或者能正确描述产品，使购买者知道产品的真实本性，且能与其他易混淆产品相区别的名称。惯用名称是消费产品的成员国之间的惯用名称。指令禁止商标、商标名称或想象的名称取代产品名称。例如，尽管可口可乐和百事可乐是国际上公认的商标名称，但还必须更充分地说明产品本质。如果缺少有关食品的详细物理状态或进行过处理的信息会使消费者产生混乱，如食品变成粉末，或经冻干、浓缩、腌渍等处理，则须在产品名称上加以说明。

2. 配料

配料是指在制造或配制食品时使用的，即便已经改变了形式，但在成品中仍然存在的物质，包括添加剂。食品中的添加剂必须列出，还需列出化学名称或欧盟的编号；对于那些在一种配料中存在的添加剂，只要其含量不足以使它们在成品中具有技术功能，可不必列出；只作为加工辅助剂的添加剂也不必列出。配料的名称必须是它们单独出售时使用的名称，油脂则需说明是动物性油脂还是植物性油脂，但指令中没有制定条款允许制造商表明食品中可能存在的油脂种类，以便使所用的脂肪混合物中的组分有更大的灵活性。当食品标签上要强调一种或几种配料的低含量时，或说明食品有同样效果时，则必须说明制造时使用的最低或最高百分比。

3. 数量

在考虑对包装品的数量标记时，须考虑欧盟其他法规，指令 80/232 是一个关于按规定数量对商品进行包装的指令；指令 76/211 规定在一定的平均数量基础上对固体进行预包装；对预包装的液体有类似控制指令 75/106。超过 5g 或 5mL 的预包装食品必须标明数量，在特殊情况下成员国有权提高标明数量的限量 5g 或 5mL，也可以制定本国条款，在标签上不需标明数量。按欧盟度量衡法规包装的商品，其数量应控制在规定的公差范围，而允许的公差与包装产品的数量有关。标签上数量标记旁边的"e"字符是说明符合欧盟数量控制标准，并经有关成员国的检验。

4. 日期标记

日期标记的原则是以最短寿命为基础，欧盟指令中规定的日期是在适宜的贮藏条件下食品能保持特定性质的日期，标明日期的方式在一般情况下采用："最好在（最短寿命日期）以前食用"；对以细菌观点来看高度易腐的食品，可采用"（日期）以前食用"或者用"最好在（日期）以前食用"来代替，英国选择的方式为："（日期）之前出售，最好在购买后（天数）内使用"。有些食品，如新鲜水果和蔬菜、酒精含量超过 10% 的饮料、醋和食盐等食品不要求公开的日期标记。成员国对一些可保持良好的状态 18 个月以上的食品也可规定豁免。但需注意的是，对需要在特定贮藏条件下才能使食品在规定货架期内保全食品质量的包装食品，必须标明特殊贮藏条件。

5. 使用说明

为保证正确使用食品，指令规定提供使用食品的方法。英国标签规章规定：如需在食品中添加其他食物时，必须在标签上清楚标明。欧盟标签指令也采取同样原则。例如，如果要求在预包装的糕点混合配料中添加一个鸡蛋或其他成分，就要在标签上靠近产品名称的地方清楚标明。

6. 标记方式

标签指令并不要求标记信息的格式，也不指定在标签上必须标明的特殊事项所用的文字尺寸，只要求标记必须易懂，标在明显的地方，清楚易读，不易去掉，且不被其他文字或图案掩盖或中断，产品名称、数量和日期必须在同一视野中出现。

7. 营养说明

欧盟任何成员国都不强制要求提供营养说明，当提出这种要求时须具体化，并在标签中详细说明。特殊营养食品指令 77/94 中提供了标明营养说明的最简单方法，尤其对于特殊营养食品，如能减轻体重的食品、婴幼儿食品及为满足特殊要求的其他食品（如适合糖尿病患者的食品等），指令要求这些食品必须说明具体适合用途，并符合某些标签条款的要求；制造商不可声称这种食品具有防止和治疗疾病的功能，除非是在国家法规中规定有特殊明确限定的情况。这个指令是唯一与每日规定食用量的食品和营养食品说明有关的指令，这些说明仍要受标签指令更为广泛的要求和管辖，也要受标签指令容许制定的任何成员国国家标签规章管辖。

8. 标签位置概要

欧盟标签指令仅仅为成员国家确定标签要求提供一个基础，成员国可以充分利用指令中允许的豁免和部分废除条款，这说明以指令为基础的成员国的国家规章在许多方面可以不同，任何成员国对标签的要求并不限于欧盟指令中规定的要求。因此，出口商尤其是非欧盟成员国的出口商，若想把产品打入欧盟市场，必须在食品包装上设定正确的标签，向销往国或精通欧盟成员国标签法规的专家咨询是非常必要的。

（五）环境指令

关于环境方面的指令，如空气污染、水质、有毒废料、废料处理等指令，对包装有间接影响。与环境指令直接有关的是能源和回收，尤其是关于饮料容器的推荐指令，该指令鼓励采用可回收的"多程"容器，通过促使消费者退回"多程"容器，也可通过对"单程"容器征收押金或税款来达到目的。这一指令无疑对玻璃容器比对纸类包装和金属包装更有利。

三、美国食品包装标准与法规

美国的食品与药品包装法规，是作为针对现实的和潜在的食品与药品安全性危机的一种对策而逐渐发展和完善的，为此美国政府依法建立了食品与药物管理局（FDA）作为监督执行的权威机构。由于食品添加剂的广泛应用，引起了对食品安全性的关注，1958 年美国国会通过了若干关于食品、药品法规的关键性修正条文，对包括可能从包装材料或其他与食品接触的表面转移到食品中的材料和制品提出了要求。修正条文的通过使美国国会认识到食品加工已成为一门相当复杂的工艺技术，不宜由国会直接控制管理，应赋予它委任的专家机构更为广泛的权力。根据同样的原因，在有关食品添加剂法规颁布不久，于1960 年又颁布了有关食品着色剂实行前报批手续的法律条文。

食品添加剂分为直接添加剂和间接添加剂两类：直接添加剂是指直接添加进食品中的物质；间接添加剂指的是由包装材料转移到食品中去的物质。两种类型之间没有严格的界限，都必须按照食品添加剂法律程序报批。

（一）美国 FDA 有关食品与包装的法规

1958 年以前，食品包装只需符合有关伪劣商品的法律条款：如果食品在不符合卫生要求的情况下包装，或者由于包装容器包含某种有损人体健康的有害物质而致使产品受污染，则可认为该产品掺假；如果产品包装容器的制造、加工和充填是故意想使购买者误认为某种名牌产品，则可认为该产品是假冒商品。因此，美国的食品添加剂修正案规定：包装材料的组成部分与直接添加到食品中去的食品添加剂一样，必须符合食品添加剂有关规定，并实行事前报批制度。因此，包装材料的组成成分如果未经美国 FDA 所公布的食品添加剂法令认可，不得使用。

1. **包装材料按食品添加剂法令处理的情况**

食品添加剂的法律定义是决定包装材料的组成成分，以及其他与食品接触的物质是否需要受法令制约的出发点。《美国法典》（United States Code，U.S.C.）第21卷（篇）第201节对食品添加剂的定义："某种物质在使用之后能够或有理由证明，可能会通过直接或间接的途径成为食品的组分，或者能够及有理由证明会直接或间接地影响食品特色，而又未经有资格的专家通过科学的方法或凭经验确认其在拟定中的使用场合下是安全的，则可认为该物质是食品添加剂（包括所使用的包装材料和容器）"。根据这个定义，与食品接触的包装材料中只有3类物质不属于食品添加剂，可以不受美国FDA所颁布的法规限制：①有理由证明不可能成为食品组分的物质；②公认安全物质（GRAS）；③事先已被核准使用的物质。

美国FDA根据法律也已经确认，凡由功能性阻隔材料与食品隔开而不与食品接触的物质，亦不属于食品添加剂，因而在使用时可以不受任何法律的限制。关系到食品包装材料法律地位最重要的，也是最易引起争议的问题是未经批准的物质是否可以用作食品的成分。美国《食品添加剂法》170.3（e）对此说明如下："必须清楚包装容器和包装材料生产过程中所使用的物质，是否可能直接或间接地成为该包装容器或包装材料所包装的食品的组成成分。如果包装材料中的成分不会转移到食品上，不会成为食品成分时，该物质不应被视为食品添加剂。"

实际上，与食品接触并预料将成为食品组分的物质，必须超过某个最低含量限值时，才可以被认为是食品添加剂。这个观点虽在有关法律条款上已有所体现，但不论是美国联邦法院还是FDA，至今未能确定出准确而可靠的最低含量限值，因此，没有可用于确定某一特定物质是否符合法律条款的法定衡量标准，这一直是包装工业的一个问题。

2. **食品添加剂申请**

美国FDA将以申请书中所提出的食品添加剂的数据为依据，确定包装材料在预定使用场合下的安全性、添加剂准备使用的场合、添加剂在人和动物食用过程中的累积性影响，以及其他安全性因素均是美国FDA评价包装材料安全性必须考虑的因素。法律规定FDA在收到申请书之日起的90d内，必须做出批准使用或驳回申请的决定，并以法令形式予以公布。

包装材料一经批准，它就必须遵守食品法中关于与食品接触的包装材料的GMP进行生产。该规定的主要内容包括与食品接触的包装材料组分、用量不应超过为实现所希望的物理特性和技术特性所必需的数量；所用原料的纯度应适合于预定的用途；同时应符合《联邦食品、药品和化妆品法案》中有关不宜食用的食品方面的规定。

包装材料制造商和食品厂商常常会对食品包装材料法规产生误解，特别是对《美国法典》第 21 卷（篇）第 201 节中有关某种包装材料或包装材料中的某种成分不是食品添加剂的规定产生误解，这些公司往往只购买经美国 FDA 和美国农业部（USDA）正式认可的包装材料。实际上，如果某种物质不是食品添加剂，也就不必由 FDA 按法律程序予以正式批准。必须指出，在市场上合法销售的产品，一般不属于食品添加剂，但如果发生纠纷，最终必须由美国 FDA 确认。

（二）美国农业部有关食品与包装的法规

虽然美国 FDA 对食品与包装具有一般性的权力，但 USDA 对肉类、家禽等食品的管理具有国会所赋予的主要司法权。

1. 食品包装材料法规

对于包装，美国农业部通常倾向于对接受联邦政府检查的肉类加工厂中使用的包装材料运用法律的手段实施管理，检查管理按下列 3 项原则操作：

（1）包装材料供货方提交信用卡或保证书，明确声明其产品符合美国《联邦食品、药品和化妆品法案》和有关食品添加剂的法规。

（2）供货方必须提交美国农业部食品安全检查处签发的化学成分认证书。

（3）美国农业部的认证书只有随同供货方的信用卡或保证书一同递交才可视为有效。

法规要求包装材料检查员、巡回监督员、地区监督员必须要求供货厂商提交信用卡或保证书。对与食品直接接触的包装材料，供货厂商应该提交适当形式的信用卡或保证书。而不与食品直接接触的包装材料，如不作为内包装用的运输包装箱、贴在封存食品罐头盒或其他包装容器壁上的标签，则可不必提交具有法律约束力的保证书。此外，肉类加工过程中所使用的包装原料用包装不必提交任何形式的保证书。同样的，如抗氧化剂、黏合剂、调味料的包装材料也可不必提交信用卡或保证书。

2. 包装材料的着色剂

关于着色剂在食品包装材料中的使用，在 1983 年 10 月由 FDA 颁布的有关着色剂管理法规中，未提出一份可用于接受联邦政府检查的经正式认可的着色剂参考名单。因此，肉类制造厂商必须向包装材料供应商问明所用的着色剂是否已被美国 FDA 所批准。有些着色剂只经过美国农业部批准而未经 FDA 批准，而根据美国农业部的现行法规，只有美国农业部批准是不够的。

从 1984 年起，美国 FDA 要求着色剂制造商填写正式的申请书报批，而这个批准过程可能需要 1 年半至 2 年的时间。由着色剂制造商提出的申请书中，还要提交一份着色剂的抽提量或通过各种途径的转移量不超过 0.001mg/kg 的分析报告。

四、日本食品包装标准与法规

日本拥有较完善的食品安全法律法规体系以及食品标识制度，主要有《食品卫生法》和《食品安全基本法》。日本以《食品卫生法》和《食品卫生法施行规则》为依据，制定了大量的食品包装材料法规，如表 5-1 所示。

表 5-1 　　　　　　　　　　日本部分包装法规和标准

序号	法规名称
1	食品卫生法
2	食品卫生法实施规则
3	食品卫生法施行相关事项
4	火腿、香肠等的包装纸使用的着色剂
5	塑料、玻璃、陶瓷、搪瓷、金属罐、橡胶等类材料的类别标准
6	食品、添加物等的规格标准
7	关于市场上销售牛奶的销售用容器
8	聚乙烯制容器装清凉饮用水的容器包装的热封口强度
9	关于包装纸的消毒方法
10	容器包装的基本方法
11	聚碳酸酯树脂制器及容器包装
12	关于使用抗菌剂的聚碳酸酯树脂器具及容器包装
13	根据食品卫生法制定的食品添加剂标准规范
14	食品器具、容器和包装的规范和标准

1. 《食品卫生法》

日本的《食品卫生法》颁布于 1947 年，由 36 个条款组成。该法规规定食品卫生的宗旨是防止因食物消费而受到健康危害。《食品卫生法》规定了所有食品、食品添加剂、器皿、包装、非药容器的安全标准，所有食品包装材料商需对其产品的安全性负责。日本的食品容器、包装材料与食品添加剂分开管理。《食品卫生法》还规定，禁止生产、销售、使用可能含有危害人体健康物质的食品接触材料及制品。

20 世纪 60 年代，包装生产和产品商、材料供应商，以及食品生产商等在官方许可下建立了不同的工业安全协会。作为《食品卫生法》的补充，各个工业安全协会制定了协会成员需要遵守的一些规定，目前这些规定均已成为官方法规。在日本，各工业安全协会提供的食品接触材料的标准主要基于以下四类选择原则：①《美国联邦管理法规》第 21 篇（CFR21）和《有效食品接触物质清单》（FCNs）中允许的材料；②欧盟食品接触材料相关条例所列物质；③允许直接加入的食品添加剂；④在英国、德国、意大利、荷兰、比利时和法国立法中涉及的材料。新的材料由各个工业安全协会进行评估，评估方法与 FDA 或者欧盟的法规相似，包括迁移试验和迁移物的安全性水平。

2.《食品安全基本法》

2003 年 5 月日本又颁布了《食品安全基本法》。该法规定："保护国民健康是首要任务""在食品供应的每一阶段都应采取相应的管理措施""政策应当建立在科学的基础上，并考虑国际趋势和国民意愿"。同时设立的食品安全委员会依据《食品安全基本法》，作为独立的机构负责开展危险性评估并向管理部门提供管理建议，与社会各界开展信息交流，以及处理突发的食源性食品安全事件。

五、国际食品标签标准与法规

食品标签是指在食品包装容器上或附在食品包装容器上的一切附签、吊牌、文字、图形、符号及其他说明物。食品标签是食品包装设计的重要内容，必须受到国家标准及法规的严格限制，因为标签具有引导和指导消费的功能，通过食品标签法规实施严格管理有助于防止伪劣商品的流通，防止误导和欺骗消费者，确保食品的卫生与安全，从而保护消费者的利益。目前食品标签标准、法规及管理办法得到国际社会的广泛关注和重视。

（一）国际食品法典委员会食品标签标准

国际食品法典委员会颁布了两个食品标签标准：① CODEX STAN 1—1991《预包装食品标签标准》；② CODEX STAN 107—1985《食品添加剂销售标示法规标准》。

（二）美国食品标签标准与法规

美国重视食品标签立法及其管理，1992 年 12 月正式宣布强制性实施新的标签法，新标签法要求在标签上必须标注包装食品的质量、总热量、来自脂肪的热量、总脂肪量、饱和脂肪量、胆固醇量、糖量、总碳水化合物、膳食纤维量、蛋白质量、纤维素量、维生素 C 量、钙及铁含量。规定从 1994 年 5 月 8 日起美国所有包装食品，包括全部进口食品都必须使用新的标签。

1993 年 1 月美国 FDA 发布瓶装饮用水标签新标准，严格定义了各种瓶装饮用水的术语。这个新标准于同年 7 月 5 日起实施，并限定经销厂商在 1994 年 1 月 5 日前全部按新标准执行，其目的旨在保证食品标签的真实性，杜绝制造商用虚假标签误导坑害消费者。

1994年10月美国正式通过立法，公布了《营养补充品包装的营养标签法》。

第二节　我国食品包装标准与法规

一、食品包装法规

随着我国经济发展和国际贸易需要，我国相继制定、修订并颁布实施了许多与食品包装相关的标准与法规，已形成了一套与国际接轨的食品包装法规和标准体系。

（一）《食品安全法》有关食品包装的限制性条款

作为食品的"贴身衣物"，食品包装的安全性直接影响着食品的质量，不合格的食品包装在使用过程中会对人体健康产生不良的影响。自2009年6月1日起，历经全国人大常委会4次审议的《食品安全法》开始施行，它取代了实施长达14年之久的《食品卫生法》。这部法律将食品包装纳入其范畴，将食品包装的重要性提升到了与食品质量同等的高度，修订版明确了"食品的包装材料、容器、洗涤剂、消毒剂和用于食品生产经营的工具、设备（以下称食品相关产品）的生产经营""食品生产经营者使用食品添加剂、食品相关产品"等活动，应当遵守本法。

1.《食品安全法》中有关食品包装卫生管理的要求

第四十一条：生产食品相关产品应当符合法律、法规和食品安全国家标准。对直接接触食品的包装材料等具有较高风险的食品相关产品，按照国家有关工业产品生产许可证管理的规定实施生产许可。食品安全监督部门应当加强对食品相关产品生产活动的监督管理。

第五十八条：餐具、饮具集中消毒服务单位应当具备相应的作业场所、清洗消毒设备或者设施，用水和使用的洗涤剂、消毒剂应当符合相关食品安全国家标准和其他国家标准、卫生规范。

第六十六条：进入市场销售的食用农产品在包装、保鲜、贮存、运输中使用保鲜剂、防腐剂等食品添加剂和包装材料等食品相关产品，应当符合食品安全国家标准。

2.《食品安全法》中对食品包装标签的要求

第六十七条：预包装食品的包装上应当有标签。标签应当标明下列事项：①名称、规格、净含量、生产日期；②成分或者配料表；③生产者的名称、地址、联系方式；④保质期；⑤产品标准代号；⑥贮存条件；⑦所使用的食品添加剂在国家标准中的通用名称；⑧生产许可证编号；⑨法律、法规或者食品安全标准规定应当标明的其他事项。

第六十八条：食品经营者销售散装食品，应当在散装食品的容器、外包装上标明食品的名称、生产日期或者生产批号、保质期以及生产经营者名称、地址、联系方式等内容。

第六十九条：生产经营转基因食品应当按照规定显著标示。

3.《食品安全法》中针对食品生产经营活动对食品包装的要求

第三十三条部分内容：食品生产经营应当符合食品安全标准，并符合下列要求（此处为与食品包装相关的内容）："具有与生产经营的食品品种、数量相适应的食品原料处理和食品加工、包装、贮存等场所等""餐具、饮具和盛放直接入口食品的容器，使用前应当洗净、消毒，炊具、用具用后应当洗净，保持清洁""贮存、运输和装卸食品的容器、工具和设备应当安全、无害、保持清洁"，"直接入口的食品应当使用无毒、清洁的包装材料、餐具、饮具和容器"。

第六十八条：食品经营者销售散装食品，应当在散装食品的容器、外包装上标明食品的名称、生产日期或者生产批号、保质期以及生产经营者名称、地址、联系方式等内容。

4.《食品安全法》中针对食品进出口包装的要求

第九十七条：进口的预包装食品、食品添加剂应当有中文标签；依法应当有说明书的，还应当有中文说明书。标签、说明书应当符合本法以及我国其他有关法律、行政法规的规定和食品安全国家标准的要求，并载明食品的原产地以及境内代理商的名称、地址、联系方式。预包装食品没有中文标签、中文说明书或者标签、说明书不符合本条规定的，不得进口。

（二）《中华人民共和国产品质量法》有关包装的限制性条款

《中华人民共和国产品质量法》自 2000 年 9 月 1 日起施行，关于包装的条款同样也适用于食品包装，主要条款如下。

第十四条：国家参照国际先进的产品标准和技术要求，推行产品质量认证制度。企业根据自愿原则可以向国务院市场监督管理部门认可的或者国务院监督管理部门授权的部门认可的认证机构申请产品质量认证。经认证合格的，由认证机构颁发产品质量认证证书，准许企业在产品或者其包装上使用产品质量认证标志。

第二十七条：产品或者其包装上的标识必须真实，并符合下列要求：①有产品质量检验合格证明；②有中文标明的产品名称、生产厂厂名和厂址；③根据产品的特点和使用要求，需要标明产品规格、等级、所含主要成分的名称和含量的，用中文相应予以标明；需要事先让消费者知晓的，应当在外包装上标明，或者预先向消费者提供有关资料；④限期使用的产品，应当在显著位置清晰地标明生产日期和安全使用期或者失效日期；⑤使用不当，容易造成产品本身损坏或者可能危及人身、财产安全的产品，应当有警示标志或者中文警示说明。

（三）有关食品包装的管理办法

1. 《包装资源回收利用暂行管理办法》

《包装资源回收利用暂行管理办法》（简称《办法》）由中国包装技术协会和中国包装总公司根据《中华人民共和国固体废弃物污染环境防治法》的有关条例编制，共有八章。《办法》阐明了包装术语与包装的分类，规定了纸、木、塑料、金属、玻璃等包装废弃物料的回收利用与管理原则、回收渠道、回收办法、分级原则、贮存和运输、回收复用品种、复用办法、复用的技术要求、实验方法、检验规则、包装废弃物的处理与奖惩原则、附则等内容，既适用于纸、木、塑料、金属、玻璃等包装资源的回收利用与管理，也适用于其他包装资源的回收利用与管理。

2. 其他管理办法和规定

（1）《保健食品管理办法》　由卫生部于 1996 年 3 月 15 日发布（卫生部第46 号令），自 1996 年 6 月 1 日起实施。

（2）《绿色食品标志管理办法》　由农业部于 2012 年 6 月通过，2012 年 10 月正式施行。总则第二条说明："本办法所称绿色食品，是指产自优良生态环境、按照绿色食品标准生产、实行全程质量控制并获得绿色食品标志使用权的安全、优质食用农产品及相关产品。"第二章说明绿色食品标志使用的申请与核准。第三章规定了绿色食品标志的使用范围和限制性条款等。

（3）《查处食品标签违法行为规定》　由国家技术监督局于 1995 年 6 月 20 日发布，同年 10 月 1 日起施行，主要为加强对食品标签的监督管理、保护消费者的利益、维护食品生产和销售者的合法权益，依据《中华人民共和国标准法》和《中华人民共和国产品质量法》而制定。目的是使食品企业强制执行国家有关标签标准，包括（GB 7718—2011）《食品安全国家标准　预包装食品标签通则》、（GB 29924—2013）《食品安全国家标准　食品添加剂标识通则》、（GB 30000—2013）《化学品分类和标签规范》。

二、食品包装标准

（一）我国标准的分级

根据《中华人民共和国标准化法》（以下简称《标准化法》1988 年 12 月 29 日公布，2017 年 11 月 4 日修订，修订后的标准自 2018 年 1 月 1 日起实施）的规定，我国标准分为国家标准、行业标准、地方标准和企业标准四级。

1. 国家标准

国家标准是指对全国经济技术发展有重大意义，需要在全国范围内统一的技术要求所制定的标准。国家标准在全国范围内适用，其他各级标准不得与之相抵触。国家标准由国务院标准化行政主管部门编制计划和组织草拟，并统一审批、编号和发布。

2. 行业标准

行业标准是指我国某个行业（如农业、卫生、轻工行业）领域作为统一技术要求所制定的标准。行业标准的制定不得与国家标准相抵触，国家标准公布实施后，相应的行业标准即行废止。行业标准由国务院有关行政主管部门制定，并报国务院标准化行政主管部门报案。

3. 地方标准

地方标准是指没有国家标准和行业标准而又需要在省、自治区、直辖市范围内统一技术要求所制定的标准。地方标准不得与国家标准、行业标准相抵触，在相应的国家标准、行业标准实施后，地方标准自行废止。地方标准由省、自治区、直辖市标准化行政主管部门制定并报国务院标准化行政主管部门和国务院有关行政主管部门备案。

4. 企业标准

企业标准是指企业针对自身产品，按照企业内部需要协调和统一的技术、管理和生产等要求而制定的标准。企业标准由企业制定，并向企业主管部门和企业主管部门的同级标准化行政主管部门备案。

（二）食品包装国家标准

食品包装是现代食品工业的最后一道工序，其主要目的是保护食品质量和卫生、保留食品原有的营养成分、方便运输、促进销售、延长货架期和提高商品价值。食品包装材料中的化学成分向食品中发生迁移，如果迁移的量超过一定界限，就会影响食品的安全。《食品安全法》对用于食品的包装材料和容器的定义为："指包装、盛放食品或者食品添加剂用的纸、竹、木、金属、陶瓷、塑料、橡胶、天然纤维、化学纤维、玻璃等制品和直接接触食品或者食品添加剂的涂料。"随着人们对食品安全的日益关注，作为与食品直接接触的包装材料和包装容器，其安全性也备受关注。

食品包装既要符合一般商品包装的标准，更要符合与食品卫生与安全有关的标准。食品包装标准就是对食品的包装材料、包装容器、包装方式、包装标志及技术要求等的规定。目前，我国已制定塑料、橡胶、涂料、金属、纸类等60多项食品包装材料和包装容器标准，涉及卫生标准、产品标准、检验方法标准、良好操作规范、卫生规范等诸多方面。部分食品包装材料和包装容器标准见表5-2。

表 5-2		部分食品包装材料和包装容器标准
序号	标准号	标准名称
1	GB/T 23508—2009	食品包装容器及材料　术语
2	GB/T 23509—2009	食品包装容器及材料　分类
3	GB/T 24696—2009	食品包装用羊皮纸
4	GB/T 24695—2009	食品包装用玻璃纸
5	GB 18192—2008	液体食品无菌包装用纸基复合材料
6	GB/T 24334—2009	聚偏二氯乙烯（PVDC）自粘性食品包装膜
7	GB/T 23887—2009	食品包装容器及材料生产企业通用良好操作规范
8	GB/T 19063—2009	液体食品包装设备验收规范
9	SN/T 2499—2010	中型食品包装容器安全检验技术要求

　　我国食品包装国家标准大致分为 4 类：第一类为食品包装材料标准；第二类为食品包装材料试验方法标准；第三类为食品包装容器标准；第四类为食品包装标签标志标准。我国现行有效的食品接触材料相关标准共 258 项。

　　包装工艺就是对各种包装原材料或半成品进行加工或处理，最终将产品包装成为商品的过程。包装工艺标准化应包括产品和包装材料，按规定的方式将其结合成可供销售的包装产品，然后在流通过程中保护内包装产品，并在销售和消费时得到消费者的认可等几个方面，其主要内容为：容量标准化，产品的状态条件的标准化，包装材料标准化，包装速度规范化，包装步骤说明，规定质量控制要求。

三、我国肉与肉制品包装标准与法规现状

　　我国是世界肉类生产大国，肉与肉制品产量已经连续多年居全球之首，肉与肉制品标准是推动我国肉类食品行业健康可持续发展的保证。根据国家标准化管理委员会发布的标准统计，截至 2021 年 10 月，我国已发布肉与肉制品相关标准 622 项，其中国家标准 234 项、行业标准 276 项、地方标准 101 项。在所有这些标准中，以检验方法标准居多，占到肉与肉制品标准总量的 54% 以上，其中除了肉类常规成分检测标准外，还包括微生物检测方法标准和兽药残留检测方法标准。

　　与国际标准和欧盟、美国、澳大利亚、日本等发达地区和国家先进标准相比，我国在肉与肉制品标准方面还有一定的差距，主要表现在肉与肉制品标准覆盖面不完全，某些重要标准缺失，在技术水平上与国际标准没有接轨，在肉

与肉制品标准制定过程中缺少风险性评估的科学依据。我国肉与肉制品种类繁多，除了目前商品化程度较高的大宗西式肉制品外，还有相当一部分中式肉制品在市场上销售。中式肉制品中如肉羹等汤类产品、熏烤类等肉制品深受消费者喜爱，但是国内相关的标准还很少，使得此类产品质量参差不齐。随着新型食品材料、新型食品加工技术不断涌现，利用现代生物技术、非热加工技术，以及添加益生菌和酶制剂等生产的食品已经在市场上出现，如发酵香肠类、超高压加工肉制品等，对于这类新技术食品，目前我国还没有制定相关标准，一定程度上束缚了相关行业的发展。同时，与肉与肉制品质量安全密切相关的掺杂使假问题，还缺少相应的检验检测方法标准。另外，我国在肉与肉制品加工相关机械设备和肉类烹饪相关设备方面的标准、法规还处于空白。

为更好保障肉与肉制品安全及品质，提升其包装质量与技术，规范肉与肉制品包装操作要求。经中国肉类协会批准，由包装分会牵头制定的 T/CMATB 6001—2020《肉类食品包装用热收缩膜、袋》和《肉与肉制品气调包装》团体标准于 2020 年 8 月 1 日正式发布。其中，《肉类食品包装用热收缩膜、袋》规定了肉类食品包装用多层共挤热收缩膜、袋的术语和定义、产品分类、要求、试验方法、检验规则和标志、包装、运输、贮存。《肉与肉制品气调包装》团体标准规定了肉与肉制品气调包装材料的术语和定义、产品分类、技术要求、试验方法、检验规则、标志、包装、运输及贮存等要求，该标准适用于肉与肉制品气调包装材料生产企业。

四、我国肉与肉制品包装标准与法规发展趋势

随着我国全面融入全球经济，肉与肉制品全方位进入国际市场，我国相对落后的肉与肉制品标准和法规体系限制了我国肉与肉制品出口。因此，我国亟须建立一个指导和规范肉与肉制品质量安全，满足国内外销售需要，能与国际接轨的科学、完善、实用的肉与肉制品行业标准与法规体系。同时，积极采用国际标准和国外先进的法规与标准，加强肉与肉制品生产和流通领域的标准与法规建设，进一步促进我国肉与肉制品产业发展。

五、我国食品包装材料标准与法规体系存在的问题和建议

（一）我国食品包装材料标准与法规体系存在的问题

1. 标准与法规的科学性亟待提高

标准的制定应以风险评估为基础，只有经过广泛的调查研究和科学分析，才能确保食品安全标准与法规的科学性。由于我国食品包装材料风险评估工作

基础薄弱，未建立完善的食品包装材料膳食暴露监测体系和暴露模型，未能有效发挥风险评估在食品包装材料标准与法规制定中的作用，在一定程度上影响了标准与法规的科学性。

2. 现行标准与法规制定年限过长

目前，现行的食品包装材料卫生标准大部分是 2003 年左右制定的，随着市场的不断发展，生产工艺不断优化，产品质量不断提高，现行标准中的很多内容已不能适应产品和市场需求，不能和发达国家的标准相接轨，结果势必影响产品的安全性和新产品的开发，降低我国产品在国际市场上的竞争力。

3. 标准管理模式亟待改进

欧美等发达国家和地区对食品包装材料安全性的管理侧重于源头管理，这充分体现在食品包装材料安全性管理法规上。在国家层面的良好生产规范的要求下，一般要求各个企业制定更为详细和严格的生产规范。我国食品包装材料标准体系应充分借鉴发达国家和地区管理经验，逐步将控制重点前移，尽快建立食品包装材料使用卫生规范，同时加强标准的宣传贯彻，强化企业守法意识，提高企业诚信，两手并举才能达到有效控制食品包装材料安全的目的。

4. 标准支撑体系建设亟待加强

我国食品包装材料标准制定多以部门为主，缺乏统筹规划和综合协调，没有形成标准制定和修订工作的合力。食品包装材料标准研制力量薄弱，专业技术人才队伍明显不足，少数起草单位工作责任心亟待提高，这些都与标准制定工作的实际需要存在较大差距。

5. 标准未能得到有效实施

要实现真正控制食品包装材料安全性的目的，除了有完善的标准体系之外，企业和监管部门采取有效手段正确实施标准也至关重要。目前出现的一些食品安全问题很多是源于企业行业、监管机构对标准的理解不正确，导致不能正确实施标准。

（二）对我国食品包装材料标准与法规体系的建议

1. 加快标准的制修订工作，完善标准与法规体系

针对任何可能出现的食品包装材料都建立其自身的标准是不现实的行为，所以，我国应参考欧美等国家和地区的管理理念，首先建立食品包装材料通用规范，现行通用规范仅有包装材料添加剂一种针对于包装材料产品的标准，远不能满足需求。其次，学习欧美从源头控制的方法，完善包装材料的原材料和加工过程卫生标准与法规，研究包装材料使用条件，从而控制其终产品使用的安全性，而非现行的制定各种产品的限量标准。再次，加快标准清理工作的进展，避免出现一种产品多重标准的情形，让商家钻漏洞也给监督检验机构造成困扰。

2. 建立以风险评估为基础的科学性标准与法规制定程序

任何食品标准与法规的制定都应该以完善的风险评估工作为基础。随着科学技术的飞速发展，新型食品包装材料不断涌现，判断一种材料是否经济、安全，只有通过广泛的调查研究、科学分析、监测网络数据反馈等一系列的风险评估结果才能确定。而我国整体风险评估工作基础薄弱，尚未建立完善的监测体系和暴露量评估体系，消费者膳食模型研究工作也比较落后，以风险评估为基础的标准与法规制定工作尚未得到很好的落实。应加快全国范围内的风险评估体系建设，建立暴露量监测和评价模型、消费者膳食摄入量模型，建立以风险评估结果为依据的标准与法规制定程序。

3. 多方共同参与标准与法规制定

由于我国食品安全标准与法规工作起步较晚，很多限量标准与法规的制定都是参照国际上其他国家的要求，但是管理机制又未达到其他国家的水平，导致我国标准与法规体系混乱、制定速度落后的局面。因此，学习发达国家的"源头管理""肯定列表""通报审批"等管理理念，加强国际交流合作，对于理顺我国标准与法规体系，加快标准与法规整合清理工作有很大的帮助。同时，新技术的研究与发展使得食品包装工业正在发生变革。新的食品包装技术使得食品包装除了具有传统的功能之外，还具有多功能性（阻湿、防水、杀菌、防腐、耐油、耐酸等）。由于行业、企业未能充分参与到食品包装材料标准与法规制修订的工作中去，食品包装材料又是一个更新换代非常快的产品，导致我国食品包装材料标准与法规滞后于产品的发展。为了使标准与法规与时俱进、公开透明，应鼓励行业和企业参与标准与法规的制修订工作，运用行业和企业的技术力量，既有利于包装材料标准的适用性，又增强了企业对于标准的理解程度，同时有利于食品包装材料标准与法规体系的建立和标准的执行。

第三节　肉与肉制品包装技术与质量保证规范

技术规范（technique practices）是产品、工艺过程或服务应满足技术要求的文件。在食品包装技术中，涉及 5 种技术规范，分别为食品技术规范、包装材料规范、包装工艺规范、包装成品规范及质量保证（quality assurance，QA）规范。

保持规范的一致性是政府管理机构的职责，而质量保证规范是一致性的协调联系。包装成品规范总是针对产品制造商，即制造商应负责将合格并适合市场需求的产品提供给消费者，包装就是这种提供的保证。对食品而言，包装除了满足其包装基本功能外，必须在有关法规控制范围内，正确而充分地传达商品信息，以吸引消费者。包装材料规范主要是食品厂商规定的，食品企业应选择最满足产品各种要求的包装材料，包括满足包装的基本功能要求、包装工艺规范要求、包装的市场表现形式和商品形象要求，并保证其成品的卫生与安全。

一、食品技术规范

食品极易腐败变质，食品加工工艺过程中的技术规范和质量控制（quality controlling，QC）对食品包装成品的质量保证非常关键。因此，世界各国食品监督管理机构及食品制造企业制定了一系列食品技术规范和标准来控制包装食品的卫生安全和风味质量，其中最为重要的是制定了一系列食品技术规范和标准。在食品技术法规体系中，食品良好操作规范（GMP）与危害分析和关键控制点（HACCP）得到CAC的确认，并作为国际规范和食品卫生基本准则推荐给CAC各成员国，在我国也迅速得到实施。

1. 食品良好操作规范（GMP）

GMP是美国FDA首创的一种保障产品质量的管理规范。1963年，FDA制定了药品的GMP，6年后即1969年公布了"食品制造、加工、包装、贮存的现行良好制造规范"，一般称为"食品的GMP基本规范"，并以该基本规范为依据制定不同食品的具体的GMP。食品的GMP很快被CAC采纳，并作为国际规范推荐给CAC各成员国。

2. 危害分析和关键控制点（HACCP）

1997年，CAC制定和公布了《HACCP体系及其应用准则》，并推荐其作为世界各国食品生产企业的安全质量管理准则。HACCP是一个以预防为基础的食品质量控制体系。作为食品企业的自主卫生管理体制，它适用于鉴别影响食品卫生安全的微生物、化学及物理危害。

HACCP由食品的危害分析（HA）和关键控制点（CCP）两部分组成。首先分析预定生产工艺方案中可能出现的食品质量危害因素及其存在点（即关键控制点），然后在HACCP体制下，对已鉴定的关键控制点进行系统的监控，监控记录存档分析；如果对某一关键控制点失去控制，则及时采取纠正措施，并记录在案。

二、包装材料规范

包装材料规范实质上就是包装材料的质量保证规范，其基本作用是向有关部门提出各种包装方面的要求，使材料生产厂能够按要求制造材料，从而使材料买卖两方达成订货，以使买方使用包装材料实现预定要求，且质检部门检查包装材料符合规范质量要求。

包装材料规范中质量指标的规定常常是最困难的，因为未做出进一步说明的"质量"是一个抽象的概念，常可作很多不同的解释。买卖双方事先必须对包装材料的质量指标及其允差有一个共同的理解和认可，因此必须将"质量"从抽象的概念转化成具体的指标，步骤如下：

（1）将包装材料各种必要和重要的质量指标列一表格，将需要尽量避免的包装材料缺陷也列入表格。

（2）根据表中所列缺陷的重要性或严重程度进行分级，通常分成重要的、主要的和次要的3个级别。

（3）确定包装材料每千件所允许的缺陷数目，这也称作质量合格标准（AQL），已确定的材料商业合格标准不在此列。

（4）确定抽样和检查验收步骤，以便确定给定批次包装材料是否符合质量指标。

质量指标、缺陷及其严重程度以及AQL都是从具体的项目上规定材料质量，抽样和检验方法等规定了怎样测定对规范的符合性，这些内容通常都简明扼要地列在包装材料的规范中，使买卖双方都能清楚地知道质量要求及其确定方法。因此，包装材料规范的内容应包括包装件的构成、性能、表面处理，并根据质量指标的分类表简要地参考质量保证规范。

三、包装工艺规范

包装工艺规范应包括产品和包装材料，按规定的方式将其结合成可供销售的包装产品，然后在流通过程中保护内包装产品，并在销售和消费时得到消费者的认可。包装工艺规范主要内容有以下几方面。

1. 容量

每个包装中的产品数量，数量过多过少均属不合规范。

2. 产品的状态条件

如温度、物理外形或固形物含量等。

3. 包装材料

现场操作时的材料准备状态，必要时需将包装材料制成容器以供产品充填。

4. 包装速度

它是控制成本和质量的因素，包装速度取决于采用的工艺装备的自动化程度。

5. 包装步骤说明

指选定生产线的操作规程。

6. 规定质量控制要求

包装过程中的质量要求和控制方法。

四、包装成品规范

包装成品规范是以用户的观点考察产品与包装的结合体，强调满足用户对包装成品的要求和对生产商也非常重要的技术指标，包括保证产品最终性能特色和商品形象要求。包装成品的检验要尽可能是非破坏性的，这样可减少成品的出厂成本。另外，所有产品在其流通和销售过程中都会遇到诸如堆码、装卸、冲击、振动、日晒、雨淋等因素的影响，在包装生产过程中不要求这方面的测试控制，但作为包装成品规范，则应考虑这方面的特定要求。一般地，在包装件的设计过程中，结构规范就是以这些性能测试作为依据。

如果产品、包装材料和包装工艺过程在规定的质量指标范围之内，可以认为包装成品规范是不必要的，但事实并非如此。从质量的意义上，控制以上三项指标即能获得最佳，而一般却难以达到，其原因有：①任何事物都不是十全十美的，已经符合规范的部分仍会存在缺陷；②在产品、包装材料、加工工艺的各个小缺陷在包装成品中会组合成较大的缺陷；③规范不可能包括每一个可能的缺陷，只能控制其主要的方面，否则它就会太冗长，质量控制不易进行。

实际操作过程中的诸多因素使以上三项规范指标难以达到，因此，实际操作过程中质量控制是从最终产品所要求的质量规范开始，回过头来确定产品和包装的质量参数，以及得到合乎要求的最终产品工艺过程。所以包装成品规范应该是需要的。

五、质量保证规范

QA 也是质量管理的一部分，它致力于提供质量要求会得到满足的信任。QA 是指为提供某实体能满足质量要求的适当信赖程度，在质量体系内所实施的并按需要进行证实的全部有策划的和系统的活动。质量保证一般适用于有合同的场合，其主要目的是使用户确信产品或服务能满足规定的质量要求。

包装技术规范所考虑的目标就是质量控制与保证，其作用在于监督产品、包装材料、工艺及成品符合法规和标准。而 QA 的职能是保证规范体系的存在和实施。实际上，规范的阐明还包括与法规要求和公司政策有关的质量指标和变量，为质量控制的组织和实施而确保对规范的符合性，以及有效传达对规范操作的修正。

质量保证的职能是将有关法定要求和公司对包装成品质量的目标要求转化成沿着采购和接收包装材料、制造和包装产品、二次或三次包装或流通的出厂成品等一系列工艺过程中设立检测点。

在质量管理体系中，QA 小组根据规范种类、缺陷等级、批量鉴定、生产样品保留、测试方法和标准、QC 人员的培训等制定政策。QA 在制定抽样计划、特殊问题处理及对 QC 活动的检查方面，也作为 QC 的一个方法。有关产品或包装的总体质量指标通常由 QA 颁布，QA 组织再对企业的 QC 人员进行新的 QA 方法培训，并核对企业的测试设备和技术熟练程度。QA 方法和步骤由其职能部门编写颁布，并将规范体系和质量控制联系起来，使法规要求和公司的质量对策协调起来。

参 考 文 献

［1］姜雪，王涛，陈娜. 浅谈我国预包装食品标签法规体系的演进与现况［J］. 饮料工业，2017, 20（2）：67–70.

［2］孙红梅，刘凤松. 国内外食品安全法规与标准体系现状研究［J］. 中国食物与营养，2018, 24（4）：23–25.

［3］王舟晶. 完善我国包装法律法规体系，促进包装行业发展［J］. 法制与社会，2018（12）：180–181, 183.

［4］章建浩. 食品包装学［M］. 北京：中国农业出版社，2005.

［5］杨福馨. 食品包装学［M］. 北京：印刷工业出版社，2012.

［6］任发政，郑宝东，张钦发. 食品包装学［M］. 北京：中国农业大学出版社，2009.

［7］李良. 食品包装学［M］. 北京：中国轻工业出版社，2017.

［8］食品包装的国际法则—食品法典［J］. 上海包装，2007（4）：59.

［9］李琴梅，刘伟丽，魏晓晓，等. 国内外食品接触材料标准及法规概述［J］. 标准科学，2016（12）：17–22.

［10］屈平. 关于国外食品包装法规［J］. 上海包装，2010（8）：57–58.

［11］章建浩，姜竹茂. 美国的食品包装法规［J］. 中国食品工业，1998（10）：51–52.

［12］王健健，生吉萍. 欧美和我国食品包装材料法规及标准比较分析［J］. 食品安全质量检测学报，2014（11）：3548–3552.

［13］陈震华. 欧美食品包装材料技术法规与标准浅析［J］. 标准科学，2013（1）：90–93.

［14］魏小波. 浅谈国内外食品包装材料法规现状［J］. 食品安全导刊，2016（19）：44–47

［15］Moran F. 23 - Food packaging laws and regulation with particular emphasis on meat, poultry and fish［J］. Advances in Meat Poultry & Seafood Packaging, 2012, 100（4）：631–659.

［16］Rinus R, Rob V. Global Legislation for Food Packaging Materials［M］. Weinheim: Wiley-VCH Verlag GmbH & Co. KGaA, 2010.

［17］Paine F A, Paine H Y. A handbook of food packaging［M］. New York: Springer Science & Business Media, 2012.

［18］Restuccia D，Spizzirri U G，Parisi O I，et al. New EU regulation aspects and global market of active and intelligent packaging for food industry applications［ J ］. Food Control，2010，21(11)：1425-1435.

［19］Wang J J，Sheng J P. Analysis on food packaging materials laws and regulations and standards between China and some developed countries［ J ］. Journal of Food Safety & Quality，2014(11)：3548-3552.

［20］Sharma C，Dhiman R，Rokana N，et al. Nanotechnology：an untapped resource for food packaging ［J］. Frontiers in microbiology，2017，8：1735.

［21］李琴梅，刘伟丽，魏晓晓，等 . 国内外食品接触材料标准及法规概述［J］. 标准科学，2016（12）：17-22.